www.nightwid.com
cafe.naver.com/skyguide
www.nightflight.or.kr

새벽을 앞둔 밤하늘에
한 마리 나방이 반짝이는 별을 쫓는다.
이 조그맣고 슬픈 세상에서 벗어나
멀리 있는 무언가를 찾으려는가.

- 『오레오 쿠키를 먹는 사람들』 한국어판 서문 중에서

별보기의 즐거움

별보기의 즐거움
고수 별지기의 천체관측 실전 노하우

초판 1쇄 발행 2017년 4월 8일
개정판 1쇄 발행 2025년 8월 12일

저자 조강욱

펴낸이 양은하
펴낸곳 들메나무 출판등록 2012년 5월 31일 제396-2012-0000101호
주소 (10893) 경기도 파주시 와석순환로347 218-1102호
전화 031)941-8640 **팩스** 031)624-3727
전자우편 deulmenamu@naver.com

값 22,000원
ⓒ 조강욱, 2025
ISBN 979-11-86889-35-0 (03440)

＊이 책은 저작권법에 따라 보호받는 저작물이므로 무단전재와 무단복제를 금합니다.
＊잘못된 책은 바꿔드립니다.

별을 찾는법, 즐기는 법, 사랑하는 법

아는 만큼 즐기는 천체관측

별보기의 즐거움

· 전면 개정판 ·

고수 별지기의 천체관측 실전 노하우

조강욱 지음

들메나무

개정판을 펴내며

『별보기의 즐거움』 초판이 출간된 지도, 남쪽의 별들을 보겠다고 남반구 뉴질랜드로 주거지를 옮긴 지도 벌써 8년이 흘렀다. 그 사이 나의 삶도, 내가 보는 별들도 많이 바뀌었지만, 별보기라는 행위의 본질만큼은 전혀 달라지지 않았다.

『별보기의 즐거움』은 그 본질을 깊이 탐구하는 책이다. 천체관측의 진정한 재미는 무엇인지, 어디서부터 접근해야 하는지, 무엇을 어떻게 관측해야 하는지, 어떻게 해야 평생을 함께할 즐거움을 만들 수 있을지에 대해서 재미있게, 그러나 진지하게 그 방법론을 나누어보고자 한다.

필자는 최근, 달리기라는 새로운 취미를 가지게 되었다. 아직 어둑한 새벽녘을 10km쯤 달리다 보면 러닝과 천체관측의 본질이 놀랍게도 닮아 있음을 느낀다. 타인과의 경쟁이 아닌 스스로의 성취에 대한 기쁨, 오랜 시간의 노력, 장비병과의 끝없는 싸움, 기록하는 즐거움, 이 힘든 걸 왜 하고 있을까 하다가도 또 다음 나갈 날만 기다리게 되는 것, 밝아오는 하늘을 감상하는 뿌듯함까지. 어찌 보면 세상 일들에 모두 비슷한 희열이 있는 것이 아닐까?

별보기의 본질은 앞으로도 크게 변하지 않겠지만, 그 즐거움을 향유하는 방법은 사회의 변화, 기술의 발전과 함께 끊임없이 변하고 있다. 이

글을 쓰다 유리창 너머로 비친 달과 달빛(조강욱 그림, 2023)

책의 개정판을 준비하게 된 가장 큰 이유도 천체관측의 새로운 흐름 중 하나인 디지털 기기를 활용한 더 쉽고 효율적인 관측을 소개하기 위함이었다. 이해를 돕기 위해 수록한 수많은 사진과 그림도 최대한 한국 별쟁이들의 작품으로 바꾸어보았다.

개정판을 내기까지 8년의 시간 동안, 나는 한국에서 1만km 떨어진 남쪽 땅에서 끊임없이 새로운 별들과 마주하고 있다. 북반구에서 별을 보며 지낸 24년의 시간만큼 남반구에서도 오랜 기간 밤하늘을 헤매다 보면, 지구별 최고의 별쟁이는 되지 못해도 남쪽과 북쪽의 하늘을 평생에 걸쳐 관측한 인류 최초의 별쟁이로 오랫동안 기억될 수 있지 않을까?

별이 보이는 하늘을 올려다보며 추구하는 것은 저마다 다르겠지만, 『별보기의 즐거움』과 함께 깊은 우주의 무한한 아름다움을 알아가는 별지기가 더 많아지기를 소망한다.

Prologue

아는 만큼 즐기는 천체관측
- Find, Enjoy, Love

'저는 커서 천문학자가 될 거예요.'

어른이 되어서 본 초등학교 2학년 일기장에는 삐뚠 글씨지만 분명하게 나의 꿈이 적혀 있었다. 당시 남자 어린이들이 그러했듯, 나도 하얀 가운 입은 멋있는 과학자, 그중에서도 별을 보는 천문학자가 되고 싶었다.

그래서 청소년기에는 칼 세이건의 『코스모스』를 읽고 또 읽었고, 중학생 수준으로는 도저히 이해할 수 없는 스티븐 호킹의 책들까지 사다 읽었다. 그냥 왠지 멋있어 보였고, 별에 대한 생각을 하는 것이 그저 좋았다(그러나 하늘의 별을 올려다본 적은 없었다).

"너 그러다가 굶어 죽어."

고등학교 2학년 시절 담임선생님과 진학 상담을 하다가 천문학자로 먹고살기 힘들 거라는 조언을 들었다.

어린 마음에 실망할 법도 한데, 그때도 꽤 현실적이었나보다. '어, 그런가?' 싶어서 10여 년간 품고 있던 천문학자의 꿈을 포기하고 당시 가장 취업이 잘 된다던 전자공학과에 진학했다. (그래서 오랫동안 전자회사에서 일했는데, 무엇이 좋은 선택이었는지는 환갑쯤 되어보면 알 수 있지 않을까?)

신기한 건 천문학자의 꿈을 포기하던 그 순간부터 이상하게 별이 보고 싶어졌다는 것이다. 그해 여름밤, 서울 우리 집 장독대에 올라서 여름철의 대삼각형을 처음으로 찾아보았다. 그게 왜 그리도 신기하고 재미있었을까?

밤하늘에 대한 그 호기심은 30여 년이 흐른 지금까지도 전혀 시들지 않았다. 아니, 그 별이란 아이는 필자의 삶의 모든 것을, 미래의 목표까지도 결정지어놓았다. 아마도 지구별 어딘가에서 눈을 감기 전까지, 나의 눈과 머리와 가슴은 언제나 하늘과 천체를 향해 있을 것이다.

천체관측이란 무엇일까?

어둠이 깊은 밤하늘 아래에서 사람이 할 수 있는 가장 멋진 일은 무엇일까?

이 책은 천문학 서적이 아니다. 별자리를 그리고 신화를 설명하는 책도 아니고, 망원경의 원리와 사용법을 가르쳐주는 책 또한 아니다. 그저 어떻게 하면 이 아름다운 밤하늘을 내 눈으로 보고, 평생의 즐거움으로 만들 수 있을지에 대한 여러 가지 방법을 담은 작은 지침서이다.

땅 위에서 평생을 사는 사람들이 하늘의 별을 보면서 즐거움을 느끼고, 인생의 새롭고 놀라운 경험을 평생 이어나가기를 바란다.

차례

개정판을 펴내며 ... 4
Prologue 아는 만큼 즐기는 천체관측 - Find, Enjoy, Love ... 6

Chapter A 관측이란 무엇일까?

별쟁이의 일상 ... 13
사진과 안시 ... 31
안시관측의 종류 ... 41
    FAQ 1. 망원경에는 어떤 종류가 있나요? ... 55

Chapter B 안시관측의 기본기

목록 & 성도 : 메시에 등 천체 목록과 별 지도 ... 61
호핑 & 스위핑 : 망원경으로 천체를 찾는 방법 ... 82
주변시 & 암적응 : 찾은 천체를 맛보는 방법 ... 103
장소 & 기상 : 문제는 장비가 아니라 하늘이야! ... 111
안시관측의 3단계 ... 114
    FAQ 2. 망원경은 어디서 구매하나요? ... 129
    FAQ 3. 초등학생 자녀에게 천체망원경을 선물해주고 싶은데, 괜찮은 제품 좀 추천해주세요! ... 132

Chapter C 대상별 관측 Point

달 : 가까워서 외면받는 보물 상자 ... 137
행성 : 변화무쌍 우주쇼 ... 148
산개성단 : 별의 길을 따라가보자 ... 161
구상성단 : 모든 구상성단은 특별하다 ... 172
성운 : 복잡 미묘한 밤하늘의 별구름 ... 182

은하 : 멀리 있어서 아름답다　191
태양 : 지금 보는 모습은 다시 볼 수 없다　199
 FAQ 4. 관측에 관련된 용어를 설명해주세요!　204
 FAQ 5. 관측지에서의 기본 예절　207

Chapter D　나만의 즐거움 찾기

제목 학원 : 정답이란 없다　213
테마 관측 : 내 마음이 흐르는 대로　231
메시에 마라톤 : 한밤의 질주　241
천체 스케치 : 안시관측의 왕도　257
해외 원정 : 우리나라 밖에서만 볼 수 있는 것　289
 FAQ 6. 천체관측 동호회에 가입하고 싶어요!　315
 FAQ 7. 관측은 어디로 가나요?　317
 FAQ 8. 가족 여행을 계획하고 있는데, 원정까지는 아니더라도
    겸사겸사 밤하늘 눈 호강하고 싶어요!　318

Chapter E　평생 별을 볼 수 있는 방법

망원경 먼저 사지 마세요　325
안시? 사진? 한 가지에 집중　328
GO-TO를 맹신하면 영원히 초보를 못 벗어난다　329
이웃의 망원경을 탐하지 말라　333
별나라 장수 비법, 관측의 3단계 선순환　335
깊이를 위하여 폭을 넓힌다　337
구경 책임제　339

Epilogue　'별이나 한번 볼까?'　342

Chapter A
관측이란 무엇일까 ?

별을 싫어한다는 사람을 찾는 것은 어려운 일이다. 별은 그 자체로 낭만과 동경의 대상이기 때문이다. 하지만 별을 본다는 것이 구체적으로 무얼 한다는 것인지 알고 있는 사람은 의외로 많지 않다. 별쟁이들의 일상을 통해 천체관측이란 무엇인지 생각해보자.

별쟁이의 일상

어느 화창한 토요일 오후

얼마만일까? 파란 물이 뚝뚝 떨어질 것 같은, 구름 한 점 찾을 수 없는 깊은 파란색의 하늘.

토요일 정오가 지난 시각, 가족들과 근처 공원으로 산책하러 나와서도 도저히 집중이 되지 않는다. 연락이 올 때가 되었는데….

생각하기가 무섭게 휴대폰이 울린다. 동호회원이 보낸 카톡 메시지.

[갑시다]

밤하늘의 별을 보기 위해서는 많은 조건을 생각해야 한다.

우선 달이 없는 날을 골라야 한다. 사람들은 보통 '별을 본다'고 하면, 달과 별이 같은 하늘에서 초롱초롱하게 빛나고 있는 모습을 생각할 것

달 근처에는 별이 보이지 않는다(갤럭시 노트의 터치펜으로 그림/조강욱).

이다. 하지만 아무리 맑은 날이라도, 달이 뜨는 순간 영롱하게 반짝이는 수많은 별들은 대부분 사라져버린다. 달의 밝기가 다른 별들의 밝기를 압도할 정도로 밝기 때문이다. 낮에 태양이 떠 있으면 별이 보이지 않는 것과 같은 원리이다.

때문에 별 보는 사람의 생활 패턴은 음력 날짜에 맞추어져 있다. 가족, 친구들과의 약속이나 개인적인 용무는 달이 밝은 '보름달 주간'에 잡고, '그믐달 주간'에는 별보기 외의 다른 약속은 일절 잡지 않고 날이 맑기만을 기다린다.

달이 없다고 해도 하늘에 구름이 흘러가거나 비가 오면 꽝!

그래서 별을 보는 사람은 항상 하늘을 보고 산다. 아침에 일어나서도, 회사에서 점심을 먹고 돌아오는 길에도 습관적으로 하늘을 살핀다. 하늘의 파란색이 얼마나 깊은지, 구름은 어느 방향으로 흘러가는지…. "아,

달의 위상은 매일 변한다.

 "하늘 좋다!", 회사 동료들은 '좋은 하늘'의 의미를 쉽게 이해하지 못한다. 그저 어제도 그제도 똑같은 하늘일 뿐인걸.

 그날 밤의 날씨가 별을 관측할 수 있을 만큼 좋을지 나쁠지는 어떻게 알 수 있을까?

 기상청에서 제공하는 날씨 정보는, 최근에는 1시간 단위 예보로 밤 시간의 날씨도 시군구에 동·면 단위까지 제공하지만 만족할 만큼 정교하지는 않다. 밤새 맑다는 예보만 믿고 있다가는 허탕을 치기 일쑤.

 별쟁이들은 주로 실시간 위성사진을 이용하여 날씨를 예측한다. 한반도 위성사진을 보며 시간대별 구름의 이동 방향을 분석하여 그날 밤의 하늘 상태를 예측하는 것이다.

 지난 십수 년간의 경험에 의하면, 기상청의 밤 날씨 예보보다는 구름

사진을 한 번 보는 것이 성공 확률이 훨씬 높다. 사실, 오늘 밤에 맑을 것이라는 예보가 틀려서 실제로는 구름이 꼈다고 해도 그것에 분개하여 기상청에 항의 전화를 하고 싶은 사람이 과연 몇이나 될까. 아마도 별 보는 사람 말고는 한 사람도 없을 것이다.

구름의 생성과 이동 방향은 너무나 유동적이므로, 그날 밤에 별을 볼 수 있을 정도로 맑은 날씨가 될지 70% 이상의 확률로 맞추려면 당일 정오 이후나 되어서야 알 수 있다. 며칠 전에, 몇 주 전에 별 보러 갈 약속을 잡는 것은 애당초 불가능한 일이다.

그렇다면 별 보는 사람이 생각하는 맑은 날의 기준은 어떤 것일까? 위성사진을 볼 때 구름의 하얀 기운이 전혀 느껴지지 않는, 바다와 육지의 색이 선명하게 보이는 영상. 실제 하늘을 올려다보았을 때 구름이란 한 점도 존재하지 않는 완벽하게 깊고 푸른 시리도록 파란 하늘. 그 사이 구름이 한 점 흘러간다 해도 구름과 하늘의 경계가 흰색과 푸른색의 선명한 대조가 나타나는 정도라면 용서가 가능하다.

우리나라에서 이런 맑은 날을 만날 수 있는 확률은 얼마나 될까? 대략 4~5일 중 하루 꼴이다(우리나라의 연간 청정일수는 약 70~80일이다). 여기에 대기 흐름까지 안정된, 완벽하게 멋진 밤하늘은 1년에 많아야 열흘 정도가 된다.

회사를 다니거나 사업을 하는 사람에게 주어지는 여가 시간은 보통 주말의 이틀이지만, 별을 보는 것은 해가 질 때부터 다음 날 해가 뜰 때까지 밤 시간을 꼬박 할애해야 하는 일이므로 실질적으로 일상생활에 지장 없이 별을 보러 갈 수 있는 날은 토요일 하루뿐이다.

하지만 정말 맑은 날에는 주중에도 '번개 관측'이라는 이름으로 별을

3시간 전후의 구름 위성사진. 한반도에서 구름은 항상 서에서 동으로 움직인다.

보러 간다. 실제 번개를 관측하는 것은 물론 아니고, 계획에 없던 관측을 번개같이 준비해서 별을 보러 간다는 뜻이다.

회사 업무를 마치자마자 집에 가서 망원경을 챙기고, 관측지로 이동해서 밤새 별들과 만나고, 다시 그대로 회사에 출근하면 하루 종일 몽롱하게 눈앞에 별이 보이고 꿈속을 헤매게 된다.

하지만 무리해서라도 관측을 감행하는 것은, 아무리 별을 보고 싶다고 해도 날씨가 좋지 않으면 아무것도 할 수 없기 때문이다. 그러니 달 없는 주말에 맑은 날을 만나는 것은 정말 놓칠 수 없는 최고의 기회인 것이다.

별을 보는 사람은 달 없는 주말, 이른바 '그믐달 주간'엔 약속을 만들지 않는다. 자주 찾아오지 않는 기회를 두 눈 뜨고 날려버릴 수는 없는 일이다. 필자는 청첩장을 받으면, 우선 결혼식 날이 음력으로 며칠인지부터 확인한다(필자도 보름달 주간에 결혼식을 올렸다). 행여나 결혼식이 그믐이 가까운 주말일 경우, 필자가 해줄 수 있는 말은 하나밖에 없다.

어느 맑은 날 오후의 서울   같은 날 횡성 천문인마을 인근

"정말 축하하고, 흐리거나 비 오면 꼭 갈게."

구름 한 점 찾아볼 수 없는 토요일 오후, 나는 마님과 딸님과 함께 집 근처 공원에서 햇살을 즐기고 있었다.

사실 아침부터 위성사진을 보면서 심상치 않은 날씨가 될 것 같다는 생각을 하고는 있었다. 하지만 오늘과 내일은 나의 의지와 상관없이 일정이 가득 차 있다. 오후에는 간만의 가족 나들이, 저녁때는 처갓집 식구들과의 식사 약속, 일요일인 내일 정오에는 월요일의 업무 보고 준비 때문에 회사에 나가야 한다(필자는 회사에서 사업 기획 업무를 하는 관계로 주말에도 출근하는 일이 많다).

아, 차라리 비가 왔으면 속이라도 편할 텐데…. 아니다. 비는 지겹게 왔다. 지난주까지 비가 오거나 구름이 잔뜩 낀 토요일이 12주 연속으로 이어지고 있었다. 그와 비례하여 별보기를 굶은 기간도 벌써 3개월이 넘었다.

별쟁이에겐 특유의 금단 증상이 있다. 이유 없이 울적하고 집중이 안

되는, 멍하니 하늘만 바라보는 증상이 그것인데, 그때 배우자가 내리는 처방은 간단하고 확실하다.

그것은 바로 '별을 보러 다녀오는 것'.

카톡 메시지를 받고 순간 많은 생각이 지나간다. 저녁 시간의 약속은 벌써 오래전에 잡은 일정. 내일 정오에는 (일요일이지만) 전쟁이 나지 않는 이상 회사에 가야 한다. 그리고 지금은, 간만에 가족과 산책 중이다.

와이프한테는 금단 증상 논리로 넘기고, 처제에겐 다음에 맛있는 거 사준다고 전화하고, 밤새고 집에 안 들르고 바로 출근하면 되지 뭐….

[갑시다] 카톡을 받고 1초 후 와이프님께 조심스레 말을 건넨다.

"하늘이 정말 파란데…."

"갔다 와."

가족만큼 소중한 것이 있다는 것을 아내도 잘 알고 있다. 남편의 별고픔이 해결되어야 집안일이든 회사일이든 모든 것이 순조롭게 흘러간다는 것을….

별 보는 사람은 천문대에 가지 않는다

한가로운 주말 오후의 여유로움을 뒤로하고 황급히 집으로 돌아와 별 보러 갈 짐을 싼다. 1박 2일, 아니 무박 2일의 관측을 위해 챙길 짐은 망원경과 옷가지뿐이다. 종류는 단출하지만 짐의 양은 승용차 트렁크와 조수석, 뒷좌석을 모두 채울 정도로 많다.

필자의 망원경은 16인치(40cm)의 포물면거울을 사용하는 돕소니언식 반사 망원경으로, 모두 조립해서 세워놓으면 높이가 1.8m에 이른다. 거대한 위용만큼 밤하늘의 멋진 천체를 육안으로 관측하는 데 좋은 성능을 발휘하는 장비이다.

망원경으로 오리온 대성운을 보면, 마치 한 마리 새가 날아가듯 화려하고 역동적인 모습에 백이면 백 모두 "아!" 하는 외마디 탄성을 지르게 된다.

13년을 함께 했던 15인치 반사(2003~2016)

현재 남반구에서 사용하는 16인치 반사 (2017~)

지구별에 있는 우리와 오리온 대성운까지의 거리는 1,500광년. 1초에 30만km를 달리는 빛의 속도로 달려도 1,500년이 걸리는 거리이다. 우리가 지구에서 눈으로 보고 있는 이 성운의 빛은 실은 1,500년 전의 모습인 것이다.

밤하늘에는 천문학자가 아닌 일반인이 망원경으로 볼 수 있는 천체가 대략 헤아려도 약 1만 개가 넘는다. 1,500광년 밖의 오리온 대성운을 비

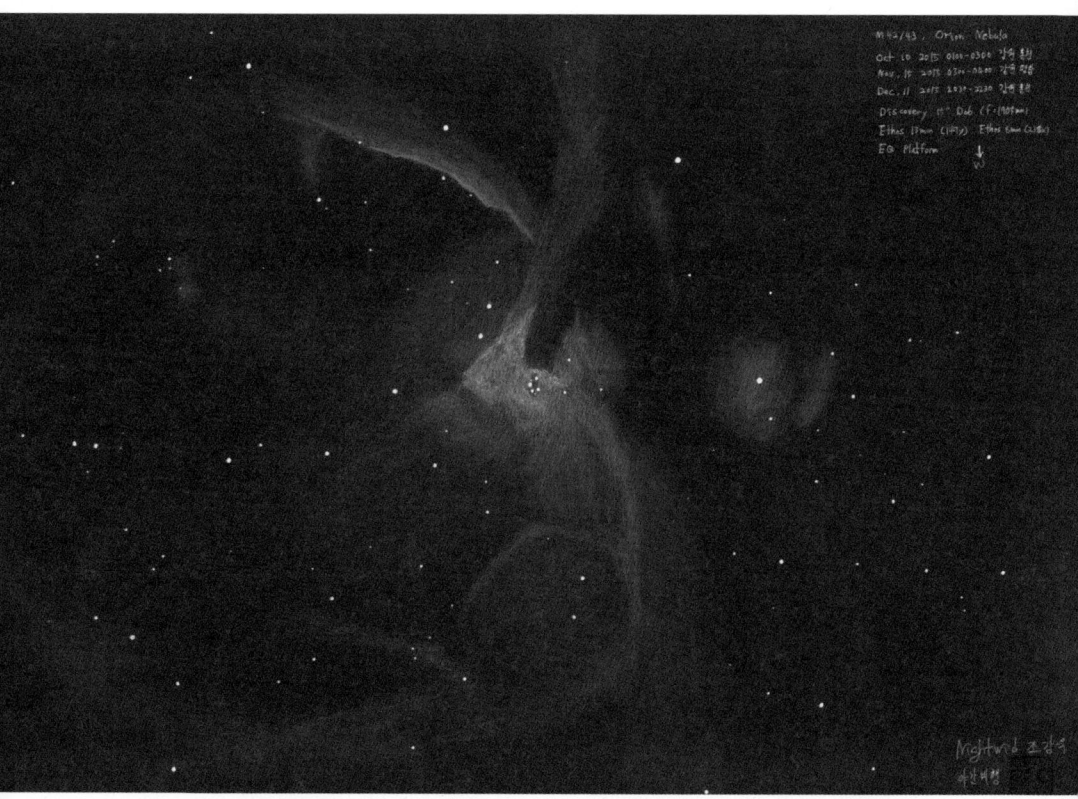

오리온 대성운 스케치(조강욱, 2015)

롯한 성운, 성단, 은하 등, 평생을 봐도 다 못 볼 즐거움이 밤하늘에 숨어 있다. 우리는 그저 커다란 사탕 봉지에서 사탕을 하나씩 꺼내 먹듯이 정성 들여 하나씩 찾아서 보기만 하면 되는 것이다.

이렇게 멀리 있는 애들만 볼 수 있을까? 시야를 조금 좁혀보면 우리 태양계에서도 행성과 위성, 혜성, 유성 등 많은 천체와 만날 수 있다. 그중 가장 가까운 천체인 달을 생각해보자.

맨눈으로 매일 달을 관찰하면 눈썹달에서 반달, 보름달로 이어지는 위상 변화를 확인할 수 있고, 망원경으로 확대해서 보면 운석과 충돌하여 만들어진 크레이터 하나하나뿐 아니라 그 사이를 흐르는 계곡과 복잡한 산맥들을 눈앞에서 보는 것처럼 생동감 있게 관측할 수 있다.

달 표면에서 관측할 수 있는 지형은 약 30만 개. 달 하나만 본다고 해도 평생 동안 봐도 다 보지 못할 숨은 그림들이 가득 차 있는 것이다.

사람이 육안으로, 망원경으로 볼 수 있는 천체의 수는 분명 한계가 정해져 있지만, 그 한계점은 충분히 깊어서 평생을 열심히 봐도 흥미로운

달 표면에서 관측할 수 있는 지형, 알폰수스 삼형제

대상이 충분히 남아 있다. 별보기가 지겨워져서 그만둘 걱정은 하지 않아도 된다는 것은 별보기의 큰 매력 중 하나이다.

운전석 이외의 모든 자리를 망원경 장비로 가득 채우고 서둘러 길을 떠난다. 해가 지기 전에 도착해야 할 텐데….

목적지는 강원도 홍천의 어디쯤. 내비게이션에서 검색되는 지명은 애당초 목적지가 되기 어렵다. 대부분은 도로만 놓여 있고 사람의 흔적을 찾을 수 없는 탁 트인 넓은 공터가 우리의 관측지이다(숙박은 처음부터 옵션에 없다). 보통은 서울에서 150km 이상, 쉬지 않고 달리면 2시간에서 3시간 가량 걸리는 거리이다.

별을 보기 위해 이렇게 멀리까지 가야 하는 이유가 뭘까? 서울을 조금만 벗어나도 한적한 곳은 많은데…. 문제는 수도권에서는 어느 곳을 가더라도 도시의 불빛을 피하기가 쉽지 않다는 것이다.

아주 맑은 밤하늘은 당연히 검은색이다. 하지만 서울과 근교의 밤하늘은 밤새도록 세상을 밝히는 가로등과 건물 조명의 영향으로 붉게 빛난다. 밤하늘에서 육안으로 볼 수 있는 6,000여 개의 별빛은 야간 조명으로 대부분 자취를 감추고, 도시의 밤하늘에는 1등성 몇 개만이 애처롭게 빛나고 있을 뿐이다.

그래서 별 보는 사람은 도시의 불빛을 피해 더 멀리 이동할 수밖에 없다. 야간 조명이 많다는 것은 그만큼 그 지역이 많이 발전되었다는 표상이 될 수도 있겠지만, 그럴수록 별 보는 사람은 점점 설 땅을 잃어가게 되는 것이다. 근래에는 전원생활의 붐을 타고 우리가 별을 보러 가는 오지까지 사람들이 집을 짓고 살게 되었고, 인구 증가를 원하는 지방자치단체에서는 그 즉시 가로등을 설치해주고 있다.

아름다운 야간 조명. 그러나 별은 어디에?

　또한 별쟁이들은 천문대라고 불리는 곳에 거의 가지 않는다. 아마도 많은 수의 사람들은 '별을 본다'고 하면 유명한 국립·시립 천문대에서 거대한 망원경으로 관측을 하는 것을 생각할 것이다. 실제로 전국 각지에 많은 천문대가 운영되고 있고, 근래에는 각 지자체마다 '제일 큰 천문대 건설하기'가 경쟁적으로 이루어지고 있어서, 약간의 인터넷 검색만으로도 집 근처의 천문대를 충분히 찾을 수 있다.
　대부분의 천문대에서는 일반인을 위한 천체관측 프로그램을 운영하고 있다. 고가의 천문 장비로 달과 행성을 보고, 밝은 별과 이중성, 성단 몇 가지를 줄을 서서 구경하고, 계절별 주요 별자리를 배우고, 우주와 관련된 영상을 감상하고…. 가족들과 함께 장비 없이 가볍게 방문하여 두

별쟁이에게 천문대란?

세 시간 특별한 경험을 하거나 연인들의 데이트 코스로는 아주 좋은 곳이지만, 아쉽게도 그 이상은 없다. 해가 지고 완전히 어두워진 후, 다시 해가 뜨고 날이 밝아질 때까지는 최소한 8시간 이상 별을 볼 수 있는데, 누군가가 찾아놓은 대상 몇 개 구경하고 집에 가는 것은 너무나 아쉬움이 남는 일이다.

그래서 별쟁이들은 자기 망원경을 차에 싣고 더 먼 곳으로, 더 어두운 곳을 찾아 밤마다 전국의 오지를 찾아 헤맨다. 더 멋지고 황홀한 무언가를 찾아서. 아! 가끔은 천문대로 번개 관측을 가기도 한다. 하지만 이 경우는 천문대를 방문하는 것이 아니라 고지대에 위치한 탁 트인 공터인 천문대 주차장을 이용하기 위해 가는 것이다.

자동차로 갈 수 있는 가장 깊은 곳

인적도 건물도 없이 도로만 나 있는 산속 고갯길을 수십여 분 달려서 관측지에 도착했다. 빨리 온다고 부산하게 서둘렀지 만 이미 해는 서쪽 산 위로 뉘엿뉘엿 사라지고 어스름만 남아 있다.

몇 달 만에 만나는 맑은 토요일이라, 관측지에는 이미 별쟁이 10여 명이 빼곡하게 자신의 장비를 설치하고 관측 준비를 하고 있다. 국도에서 빠져나와 30여km를 달리는 동안 지나다니는 사람을 한 명도 만나지 못한 것과 비교하면 엄청난 인구 밀도가 아닐 수 없다.

별빛에 굶주린 사람들. 이들은 모두 필자와 같은 불치병을 앓고 있다. '별 중독 증후군'이라고, 별을 보지 않으면 일이 손에 잡히지 않고 매사에 우울해지고 멍하니 하늘만 쳐다보는 병으로, 정기적으로 별빛 광합성을 하는 것 외에는 다른 치료 방법이 없는 사람들이다.

별 중독 불치병을 가지고 있는, 이른바 '별쟁이'라 불리는 사람들은 대체 누구일까?

강원도 홍천 모처에 집결한 별쟁이들

'별나라'에서 꾸준한 활동을 하는 사람들 중 10대와 20대는 거의 찾아보기 어렵다. 우리나라 고등학교와 대학교에는 대부분 천문반과 천문 동아리가 존재하지만, 그들 중 대부분은(아마도 99% 이상은) 대학 졸업과 함께 별보기도 같이 졸업해버린다. 별 본다고 밥 먹여주는 것도 아닌데, 생존의 문제를 먼저 해결해야 하는 입장에서 별보기를 강요할 수는 없는 일.

학교를 졸업하고 치열하게 사회생활을 하면서 취미 생활이란 사치스러운 활동은 생각조차 못해보다가, 대략 마흔 즈음이 되어 시간과 돈에 일정 부분 여유가 생기고 자녀들도 어느 정도 성장하여 마음의 여유까지 생기게 되면, 어린 시절의 오래된 꿈을 찾아 뒤늦게 별나라에 입문하는 분들이 많다.

오히려 필자처럼 공백기 없이 꾸준히 별을 보는 사람이 더 특이하게 보일 정도이다. 고등학생 때 별을 보기 시작해서 대학 동아리를 거쳐 성인 동호회에서 활동하기까지, 별나라 생활이 20년이 넘어도 아직도 나이로는 '막내' 수준에서 벗어나지 못하고 있다.

맑고 시린 강원도의 청명하고 적막한 밤하늘. 아~~ 좋다! 그러나 시선을 조금만 내려봐도 지평선 부근은 주변 마을의 가로등과 인근 리조트의 불빛과 먼 도시의 광해로 별빛이 갈수록 희미해지는 걸 확인할 수 있다. 과연 언제까지 이 기쁨을 이어나갈 수 있을까?

다음 페이지 사진은 인공위성으로 밤 시간에 한반도를 촬영한 모습이다. 서울 등 주요 대도시 일대는 밤인지 낮인지 분간이 어려울 정도로 광공해가 심하다. 도시를 중심으로 방사형으로 광공해가 형성되는데, 아

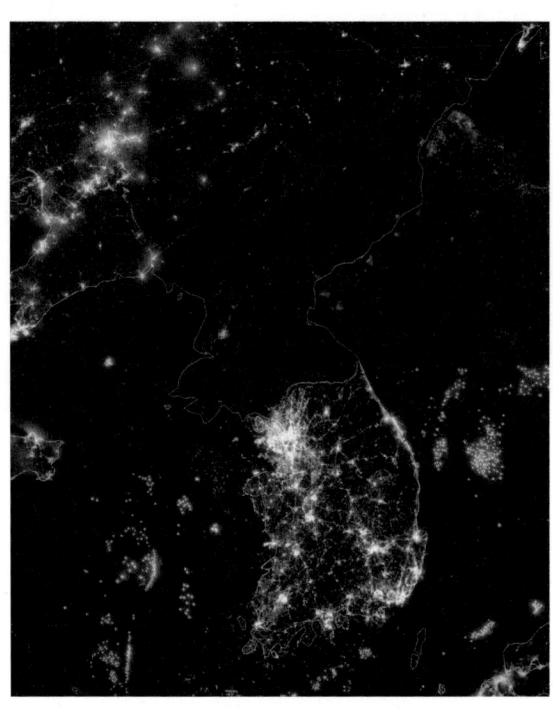

대한민국 광해지도

직 광공해가 적은 곳은 강원도와 태백산맥, 지리산 일대 정도이다.

광공해(Light Pollution)는 별 보는 사람들의 가장 큰 적이다. '집 마당에 돗자리를 펴고 할머니 무릎을 베고 누워서 구름처럼 깔려 있는 은하수를 보다 잠이 들었다'는 얘기는 이미 부모님 세대의 옛날이야기가 되어버린 지 오래. 이젠 은하수를 보기 위해서는 서울에서 150km 이상을 달려야 한다.

수도권 인근의 촌동네에도 빠짐없이 전원주택과 가로등이 등장하면서 별쟁이들은 더 먼 곳으로 이동하게 된 것이다. 사람의 흔적을 찾을 수 없으면서 차로 갈 수 있고 시야가 탁 트인 곳, 인접 도시와 최대한 멀리 떨어져 있고 가로등이 설치되어 있지 않으면서 안개가 자주 끼지 않는 곳을 찾는 것은 쉬운 일이 아니다.

　서울-춘천 고속도로가 개통된 이후로는 서울에서 홍천, 인제까지 예전보다 훨씬 더 먼 곳으로 별을 보러 다닌다. 목적은 물론 오직 하나. 더 어두운 하늘을 찾아서, 그리고 더 많은 별빛을 두 눈 가득, 가슴 가득 담기 위함이다.

　한반도에서 별이 가장 잘 보일 만한 곳은 어디일까?

　앞의 광해지도를 보면 바로 알 수 있듯이, 바로 북한 전역이다. 평양 일대의 좁은 지역만을 제외하고는 북한 전 지역은 완벽한 어둠 그 자체이다.

　언젠가 통일이 된다면 우리에게는 환상적인 밤하늘이라는 커다란 선물이 보너스로 주어지지 않을까?

여기서 잠깐!

나는 정상인일까? 아니면 별에 미친 별쟁이일까?

아래 단어들을 보면 무엇이 연상되는지 생각해보자.

정상인 vs 별쟁이
대포, 장미, 밴드, 천문대, 광해, 스키장, 골프장, 북한

	정상인	별쟁이		정상인	별쟁이
대포			광해		
장미			스키장		광해덩어리
밴드			골프장		광해덩어리
천문대			북한		탐나는 관측지

출처 : 조하은 님

별쟁이 답 개수

2개 미만 : 축하드립니다. 아직 정상인입니다!

3~4개 : 별보기에 관심 있으시네요.

5~6개 : 별을 보는 기쁨을 아시는군요~.

7개 이상 : 이미 돌이킬 수 없는 중증 별쟁이!

사진과 안시

천체관측은 크게 안시관측과 천체사진으로 나뉘는데, 그 구분의 기준은 눈을 사용하는가, 카메라를 사용하는가에 있다.

안시관측은 사람의 눈을 이용해서 천체를 관측하고 거기서 즐거움을 찾는다. 반사식이든 굴절식이든, 망원경 접안부에 아이피스(접안렌즈)를 장착하고 눈으로 그 별빛을 받아서 머리로, 가슴으로 담아두는 것이다.

안시관측으로는 대부분의 대상이 모노톤으로 관측된다. 화려한 성운도, 은하도 색을 느끼기는 쉽지 않다(오리온 성운처럼 어렵게라도 색감을 '느낄

필자의 저 망원경으로 보고 그린 부자은하 관측 스케치

수 있는' 대상은 몇 가지 있다).

사진에서 보던 알록달록한 색은 볼 수 없지만 그 나름의 디테일을 찾아보는 것이 안시관측의 즐거움이다.

천체사진은 망원경 접안부에 카메라를 장착하고, 사람의 눈 대신 카메라로 별빛을 맞이한다.

안시관측은 순간의 빛을 눈으로 받아들여야 하는 데에 반해 천체사진은 노출 시간을 조절하여 그 미약한 빛을 카메라에 축적할 수 있다. 그에 따라 안시관측보다 훨씬 밝고 화려한 이미지를 얻을 수 있고, 또한 과학책에서만 보던 그 화려한 색감을 나만의 장비로도 충분히, 어쩌면 더 멋지게 담을 수 있게 된다.

천체사진 장비로 찍은 안드로메다은하와 말머리성운

"말머리성운은 보여주세요"

우주에 관심 있는 사람들에게 가장 친숙한 대상 중 하나는 말머리성운이다.

아마 거의 모든 천문 관련 책에는 오리온 대성운이나 안드로메다은하와 함께 위풍당당한 말머리성운의 사진이 실려 있을 것이다. 필자의 고등학교 시절 과학 교과서에도 천문 단원에 말머리성운이 실려 있었고,

말머리성운. 빠져든다, 빠져든다~.

심지어 어떤 종교 단체의 책 표지를 장식하기도 했다.

이 유명한 말머리성운은 천체사진을 찍는 사람들에게는 난이도가 높지 않은 대상이다. 대략 가을 무렵부터 이듬해 봄까지 인터넷 천문 동호회 사이트에서는 초보부터 고수까지 직접 찍은 말머리성운 사진을 하루에도 몇 장씩 볼 수 있다.

하지만 어렵지 않게 찍을 수 있는 말머리성운도 안시관측자에게는 큰맘 먹고 도전해야 하는 시련의 대상이다. 불가능하지는 않지만 대구경 망원경과 아주 어두운 하늘, 그리고 관측에 숙련된 여러 개의 눈(교차 검증을 위해)이 필요하다. 필자도 단 몇 번 가장 어두운 부분의 경계를 어렵게 관측해본 것이 전부이다.

시내 공원에서 일반인을 대상으로 공개 관측회를 하다 보면 종종 이런 요청을 받게 된다.

"말머리성운 보여주세요."

그렇다. 말머리성운은 천체사진에 훨씬 적합한 대상이다. 그렇다고 실망하긴 이르다. 하늘에는 사진에 적합한 대상도 있지만 안시관측에 적합한 대상도 평생 봐도 다 못 볼 정도로 많다!

야구 중계 vs 야구장

사진을 찍으면 훨씬 더 화려하고 멋진 이미지를 얻을 수 있는데 시시하게 안시관측은 왜 할까? 고작 희미한 흑백 TV 같은 영상밖에는 볼 게 없는데….

이 글을 읽고 있는 여러분들도 좋아하는 가수나 야구팀이 있을 것이다. 프로야구의 예를 들어보자(필자는 직장은 삼성전자이지만 야구는 LG 트윈스의 광팬이다).

여러분은 TV로 야구 중계를 보는 것을 좋아하는가, 아니면 야구장에서 직관하는 것을 좋아하는가? 사람마다 취향은 다를 것이다.

필자는 보통 퇴근길에 스마트폰으로 야구 중계를 본다. 근래에는 중계 기술이 더 발전해서 투수와 타자의 각종 기록과 리플레이 화면을 실시간, 고해상도로 볼 수 있고, 해설자의 날카롭고 위트 넘치는 해설도 들을 수 있다.

그러면 야구장에는 왜 갈까? 각종 스탯도, 리플레이도, 해설도 없고, 앞사람 머리에 가려서 잘 보이지도 않는데….

그 대신 야구장에서는 탁 트인 그라운드를 바라보며 맥주 한 잔에 열광적으로 응원가를 부르고, 울고 웃으며(때로는 욕도 하며) 우리 팀 선수들 및 관중들과 호흡을 함께 할 수 있다.

천체관측에서 사진과 안시의 차이는 아마도 TV 야구 중계와 야구장에서의 현장 관람의 차이와 비슷한 의미일 것이다.

Live의 맛. 불편하고 덜 보일지라도 라이브는 그 나름의 맛이 있다. 그것이 아이피스 안의 흐릿한 흑백 이미지를 그렇게 열심히 보게 만드는 이유이다(좋아하는 가수의 음원을 듣는 것과 라이브 콘서트에 가는 이유도 이와 같을 것이다).

별보기에 입문하는 분들 중에는, 천체사진에 관심이 있는데 아직 초보니까 비교적 간단해 보이는 안시관측부터 한 다음에, 초보 딱지를 떼고 나서 천체사진을 하겠다는 분들도 있다.

천체사진과 안시관측은 같은 하늘을 바라본다는 공통점 외에는 사용하는 장비부터 관측하는 대상과 방법, 향유하는 즐거움의 종류까지 모두 다르다.

그래서 관측지에 가보면 암묵적으로 천체사진과 안시관측의 자리가 나뉘어져 있다. 서로가 서로에게 방해가 될 수도 있기 때문이다.

(사진과 안시의 편을 가르려는 얘기가 아니니 오해는 금지! 다만 너무나 다른 취미임을 이해해야 한다.)

안시는 이래서 힘들어…

천체관측 입문자 중에는 안시관측을 하는 분이 훨씬 많지만, 중급자 이상으로 시선을 높여보면 어느새 안시관측보다는 천체사진 동호인이 별나라의 주류를 이루게 된다.

그 많던 안시관측 입문자는 모두 어디에 갔을까?

첫 번째, 안시관측은 돈으로 해결을 할 수가 없다. 그렇다고 사진이 돈만 있으면 해결된다는 의미는 물론 아니다. 대체적으로 투자한 장비만큼 결과물이 나오는 천체사진에 비해 안시관측은 그 상관관계가 많이 떨어진다는 것이다.

안시관측은 돈 대신 몸으로 때우는 과정이 꼭 필요하다. 밤하늘 아래에서 밤새도록 이슬을 맞고, 영하 15도 추위에도 눈물 콧물 흘리며 몸으로 관측을 익히는 과정을 거쳐야 비로소 초보를 벗어날 수 있다.

두 번째, 관측 대상을 찾아서 망원경에 정확히 도입하기도 어렵고, 겨우 찾았다 한들 보이는 모습은….

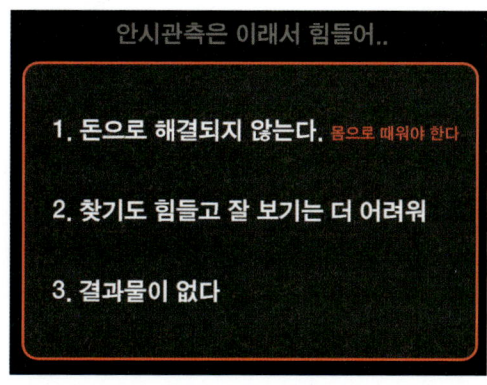

초보가 만나는 최초의 장애물은 망원경으로 별을 찾는 것, 바로 호핑(Hopping)이다. 성도와 반대로 뒤집혀 있는 도립상 파인더를 따라 한참 동안의 삽질 끝에 더듬더듬 겨우 대상을 잡았는데, 부푼 기대를 안고 본 접안렌즈(아이피스)에 보잘것없는 솜털 같은 아이 하나만 보일 때의 실망감이란.

또는 누군가가 부자은하(M 51)라고 나선팔이 잘~~ 보인다고 한 번 보라고 해서 접안렌즈를 들여다봤는데, 아무것도 보이지 않을 때의 당황스러움이란! 내가 보기엔 아무것도 없는데, 안 보인다 하기엔 자존심이 상하고 잘 보인다고 하기엔 뭐라 설명을 못 하겠고….

세 번째, 천체사진을 찍으면 집에 돌아와서도 긴 말이 필요가 없다. 결과물로 남은 멋진 사진 한 장만 동호회 온라인 갤러리에 올려놓으면 바로 '허블스럽다' 등의 찬사가 쏟아진다.

하지만 안시관측은 어떨까? 친구한테 자랑을 하고 싶어도 '아, 이거 대체 설명할 방법이 없네. 어젯밤에 본 M 82 불규칙은하를 대체 뭐라고 설명하나?'

안시관측의 반전

여기서 잠깐! 이게 다라면 대체 안시관측을 할 이유가 없을 것이다. 여기에는 큰 반전이 숨어 있다.

안시관측은 돈으로 해결할 수 없지만 반대로 돈이 들지 않는다. 처음 망원경 살 때 들어가는 돈과 기름값 이외에는 돈 쓸 일이 별로 없다. 밤하늘을 바라보는 것은 무료니까.

그래서 별을 보기 위해 많은 투자를 하기 어려운 분들이나, 학교에서 선생님이 학생들과 함께 천체관측을 즐기기에도 부담이 적다.

또한 별을 찾고 보는 것은 어떨까?

초보에게 망원경으로 별을 찾는 것은 큰 도전이 될 수도 있지만, 반대로 그것을 찾았을 때의 기쁨은 이루 말할 수가 없다.

성도를 분석해서 길을 찾고, 파인더로 한 스텝씩 대상을 찾아갈 때의 두근거림, 그리고 최종 목적지에 도달한 뒤 아이피스에 그 대상이 들어온 것을 확인한 순간, 나도 모르게 "찾았다!"는 외마디 비명을 지르게 될

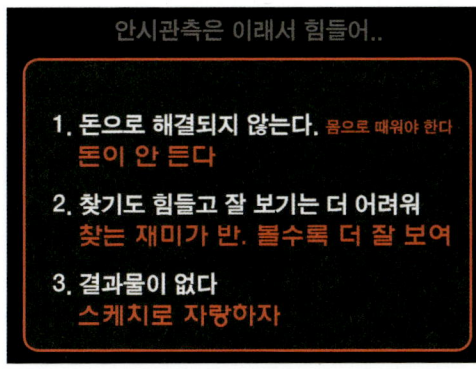

것이다(필자는 낚시는 해본 적이 없지만, 혹자는 그 기쁨을 낚시의 손맛에 비유하기도 한다). 그리고 관측 기술이 다듬어지지 않은 초보 시절에는 찾은 대상을 보는 즐거움보다 찾는 그 자체에 더 큰 기쁨을 느끼게 된다.

또한 아이피스에 보이는 그 희미한 작은 얼룩도 관측 테크닉을 알아가면 알아갈수록 한 꺼풀씩 베일을 벗고 더욱 잘 보이게 된다(관측 기술에 대한 내용은 챕터 B, '안시관측의 기본기'에서 자세히 다룰 예정이다).

마지막으로 결과물이 없는 것은 어떻게 극복할까?

사진 대신 본인이 손으로 그린 천체 스케치로 자랑하면 된다!

안시관측의 종류

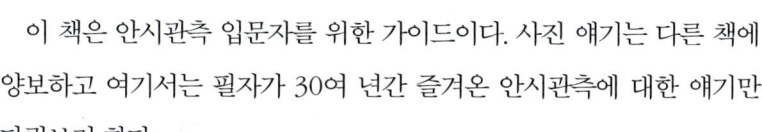

　이 책은 안시관측 입문자를 위한 가이드이다. 사진 얘기는 다른 책에 양보하고 여기서는 필자가 30여 년간 즐겨온 안시관측에 대한 얘기만 다뤄보려 한다.

　안시관측의 종류를 나누어본다면 크게 세 가지로 나눌 수 있다. 맨눈으로 밤하늘을 즐기는 육안 관측과, 망원경을 이용해서 태양계부터 성운, 성단, 은하의 아름다움을 찾아가는 망원경 관측, 그리고 일식, 오로라, 유성우 등 특별한 하늘의 이벤트, 즉 천문 현상의 결정적 순간을 즐기는 것도 안시관측의 한 부분이다.

　그리고 여기에 하나 더, 육안 관측과 망원경 관측, 천문 현상을 즐기는 것보다 망원경과 각종 액세서리를 최고급으로 갖추는 데에만 집중하는 경향도 찾아볼 수 있다. 장비를 사 모으는 것을 잘못되었다고 비난할 생각은 전혀 없다. 정교한 광학 장비를 수집하고 그 성능을 즐기는 것 또한 분명히 멋진 취미 생활이고 즐거운 일이다.

　하지만 한 가지 기억해야 할 본질은, 천체관측은 장비에 대한 투자보

육안 관측 | 망원경 관측

천문 현상 | 장비 수집

다 본인의 관측 실력을 먼저 키워야 훨씬 더 빨리 그 깊은 즐거움에 도달할 수 있다는 것이다. 여기에 좋은 장비가 뒷받침이 된다면 금상첨화. 하지만 그 즐거움의 깊이는 투자한 장비의 금액과 정확히 일치하지는 않는다. 그리고 장비에 대한 과도한 관심은 관측에 대한 노력을 소홀하게 만드는 요인이 되기도 한다. 인간의 에너지는 유한하니까.

이 책에서는 안시관측에 적절한 장비의 선택에 대한 내용도 물론(FAQ에서) 다루겠지만, 그보다 더 중요한 '천체관측의 기쁨을 누리는 법'에 대부분의 지면을 할애할 예정이다.

육안 관측

밤하늘의 별 지도

우선 육안 관측부터 생각해보자. 별을 사랑하는 별지기들 외에는 '천체관측이란 별자리를 관찰하는 것'으로만 피상적으로 알고 있는 사람들이 대부분이다. 하지만 완전히 틀린 말도 아닌 것이, 별자리를 아는 것은 모든 천체관측 활동의 기초라고 할 수 있다.

서울에서 부산까지 갈 때 내비게이션이나 지도에 위도, 경도 좌표를 찍어놓고 가는 사람은 거의 없을 것이다. 그 대신 "어느 고속도로를 타다가 어디서 갈아타고 어떤 톨게이트에서 나와서 어느 길을 따라서…" 하고 지명이나 건물, 도로로 그 길을 찾게 된다. 그게 더 직관적이고 이해하기 쉽기 때문이다.

밤하늘도 마찬가지다. 부자은하(M 51)를 찾을 때 하늘의 적경, 적위를 가지고 찾는 것보다 "북두칠성 마지막 별에서 어느 방향으로 얼마만큼…" 이렇게 찾는 것이 훨씬 쉽고 빠르고 재미있다.

별자리 중에는 오리온자리나 전갈자리, 백조자리처럼 보고만 있어도 멋진 애들도 있지만, 대부분은 그 형체를 가지고 별자리 이름을 연상하긴 어렵다(오각형 별 무리를 보고 마차부자리를 생각하고 별 두 개 이어진 것을 보고 사냥개를 떠올리려면, 아마도 어린아이와 같은 순수한 마음이 필요할 것이다).

그러면 멋진 별자리 몇 개 말고 이런 볼품없는 별자리까지 다 알고 있어야 할까?

정답은 Yes. 이유는 별자리가 밤하늘의 별 지도이기 때문이다.

계절별 별자리

    별쟁이가 되기 위해서는 전 하늘 88개 별자리 중에서 북반구에서 보이는 50여 개의 별자리를 모두 찾을 수 있어야 한다. 다 익히는 것이 처음에는 버겁다면, 최소한 각 계절별 대표 별자리 5개 정도는 하늘을 보며 그릴 수 있어야 무엇을 하든 그 다음 단계로 나아갈 수 있다.

> **별자리 익히는 방법**
>
> 시중의 별자리 책을 보거나 인터넷 또는 앱으로 계절별 별자리를 찾아놓고 사방이 트여 있는 교외에서 그 별자리를 헤아려보자.
>
> 봄의 대곡선, 여름의 대삼각형, 가을의 페가수스 사각형, 겨울의 대삼각형, 북쪽 하늘의 북두칠성과 카시오페이아 등 계절별로 가장 잘 보이는 별자리를 우선 찾고, 그것을 기준으로 작은 별자리들을 찾아나가면 된다.
>
> 포털 사이트에서 '여름철 별자리' 정도만 검색해도 수많은 정보를 얻을 수 있고, 서점에서 여러 종류의 별자리 책 중에 마음에 드는 것을 한 권 골라봐도 좋다.

밤하늘에서 가장 아름다운 것은?

1994년부터 오랜 기간 쉬지 않고 천체관측을 한 필자에게 누군가 "가장 좋아하는 대상이 무엇인지?" 묻는다면, 필자는 1초의 망설임도 없이 "은하수"라고 답할 것이다.

망원경으로 무엇을 본다고 해도 맨눈으로 보는 은하수만큼 아름다운 대상은 이 세상에 없다.

밤하늘의 무수한 별들 사이로 흘러내리는 황홀한 은하수. 더 자세히 보려고 애쓸 필요도 없이 캠핑 의자에 길게 누워서 몇 시간을 그것만 보고 있어도 그냥 기분이 좋아진다. 지금 보고 있는 은하수의 가장 짙은 부분이 우리은하의 중심부임을 알고 보면 감동은 더더욱 깊어진다.

그래서일까? 관측 경력이 10년 이상 되는 베테랑 관측자들도 가장 좋아하는 대상으로 은하수를 꼽는 사람들이 많다.

그런데 우리나라는 북위 37도 인근으로 위도가 높아서 우리은하의

강원도 인제에서 바라본 은하수(김병수, 2012)

중심, 가장 화려한 부분을 제대로 보기가 어렵다(궁수자리 근처가 우리은하의 중심 부근으로, 우리나라에서도 볼 수는 있으나 남중 고도가 매우 낮다).

그렇다면 은하수의 중심부를 멋지게 보기 위해서는 어디까지 가야 할까?

물론 남쪽으로 가면 갈수록 더 잘 볼 수는 있겠지만 우리나라는 그리 큰 나라가 아니라서 한계가 있다. 기회가 된다면 비행기를 타고 남쪽으로, 더 남쪽으로 가서 호주 등의 남반구 국가에서 은하수를 감상해보자.

한국에서는 지평선 위의 광해를 뚫고 힘겹게 보았던 궁수자리 은하수를 호주의 광활한 황무지 한가운데에서 감상하는 황홀한 감동은 어떤 말로도 표현하기 힘들다.

2010년, 호주로 관측 원정을 떠나서 내륙의 아웃백에서 한참을 넋을 놓고 밤하늘의 빛나는 거대한 다리를 보고 있는데 반대쪽으로 필자의 그림자가 비치는 것이 아닌가. 누가 가로등을 켰나? 하고 광원의 위치를

호주에서 바라본 은하수(이건호, 2010년 야간비행 1차 호주 원정)

보니 거기엔 은하수의 가장 밝은 부분이 위치해 있었다. 필자는 달그림자도 아닌 은하수의 그림자를 본 것이다. (이건 자랑이다!)

천문 이벤트

누가 공식적으로 정한 것은 아니지만, 하늘에는 못 보고 죽는다면 땅을 치고 후회할 세 가지 천문 현상이 있다.

볼 수 있을 때 봐둬야 한다

아래 그림에 명시한 세 가지 중에 가장 보기 힘든 것은 무엇일까? 의외로 대유성우이다. 페르세우스 유성우같이 일반적인 유성우는 매년 볼 수 있지만 그 개수가 시간당 100개 미만으로 '大' 자를 붙이기엔 부족함이 있다. 하지만 2001년에 사자자리 대유성우를 본 사람이라면 그냥 유성우와 대유성우의 비교할 수 없는 차이를 알 것이다. 여름밤 돗자리에 누워서 하늘을 보며 하나, 둘… 세다 잠이 드는 것이 유성우 중에 가장 유명한 페르세우스 유성우라면, 2001년의 사자자리 대유성우는 3초에 하나 꼴로 하늘 곳곳에서 떨어지는 유성 폭풍우에 정신을 차릴 수가 없어서 숫자를 세는 것은 진즉에 포기하고, 그저 밤새 유성이 떨어지는 순간마다 목쉰 비명을 지를 수밖에 없었던 것이다.

죽기 전에 꼭 봐야 할 3대 천문현상 — 개기일식, 오로라, 대유성우

좀 자주 떨어지면 좋으련만, 11월 추운 겨울밤에 벌어지는 우주 최고의 유성쇼인 사자자리 대유성우는 모혜성인 템펠-터틀 혜성의 공전 주기에 맞추어 약 33년마다 한 번씩 지구를 방문한다.

아마도 다음 축제는 2001년+33년=2034년. 그동안 몸 건강, 눈 건강 잘 지켜서 역사적인 순간의 주인공이 되어보자.

개기일식을 보면 인생이 바뀐다

어릴 때부터 여기저기서 들어본 말이 있다. 속담도 아닌 것이 '개기일식을 보고 나면 인생이 달라진다'는 것인데, 어떻게 그럴 수가 있을까? 그것이 대체 무엇이기에 그런 얘기가 나올까 궁금하여 2009년에 중국 항저우로 개기일식을 보러 갔다가 결국 필자의 인생도 개기일식을 중심으로 돌아가게 되었다.

개기일식 얘기를 하다 보면 "나 어릴 때 개기일식 봤었는데…"하는 분을 종종 만나게 되는데, 우리나라에서 관측된 마지막 개기일식은 1852년이었다. 그렇게 오래 사신 분은 아닐 거고, 아마도 우리나라에서도 종종 관측되는 부분일식과 착각하셨을 것이다.

개기일식은 대략 1.5~2년마다 한 번씩 세계 각지에서 발생한다. 폭 수백 km 이내의 좁은 지역에서만 개기일식을 관측할 수 있고, 그 외의 지역에서는 부분일식에 만족해야 한다.

개기일식에 미친 사람들을 'Eclipse Chaser(일식 사냥꾼)'라 부른다. 이 사람들은 뻥튀기 잘라 먹은 것 같은 부분일식에는 별 관심이 없다.

이들은 다음 페이지의 그림과 같이 2~5분 가량의 개기일식이 진행되

개기일식 중에 볼 수 있는 것들(조강욱 그림, 2019 칠레 안데스)

는 동안 낮이 밤이 되는 기적을 또 경험하기 위해서, 그리고 개기일식이 일어나기 직전과 직후에 보이는 찰나의 다이아몬드 링을 보기 위해서 전 세계 어디든 찾아다닌다.

필자는 2009년 중국 항저우, 2012년 일본 도쿄와 호주 케언즈에 이어, 2015년에는 북극점에서 겨우 1,400km 떨어진 북극의 설산에 올라가 그 결정적 순간을 만끽했다.

그런데 잠깐! 이걸 보러 북극까지 간다고? 그렇다. 단지 그것만을 위해서 북극에 갔다. 죽기 전에 지구상에서 일어나는 모든 개기일식을 보는 것은 언젠가부터 필자 인생의 가장 큰 목표 중 하나가 되어버렸다.

개기일식 관측에 대한 자세한 내용은 챕터 D의 '해외 원정 : 우리나라 밖에서만 볼 수 있는 것' 파트에서 자세히 다룰 것이다.

신들의 빛, 오로라

죽기 전에 꼭 보아야 할 천문 현상 3종 세트 중에서 가장 보기 쉬운 아이는 아마도 '오로라'일 것이다. 왜냐하면 오로라는 단지 북극권에 위치한 곳에서 밤 시간에 밖에만 나와 있으면 볼 수 있기 때문이다.

그러나 Aurora oval(오로라대)이라 불리는 그 지역은 너무나 추운 지역이라 사람이 거의 살지 않고, 교통편으로 접근하기도 쉽지 않다.

하지만 그곳 북극권에서 밤을 맞이할 수만 있다면(그리고 구름이 끼지 않는다면), 우리는 약 50% 이상의 확률로 새벽의 여신 오로라의 치맛자락이 하늘에서 나부끼는 황홀한 장면을 목격할 수 있다. (이 역시 자세한 설명은 챕터 D '해외 원정 : 우리나라 밖에서만 볼 수 있는 것'에서!)

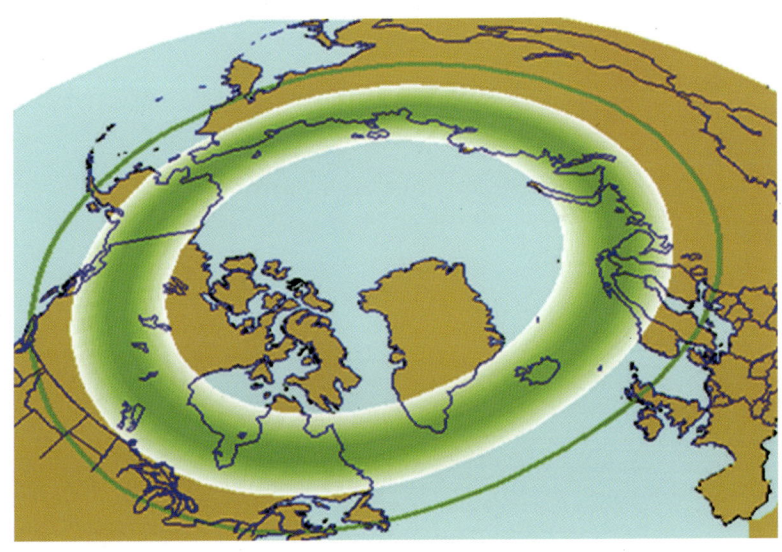

Aurora oval(북극권의 오로라 출몰 지역)

스웨덴 북부의 키루나에서 맞이한 오로라 폭풍. 오른쪽이 필자다(김동훈, 2015).

망원경 관측

이 책에서 가장 많은 페이지를 할애해서 핏대를 세우며 떠들 내용은 역시 망원경으로 별을 보는 얘기이다. 맨눈으로 캠핑 의자에 누워서 온몸으로 별빛을 받아들이는 것도, 보기 힘든 천문 이벤트를 따라다니는 것도 물론 더할 나위 없이 멋진 일이지만, 망원경으로 밤새도록 천체를 관측하는 것은 평생을 투자해도 그 끝을 다 알 수 없는 깊은 즐거움 그 자체이다.

관측이란 무엇일까?
사람들은 왜 별을 볼까?
당신은 왜 이 책을 보고 있는가?

망원경으로 주로 보는 것들

이 작은 책이 여러분이 평생 별을 보고 기쁨을 얻는 방법을 습득하는 데에 큰 도움이 될 수 있도록, 다음 챕터는 망원경을 활용하여 별을 보기 위해 본격적으로 기본기를 다지는 것부터 시작해보겠다.

앞으로의 구성은 우선 밥을 먹기 위해 숟가락질하는 방법(별을 찾는 법)부터, 어떻게 맛을 음미하며 꼭꼭 씹어 먹을 수 있을지(별을 보는 법), 그리고 마지막으로 나만의 방법으로 그것을 어떻게 즐길지(별을 사랑하는 법)에 대한 내용을 순서대로 다룰 것이다.

이 책의 마지막 장을 덮을 때쯤이면 '내가 왜 별을 보는가?'에 대한 스스로의 답을 구할 수 있기를 소망한다.

FAQ 1. 망원경에는 어떤 종류가 있나요?

망원경은 렌즈 또는 거울로 빛을 모으는 '경통'과, 경통을 원하는 곳으로 움직여주는 '가대'로 이루어진다. 경통과 가대를 한 세트로 구입하는 경우도 있지만, 대부분은 원하는 경통과 원하는 가대를 조합하여 내 취향대로 구성을 만든다(개별 부품을 구입하여 세팅하는 조립 PC나 고급 자전거와 비슷하다).

① 경통 : 밤하늘을 보는 눈. 크면 클수록 집광력이 커져서 더 밝게, 더 많이 볼 수 있다.

구분	반사식	굴절식	반사굴절식
모양			
특징	오목한 거울로 빛을 반사하여 한 점에 모음	렌즈로 빛을 굴절시켜 초점을 맺음	경통 전면은 렌즈, 후면은 거울로 구성
장점	대구경 망원경 제작에 용이	날카로운 별상. 광축이 잘 틀어지지 않음	초점거리가 매우 길어서 고배율 관측에 유리
단점	수시로 광축을 맞춰야 함	비용과 기술 문제로 대구경 제작이 어려움	반사와 굴절의 장단점을 함께 가지고 있음
안시 관측 주 용도	Deep-sky	달, 행성, 밝은 Deep-sky	Deep-sky, 달, 행성

② 가대 : 밤하늘을 달리는 다리. 추적의 편의성 vs 사용의 용이성

구분	경위대	적도의	돕소니언
모양			
특징	사용자가 원하는 대로 상하좌우로 이동	천체의 움직임에 맞추어 적경·적위축으로 이동	가대 없는 단순한 구조, 망원경 하단부가 경위대 역할을 함
장점	직관적으로 움직일 수 있음	천체의 정밀한 추적에 용이	대구경 망원경을 저렴하게 쓸 수 있음
단점	큰 망원경을 올리기 어려움 (탑재 중량 한계)	상대적으로 비싸고 직관적으로 움직이기 어려움	천체의 일주 운동에 따른 자동 추적 불가

③ 아이피스

망원경의 접안렌즈를 아이피스라고 하며, 여기에 눈을 대고 천체를 관측한다. 밀리미터(mm) 단위의 초점거리가 아이피스마다 표시되어 있고, 각기 다른 초점거리의 아이피스를 활용하여 배율을 바꾼다.

별쟁이들의 영원한 로망, 녹색 스카프를 두른 영롱한 자태
(지름신아, 물러가라!)

※ 망원경 배율 = 망원경 초점거리 ÷ 아이피스 초점거리

　예) 망원경 초점거리 1,500mm, 아이피스 초점거리 10mm일 경우
　　　배율은 1,500 ÷ 10 = 150배

④ 파인더

망원경 경통 위에 달아놓는 천체 탐색용의 작은 망원경으로, 총 위에 달린 조준경과 비슷한 용도이다. 일반적으로 망원경 아이피스의 배율은 40~300배가량으로 배율이 너무 높아서 하늘의 좁은 영역밖에 볼 수 없으므로, 내가 보고 있는 하늘이 어디쯤인지 잃어버리기 쉽다. 따라서 넓은 영역을 탐색하며 대략적인 위치를 확인할 파인더가 필요하다.

Chapter **B**

안시관측의 기본기

이번 챕터에서는 안시관측의 가장 기본적인 테크닉에 대해 얘기하려 한다. 무엇을 하든 기본기가 탄탄해야 금방 발전할 수 있는 법이고, 아무리 진수성찬이 차려져 있어도 먹을 줄 모르면 아무 의미가 없다.

목록 & 성도
메시에 등 천체 목록과 별 지도

천체의 종류별 특징

천체관측에 입문한 별쟁이는 달과 행성부터 시작해서 결국은 Deep-sky의 세계에 발을 들이게 된다. Deep-sky란 태양계 밖의 천체를 의미하는 것으로, 전 세계 별쟁이들에게 널리 사용되는 용어이다.

태양계 밖의 Deep-sky 대상에는 어떤 것들이 있을까?

일반적으로는 성단과 성운, 은하가 있다. 그리고 그 성단과 성운, 은하는 다음 페이지의 그림과 같이 세부 분류로 나뉘고, 그 대상마다 관측 방법 또한 모두 다르다(대상 이름 옆의 그림은 필자가 관측하며 직접 그린 스케치다).

태양계 밖의 Deep-sky 중에서 가장 쉽게 볼 수 있는 것은 우리은하 내에 위치한 성단(Cluster)이다. 별들의 집단인 성단은 다시 산개성단과 구상성단으로 나뉜다. 수백~수천 개의 별들이 성기게 모여 있는 성단을 별들이 흩어져 있다는 의미로 산개성단이라 하고, 수백만 개의 별들이 구의 형태로 밀집되어 있는 성단을 구상성단이라 한다.

밤하늘의 조직도

```
                    Deep-Sky
         ┌─────────────┼─────────────┐
    성단(Cluster)   성운(Nebula)   은하(Galaxy)
         │             │             │
      산개성단       발광성운        타원은하
         │             │             │
      구상성단       행성상성운      나선은하
                       │             │
                     암흑성운       불규칙은하
```

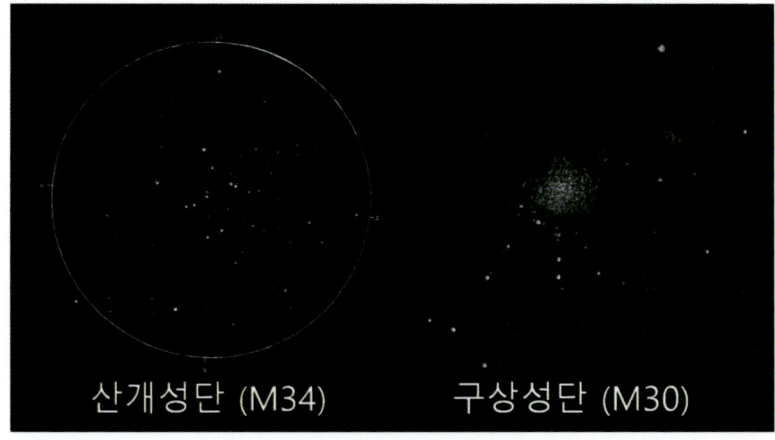

산개성단 (M34)   구상성단 (M30)

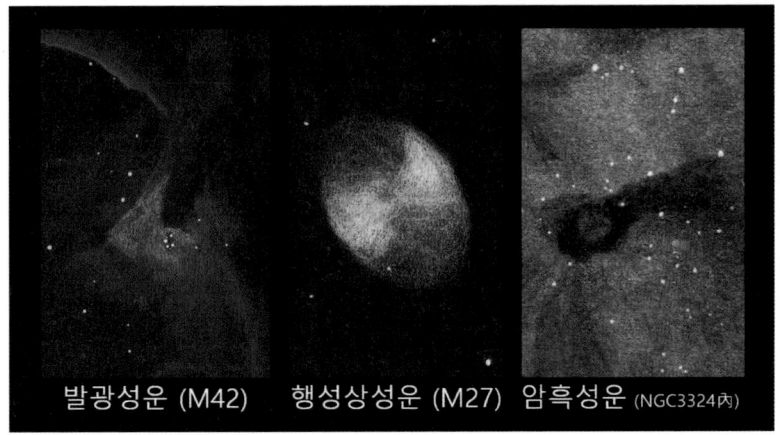
발광성운 (M42)   행성상성운 (M27)   암흑성운 (NGC3324內)

성단만큼 많지는 않지만 그 하나하나의 다양한 모양을 감상할 수 있는 것은 밤하늘에 구름같이 떠 있는 성운(Nebula)들이다. 성운에는 일반적인 빛나는 구름 덩어리인 발광성운과, 주변 별빛을 반사해서 빛나는 반사성운, 별이 일생을 마치고 난 잔해인 행성상성운, 그리고 스스로 빛을 내지는 않지만 배경의 별들을 가림으로써 존재를 드러내는 암흑성운이 있다.

우리가 볼 수 있는 거의 모든 성운과 성단들이 위치한 우리은하를 벗어나면 우리는 우리은하의 별들보다도 많은 수의 은하들을 볼 수 있다. 또한 망원경으로 관측할 수 있는 대상의 수도 성운과 성단보다 은하가 압도적으로 많다.

은하는 그 형태에 따라 나선은하, 타원은하, 불규칙은하로 구분한다. 참고로 필자는 Deep-sky 중에 은하를 가장 좋아한다. 멀리 있는 희미한 것을 좋아하는 취향 때문이다.

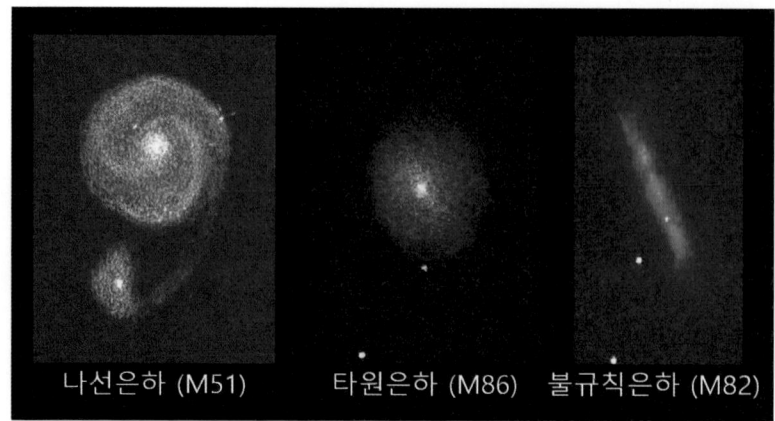

나선은하 (M51) 타원은하 (M86) 불규칙은하 (M82)

앞에서 대상의 형태를 언급한 것은, 밤하늘의 천체들을 망라해놓은 목록과 그것들을 찾기 위한 밤하늘의 별 지도, 성도에 대해 얘기하기 위함이다.

메시에 : 하늘의 블랙리스트

천체관측에 입문한 사람이라면 백이 면 백 모두 메시에 대상부터 관측을 시작하게 된다. 초보 딱지를 떼었는지도 메시에를 다 보았는지 여부가 중요한 기준이 된다.

메시에목록은 샤를 메시에(Charles Messier, 1730~1817)라는 18세기 프랑스

샤를 메시에

천문학자에 의해서 만들어졌다. 메시에는 혜성 관측을 주업으로 하던 인물로, 당시의 하늘은 물론 지금보다 더 어두웠겠지만 사용하는 장비는 오늘날 별쟁이들이 쓰는 망원경보다 성능이 좋지 못했다. 쉽게 말하면 오늘날의 저렴이 60mm 굴절망원경 정도의 성능을 가진 망원경으로 관측을 한 것이다. 그러다 보니 대상의 특징이 뚜렷하게 구분되지 않고 그저 뿌연 덩어리로밖에는 인지되지 않는 대상이 많았다.

그런데 그런 뿌연 덩어리가 메시에의 관측 주 종목인 혜성과 너무나 헷갈릴 수밖에 없었던지라, 메시에는 밤하늘에서 혜성처럼 보이지만 움직이진 않는 헷갈리는 대상들의 리스트를 만들게 되었고, 발견한 순서대로 M 1부터 M 110까지 번호를 붙여놓았다(동료가 발견한 것을 리스트에 올린 것도 있고, 똑같은 것이 중복되었거나 Deep-sky가 아닌 그냥 별 무리가 올려져 있기도 하다).

처음 메시에목록을 발표한 1760년만 해도 이 목록은 혜성이 아닌 블랙리스트를 정리한 것에 불과했지만, 현세에는 별쟁이들에게 가장 사랑

받는 목록으로 사용되고 있다. 60mm 굴절망원경 같은 작은 장비로도 쉽게 볼 수 있는 밝고 큰 대상들이 모두 망라되어 있기 때문이다. 다만 M 1번부터 M 110번까지의 순서는 별자리 순도, 밝기 순도, 적경 순도 아니고, 메시에가 발견한 순서대로 전 하늘에 중구난방으로 흩어져 있다.

중급 이상의 관측자들은 대부분 메시에의 번호와 모양을 모두 기억하고 있다. 밤하늘 아래에서 초보 시절부터 수도 없이 보아왔던 대상들이기 때문이다. 그러다 별 중독이 중증에 이르면 일상생활에서도 두 자리 숫자만 보면 자동으로 메시에 대상이 생각난다.

필자는 피트니스센터에서 항상 30번 사물함을 쓴다. 30이란 숫자를 보면 내가 좋아하는 M 30 구상성단이 자동으로 연상되기 때문이다(그렇다! 필자도 별 중독 중증이다).

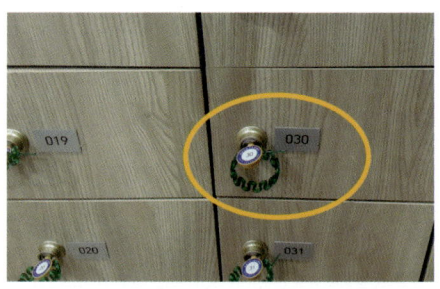

서울 서초동의 모 피트니스센터 신발장에서 도진 불치병

메시에는 혜성 발견에 대한 연구 성과로도 당대를 풍미한 천문학자였지만, 만약 이 블랙리스트를 만들지 않았다면 오늘날 메시에라는 천문학자를 기억하는 사람이 얼마나 될까?

일생 동안 발견한 13개의 혜성보다도, 결국에는 그것을 위한 밑작업이었던 메시에목록에 의해 오늘날까지 매일 밤 전 세계 별쟁이들에게 하루에도 수백 번씩 이름이 불려지고 있으니, 사람 일은 어찌 될지 모르는 것인가보다.

NGC : 평생 봐도 다 못 볼 보물 상자

메시에와 동시대에 살았던 천문학자 중에 가장 유명한 사람은 천왕성을 발견한 영국의 천문학자 윌리엄 허셜(William Herschel, 1738~1822)일 것이다. 그의 화려한 업적들 중에 별쟁이들에게 가장 유용한 것은 NGC(New General Catalog) 목록을 만든 것이다. 이 7,840개의 방대한 목록은 남반구까지 포함하여 전 하늘의 성운과 성단, 은하를 적경 순으로 망라하고 있어서, NGC 1번부터 적경 순으로 하늘을 한 바퀴 완전히 돌아서 NGC 7840번으로 끝나게 된다(메시에목록은 프랑스에서 관측할 수 있는 대상에만 한정되어 있어서 남반구의 대상들은 모두 빠져 있다).

윌리엄 허셜

또한 이 목록은 허셜이 7,840개 모두를 기록한 것은 아니고, 허셜의 아들을 거쳐 드레이어(J. L. E. Dreyer, 1852~1926)까지 100여 년에 걸쳐 보완되고 다듬어진 목록이다.

보통 관측에 입문한 사람이 2~3년 열심히 관측을 하면 메시에 110개는 모두 완주를 할 수가 있다. 그리고는 대부분 다음 목록으로 NGC를 찾게 되는데, 이 애들은 워낙에 많아서 다 보는 것을 목표로 하기보다는 그중에서 흥미로운 아이들을 골라서 더 깊은 Deep-sky의 세계를 탐험하게 된다.

또한 NGC 대상들을 한참 보다 보면, 이젠 네 자리 숫자만 보면 또 별 생각이 난다. 필자는 운전하다 신호 대기 시 앞의 자동차 번호판의 네 자리 숫자를 보게 되면 자동으로 NGC를 생각한다. '2418번? 뭐더라?' 하고 한참 생각하고 있다가 뒤차의 경적 소리에 정신을 차리는 일이 다반사다.

아 참, 필자의 휴대폰 번호 뒷자리는 7840이다. 죽기 전에 7,840개의 목록을 다 볼 수는 없겠지만 그중에 아름다운 대상들은 남반구 대상과 북반구 대상을 가리지 않고 모두 한 번씩 눈길을 주겠다는 야심찬 목표 때문이다.

그 외에도 천체들의 목록은 수도 없이 많다. NGC 이후에 발견된 IC, 암흑성운의 목록 Barnard, 은하단을 망라한 Abell, 충돌은하 총정리 Arp 등등. 하지만 천체관측에 입문하는 단계라면 우선 메시에와 일부 NGC부터 시작하고 그 외의 목록은 잠시 기억에서 접어두어도 괜찮다. 메시에 110개를 모두 완주할 정도의 경험이 쌓이면 그 다음에 무엇을 볼 것인지는 스스로 알게 될 것이다.

성도(星圖) : 하늘의 별 지도

우리가 봐야 할 대상들의 목록을 알았으니 이번엔 그 애들이 위치한 곳을 어떻게 찾는지 성도의 사용법을 공부해보자.

2010년대 초반만 해도 모두가 전통적인 종이성도를 사용했지만, 2010년대 중반부터 휴대폰이나 태블릿을 이용한 전자성도를 사용하는 인구가 급격히 늘어나서 현재는 전자성도가 절대다수의 대세를 이루게 되었다. 전자성도 도입 초기에는 '별보기, 특히 안시관측은 아날로그의 맛이 있는데 굳이 디지털 장비를?'이란 생각이 많았고, 필자도 오랜 기간 '종이성도파'였지만 전자성도라는 신문물을 맛보고는 그 편리함과 정확성에 변절(?)을 하지 않을 수가 없었다. 이 책에서는 전자성도와 종이성도를 모두 다루어보려고 한다.

전자성도

전자성도는 무얼 사용해야 할까? 망원경은 종류가 너무 많아서 어떤 장비를 사야 할지 깊은 고민을 해야 하지만, 전자성도 업계는 'Sky Safari'라는 하나의 앱이 전 세계를 평정했다. 망원경을 가지고 별을 찾아서 관측을 하는 사람 중 전자성도를 쓰겠다고 생각하는 사람이 있다면 크게 고민할 것 없이 'Sky Safari Pro' 최신 버전을 구입하면 된다. 다만 여기서 한 가지 문제가 있는데, 앱 가격이 무려 4만 원에 이른다는 것이다. 2천 원짜리 앱도 아까워서 안 사는 필자에겐 놀라운 가격이었지만, 써보니 돈이 전혀 아깝지 않았다(오히려 그보다 비싼 종이성도들을 책장

장식용으로 모두 밀어냈다).

'스카이 사파리'는 일반/Plus/Pro 세 가지 버전이 있는데, 망원경으로 별을 찾는 호핑 목적으로 쓰기 위해서는 다양한 기능이 탑재되어 있고 표현하는 별 개수가 압도적으로 많은 (더 어두운 별까지 구현하는) Pro 버전으로 구입해야 한다. Plus 이하 버전은 실제 관측에서 쓰기에는 정교함이 떨어진다.

앱스토어에서 검색되는 일반적인 별자리 앱들은 데이터의 정확성과 양에서 별지기들이 쓰기 불가능한 장난감 수준밖에 되지 않는다. 교육용으로 널리 쓰이는 PC용 전자성도 프로그램인 'Stellarium(스텔라리움)'의 모바일 버전은 한국에서 '스카이 사파리'처럼 관측에 사용하는 인구가 많아졌는데, 이 역시 유료 버전을 결제해야 관측에 활용할 수 있다(PC 버전은 무료지만 야외에서 이용하기는 불편하다). 가격은 2만 원 정도로, '스카이 사파리'보다 저렴하고 표현하는 별 개수는 충분하지만, 편의 기능이나 관측 데이터의 양은 상대적으로 조금 부족하다.

전자성도 사용법 소개는 모두 필자가 쓰고 있는 'Sky Safari 7 Pro' 버전을 중심으로 설명하려고 한다. 이전에 쓰던 4 Pro 버전도 인터페이스만 조금 다를 뿐 기능은 대동소이하다(필자는 뭐가 훨씬 좋은 게 있을 줄 알고 질렀지만…. 최신 버전 나왔다고 굳이 또 바꾸지 않아도 된다는 말씀).

다음 페이지의 그림은 필자가 사용하는 '스카이 사파리' 구동 화면이다. 모바일과 태블릿에서 모두 사용하고 있는데, 설명의 편의를 위해 화면이 더 넓은 태블릿 화면을 기준으로 하였다.

전자성도의 가장 큰 장점은 직관적이라는 점이다. 천체관측과 성도에

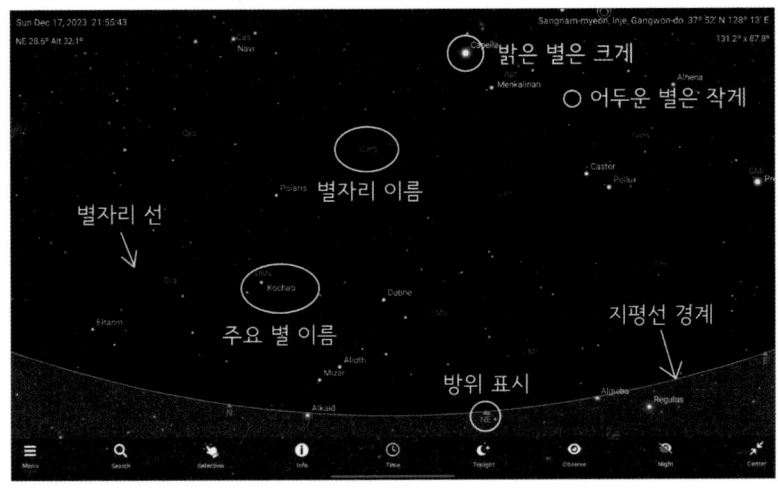

대한 지식이 많이 없더라도 화면을 두 손가락으로 확대하고 축소하는 동작에 따라 우리가 필요한 정보를 알아서 친절히 보여준다.

위 화면은 육안으로 실제로 밤하늘을 보는 정도의 시야가 되도록 줌 아웃을 한 상태로, 주요 별자리와 별자리선, 밝은 별들의 이름이 나타난다. 종이성도든 전자성도든 별의 밝기는 점의 크기로 표현되며, 한 손가락으로 화면을 이리저리 드래그하면 상하좌우 직관적으로 화면 이동을 할 수 있다. 화면 하단 메뉴 중 'Compass(나침반)' 기능을 이용하면 본인이 폰을 움직이는 대로 화면의 밤하늘 영역도 같이 이동하는데, 어지럽기도 하고 정교하게 움직이지도 않아서 본격적인 천체관측용으로는 부적합하다. 별자리 정도는 밤하늘과 성도를 대조하면서 직접 맞출 수 있어야 성도를 이용한 관측이 가능하다.

두 손가락을 이용해 화면을 확대(줌인)해보면 다음 페이지 그림과 같

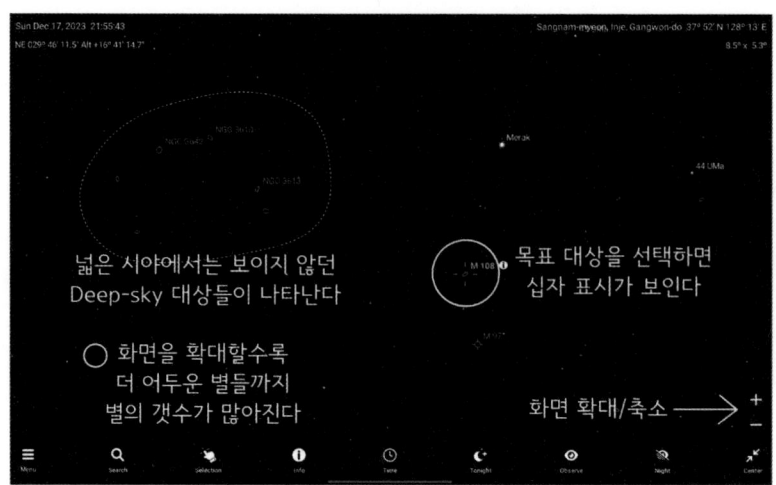

이 더 많은 어두운 별들과 딥스카이 대상들이 나타난다.

　종이성도를 쓴다면 작은 별들까지 나오는 확대 성도를 따로 구비해야 하지만, 전자성도로는 손가락 터치만으로 자유롭게 스케일을 넘나들 수 있다는 것이 큰 장점이다. 이렇게 좁은 영역을 확대할수록 육안으로 보이지 않는 별과 대상까지 표시가 되어 맨눈으로 보는 모습과는 달라지지만, 망원경으로 세밀한 관측을 할 때 꼭 필요한 기능이다.

　원하는 대상을 터치하면 목표 대상에 십자 표시가 나오고, 대상을 중앙으로 이동한 뒤 화면 확대/축소 버튼을 터치해서 아이피스로 보는 시야 수준까지 확대할 수 있다.

　다음 페이지의 화면은 목표 대상인 M108을 'Center' 기능을 통해 화면 가운데에 고정하고 '+' 버튼으로 화면을 확대하여 은하 형태가 보일 정도로 줌인을 한 뒤 시야를 조금 이동한 상황이다. 작고 어두운 대상은

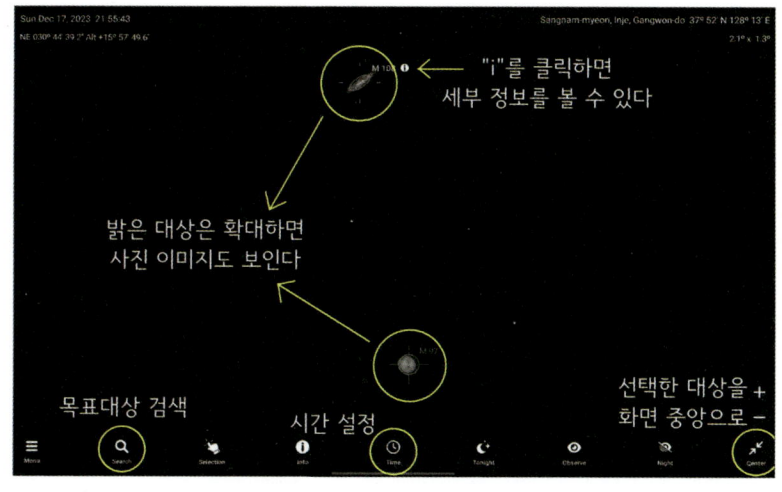

 확대해도 기호로만 표시되지만, 메시에 대상같이 유명한 아이들은 실제 이미지를 볼 수 있어서 관측시 참고 자료로도 사용할 수 있다. M108 아래쪽으로는 M97 행성상성운도 같은 화면에 보인다.

 또한 목표 대상 옆의 ⓘ 아이콘을 터치하면 대상의 밝기와 크기, 지구로부터의 거리 등 각종 정보를 얻을 수 있다. 전자성도 하나로 기본 성도와 세부 확대 성도, 데이터북까지 모두 활용할 수 있는 것이다.

 원하는 대상의 이름이나 번호만 알고 위치를 모를 경우는 앱 하단 메뉴의 'Search' 기능으로 대상을 찾아서 화면 중앙으로 도입하면 되고, 'Time' 기능을 활용해 날짜와 시간을 달리하면서 대상이 언제 뜨고 지고 남중하는지, 언제 관측하는 것이 최적인지 계획을 짜볼 수도 있다.

 지금까지는 전자성도의 좋은 점만 얘기했는데, 한 가지 치명적인 단점은 종이성도에 비해 밝아서 암적응을 해친다는 부분이다. 별쟁이의 눈은 밝은 불빛에 노출될 경우 어둠에 적응이 되지 않아서 정상적인 관측을 할 수가 없게 된다. 이를 방지하기 위해 디스플레이 밝기를 식별 가능한 범위 내에서 최소한으로 낮추거나 'Night' 모드로 화면을 붉은 색으로 만들어서 암적응을 유지해야 하는데, 그래도 종이성도보다 밝은 것은 어쩔 수 없다. 암적응에 대한 자세한 이야기는 다다음 소주제인 '주변시 & 암적응' 편에서 다룰 예정이다.

전자성도에 구현된 천체들을 살펴보면 별들은 밝기에 비례하여 점의 크기로 표현되어 있고, 달과 행성은 그 모양 그대로, 딥스카이 천체는 타원형, 점선, 십자선, 실선, 네모 등 그 종류와 면적에 맞게 기호로 표시되어 있다. 하늘의 대상들을 표시하는 기호는 종이성도를 설명하면서 일목요연하게 설명하려고 한다.

스마트폰이나 태블릿 제품의 디스플레이는 고급형 모델은 AMOLED로, 보급형은 LCD를 사용하는 경우가 많다. LCD의 경우 소재 특성상 백라이트가 항상 화면 뒤에서 비추고 있어서, 검은 바탕색을 주로 사용하는 천체관측에 불리한 점이 많다. 검은색이 빛이 없는 완벽한 어둠이 아니라 어두운 회색 느낌으로 빛나게 되어서, 어두운 관측지에서는 눈에 거슬리는 광원이 되고 암적응에도 큰 방해 요소가 된다.

반대로 자체발광 소자인 OLED와 AMOLED를 사용할 경우, 검은색은 어둠 속에서 칠흑같은 어둠을 유지하게 되어 암적응에 미치는 영향을 줄일 수 있다.

가성비를 엄청 따지는 필자도 눈물을 머금고 AMOLED를 사용하는 값비싼 플래그십 모델을 사용하고 있다(2025년 기준 갤럭시 S22 울트라, 갤럭시탭 S7+ 사용 중).

전자성도 세팅하기

'스카이 사파리'나 '스텔라리움'을 설치하고 앱을 실행해보면 뭔가 알록달록(?)하게 복잡한 것들이 많은데 뭘 어떻게 만져야 할지 엄두가 나지 않을 수도 있다. 세팅으로 조절할 수 있는 옵션들이 100여 가지가 넘어가는 관계로 세팅을 제대로 하지 못하면 성도로서의 효용성이 많이 떨어지게 된다.

필자는 화려하고 멋진 화면이 나오도록 세팅하는 대신 진짜 밤하늘과 거의 유사하도록 조절하는 편이다. 화면은 컬러 대신 흑백으로, 별 개수는 육안 또는 장비로 보는 것과 비슷하게, 딥스카이도 망원경으로 보이는 정도까지만 표시한다.

우선 필자의 세팅값을 위에 있는 QR 코드의 글로 참조하고, 시간을 들여 하나씩 본인 취향에 맞게 조정해보자.

앱 최초 실행시 화면. 폼은 좀 나긴 하지만 관광객 모드

리얼 별쟁이 스타일 세팅. 이제야 뭔가 좀 하는 거 같네~!

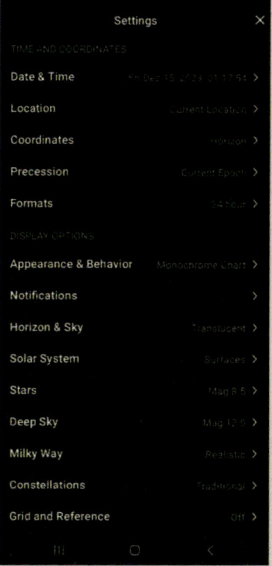

'스카이 사파리' 세팅 메뉴 목차

종이성도

대략 2010년 이전까지는 성도라고 하면 당연히 모두가 종이성도를 생각했고, 대부분은 「Sky Atlas 2000.0」이라는 성도를 사용했다. 그러나 스마트폰이 세상의 많은 것을 바꾸어놓았듯, 성도 또한 급속히 전자성도의 물결이 별나라를 뒤덮게 되었다. 하지만 어떤 분야든 기본을 배워놓으면 그 깊이가 더 깊어지고 더욱 다양한 확장을 할 수 있다고 생각한다.

현재 종이성도는 유료인 「Sky Atlas 2000.0」 외에 무료로 다운로드 받을 수 있는 여러 가지 성도가 시중에 공개되어 있다. 구글에 Deep-

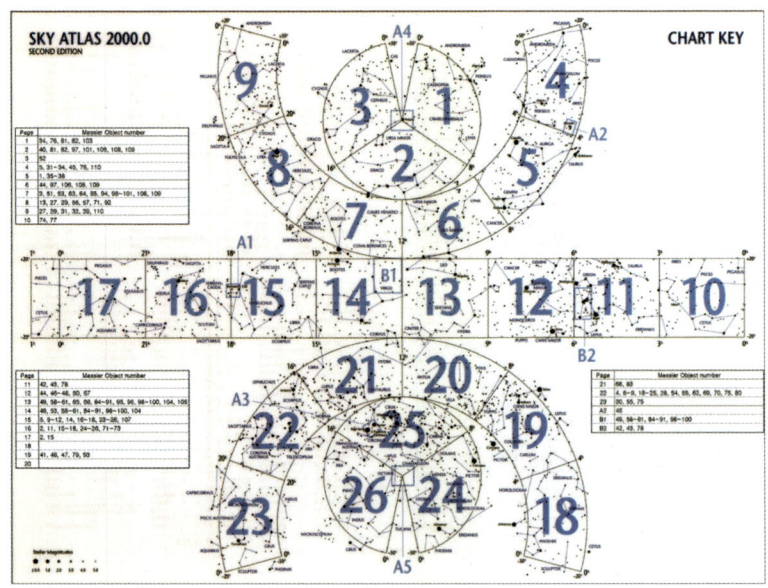

「Sky Atlas」 목차 페이지

Sky Hunter Star Atlas, TRIATLAS, Taki's Star Atlas 등으로 검색하면 8~9등급의 별들까지 포함된 성도의 PDF 버전을 쉽게 구할 수 있다. 이 책에서는 가장 유명한 종이성도이자 필자도 20년이 넘게 사용했던 「Sky Atlas 2000.0」을 기준으로 설명한다.

「Sky Atlas」는 왼쪽 페이지 그림과 같이 목차 페이지와 26장의 구역별 성도로 구성되어 있다. 이걸 대체 어떻게 봐야 할지 막막하다면? 다음 설명을 잘 읽어보자.

「Sky Atlas」는 필드판, 데스크판, 디럭스판 세 가지로 유통되고 있다. 우선 필드판은 검은 바탕에 하얀색 별이 인쇄되어 있어서 멋은 있지만 이름이 무색하게도 필드에서는 아무도 쓰지 않는다. 종이성도는 성도

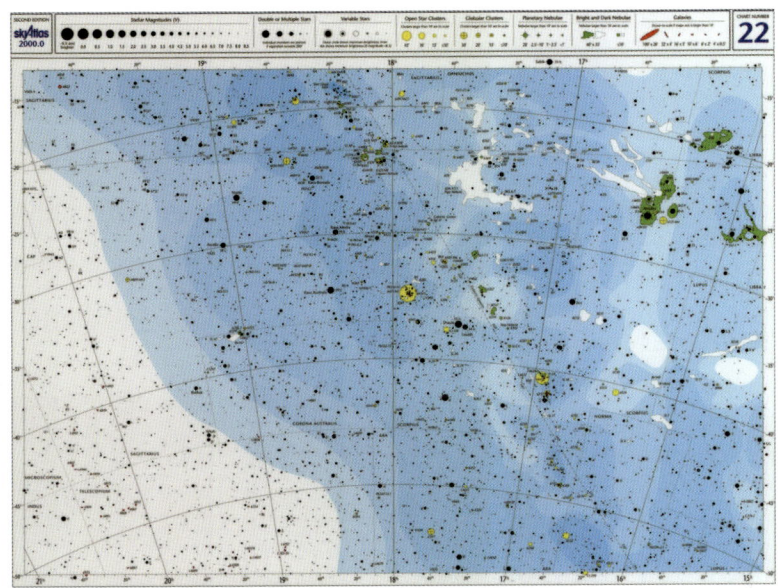

「Sky Atlas」 22페이지, 궁수-전갈자리 부근

「Sky Atlas」의 세 가지 버전. Field판, Desk판, Deluxe판.

위에 적절히 별자리 선을 그리고 메모를 해놔야 하는데, 검은 종이 위에는 뭘 쓰기도, 읽기도 쉽지 않기 때문이다.

그래서 일반적으로는 형광펜으로 선을 만들고 볼펜이나 연필로 메모를 하기 좋은 하얀 종이에 검은 별로 표시된 데스크판을 사용한다. 또한 자금에 좀 더 여유가 있으면 컬러 버전인 디럭스판을 사용해도 좋다. 들고 다닐 때도, 책장에 꽂아만 놔도 왠지 더 멋있어 보이지만, 밤에 관측을 위해 붉은 빛을 비추어보면 데스크판이나 디럭스판이나 모두 동일하게 흑백으로만 보인다.

성도는 밤에 야외에서 쓰는 물건이다. 필연적으로 이슬과 온갖 이물에 오염될 수밖에 없는데, 그래서 보통은 원본 대신에 원본을 복사하거나 PDF 성도를 인쇄하여 A3나 A4 클리어파일에 넣어서 사용하는 것이 일반적이다. 그래야 부담없이 메모도 하고 현장에서 마음껏 굴릴 수가 있다.

성도를 구하는 방법

「Sky Atlas 2000.0」은 시판되는 정품을 구입하여 사용하면 되고, 무료로 배포되는 다른 성도들은 PDF를 다운로드받아서 A3 또는 A4로 출력하면 된다. 필자는 A3 크기로 시원하게 보는 것을 선호한다.

Deep Sky Hunter Star Atlas : deepskywatch.com/deepsky-atlas.html
TRIATLAS : www.uv.es/jrtorres/triatlas.html

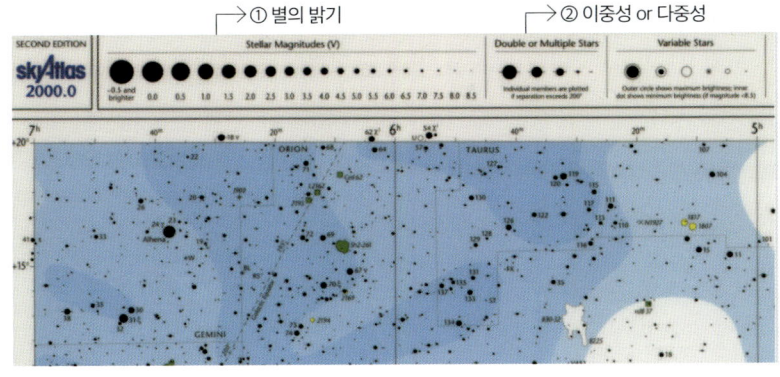

성도 왼쪽 상단 Index

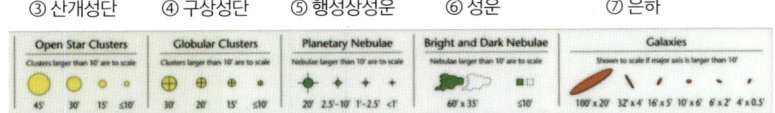

성도 오른쪽 상단 Index

이제 성도 읽는 법을 알아보자.

① **별의 밝기** : 성도에서 별의 밝기는 별의 크기로 나타낸다. 「Sky Atlas」는 8.5 등급의 별까지 표시되어 있고, 이 정도면 (처녀자리은하단을 제외하고) 대부분의 메시에 대상을 찾는 데 충분하다.

② **이중성** : 별 중앙에 가로로 실선이 그어져 있는 것은 이중성 또는 다중성이다.

③ **산개성단**(Open Cluster) : 점선으로 된 동그라미

④ **구상성단**(Globular Cluster) : 동그라미 안의 십자 모양

⑤ **행성상성운**(Planetary Nebula) : 동그라미 밖의 십자 모양

⑥ **성운**(Nebula) : 성운 모양 그대로. 다만 크기가 10´ 미만인 대상은 □로 표현하고, 암흑성운은 실선이 아닌 점선으로 표시된다.

⑦ **은하**(Galaxy) : 타원형으로 긴 축과 짧은 축의 비례에 맞추어 표시

전자성도도 대상의 기호들은 거의 동일하다('스카이 사파리' 기준). 다만 두 가지 다른 점은, 전자성도에서는 이중성은 따로 기호로 표시되지 않고, 암흑성운도 점선이 아닌 실선으로 표시한다. 아마도 이중성도, 암흑성운도 개수가 너무 많아서 성도가 정신없게 되는 것을 방지하고자 한 것 같다.

「Sky Atlas」나 일반적인 종이성도만 가지고도 대부분의 메시에 대상을 섭렵할 수 있지만, 이보다 더 자세한 성도가 필요한 경우엔 「Uranometria」(보통은 그냥 '우라노'라고 부른다)를 사용한다. 「Sky Atlas」가 하늘을 26등분하여 나타낸 것처럼, 「Uranometria」는 하늘을 220등분으로 쪼개어 더 정교한 성도를 제공한다.

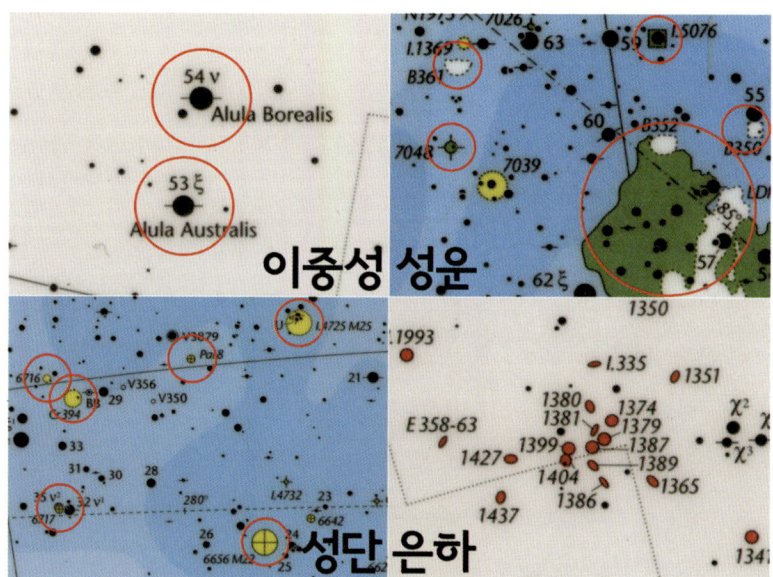

<연습 문제> 위의 성도에서 기호들을 찾아보자.

하지만 입문 단계에 '우라노'까지 섭렵할 필요는 없다. 하늘을 220등분으로 잘게 쪼개놓았기 때문에 더 정교하긴 하지만 해당 페이지를 찾기도 불편하여, 메시에 110개 관측을 완주할 때까지는 그냥 8.5등급 성도인「Sky Atlas」만을 사용해도 충분하다. 참고로, 처녀자리은하단 같은 복잡하고 찾기 어려운 영역은「Sky Atlas」에서도 부록으로 세부 성도를 제공한다.

호핑 & 스위핑
망원경으로 천체를 찾는 방법

이제 망원경과 성도가 준비되었다면 관측 입문 단계의 최대의 장애물, 천체 찾는 방법을 연습해보자. 이 책에서는 전자성도를 기준으로 하고, 종이성도 찾는 방법도 다루어보려고 한다.

호핑 : 기준별부터 키스톤을 만들어서 건너뛴다

호핑(Hopping)이란, 글자의 의미 그대로 징검다리 건너뛰듯 별들 사이를 이동하며 목적지를 찾아가는 방법이다. 호핑을 위해서는 우선 기준으로 쓸, 육안으로도 잘 보이는 밝은 별을 정하고, 거기서부터 별무리의 모양을 이용해 한 걸음씩 대상까지 이동해야 한다. 별무리를 가지고 삼각형, 사각형 등을 연상해서 만든 모양을 '키스톤(Key Stone)'이라고 한다.

백문이 불여일견. 우선 필자의 노하우를 무작정 한 번 따라해보자.

첫 번째 예로 들 대상은 여름밤의 슈퍼스타, 산개성단 M 11이다. 전통적인 종이성도를 사용한다면 M 11이 성도 몇 페이지 어디쯤에 위치하는지부터 찾아야 하지만, 전자성도에서는 그냥 대상을 검색해서 성도 가운데에 도입할 수 있다.

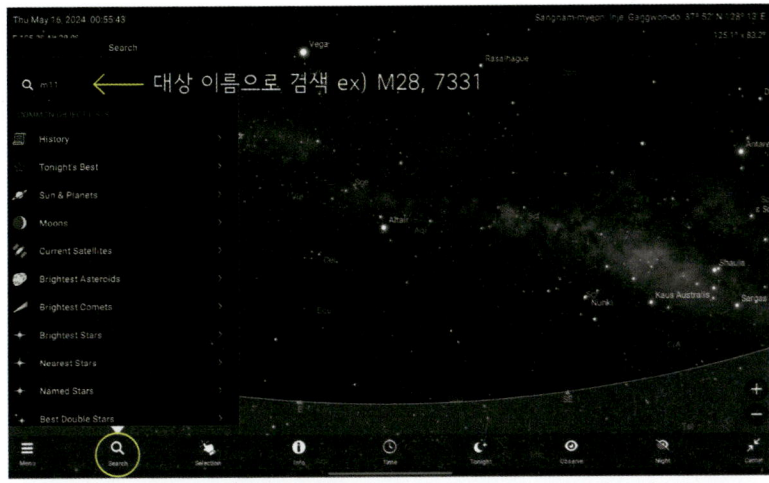

돋보기 아이콘을 터치하고 대상 번호를 입력하면

전자성도 필살기 ① - 목표대상 검색

성도에서 대상을 찾았다는 기쁨도 순간. 망원경 파인더로 이걸 어떻게 찾아갈까? M 11을 파인더로 잡으려면 근처에 육안으로 밝게 보이는 별을 우선 파인더에 도입한 뒤 찾아가야 하는데, M 11의 경우 근처의 가장 밝은 별은 독수리자리 λ(람다)별이다. 성도 화면에 붉은색 원으로 표시해놓았다. 경험이 많은 관측자라면 독수리 람다가 하늘 어디쯤 있는지 한눈에 찾을 수 있지만, 이 책을 통해 천체관측을 처음 배우는 입문자라면 쉽지 않은 일이다.

우선 맨눈으로 독수리자리 람다별의 위치를 파악해보자.

여름의 대삼각형

위 이미지는 여름의 대삼각형 세 별을 한 화면에 보이도록 전자성도를 줌아웃한 것이다. 여름철 밤하늘에 도저히 지나칠 수 없는 1등성 세 개를 기준으로 전자성도 내에서 별들의 위치를 맞추어보는 것이 출발점이다. 여름의 대삼각형 세 꼭짓점 중 하나인 독수리자리 알타이르(Altair)

를 기준으로 독수리자리(Aquila, Aql)를 성도 화면 중앙에 잡아보자.

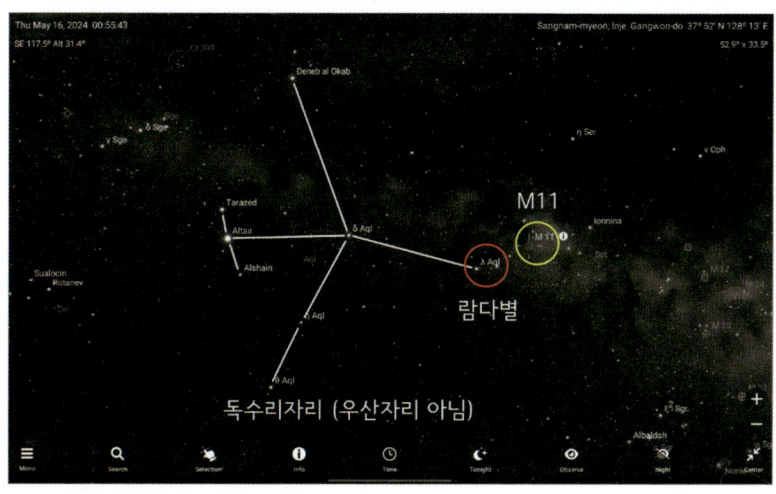

이건 독수리라고 100번만 되뇌어보면 독수리가 보인다.

전자성도에 표시된 별자리선을 따라서 독수리자리를 구성하는 3등급의 별들은 어렵지 않게 찾을 수 있다(도시 한복판에서는 보기 어려울 수도 있다). 뒤집어진 우산, 아니 독수리자리 주요 별들을 모두 헤아려보면 독수리 꼬리에 해당하는 람다(λ)별이 정확히 구분되고, 이 별을 망원경 파인더 정중앙에 잡는 것이 다음 단계이다.

파인더에 람다별을 잡는 데 성공했다면 거기서 M 11까지는 어디로 얼마만큼 이동을 해야 할까? 여기서 두 번째 필살기, 파인더 원 크기를 성도 위에 표시하는 법을 배워보자.

성도 화면 우상단에 화각이 표시된 부분(다음 페이지의 예에서는 11.5°× 7.2°로 표시된 부분)을 터치하면 그 아래 검은색 박스가 나오고, 'Rings'를

붉은색 원은 호핑 기준성 독수리자리 λ별, 노란색 원은 목표 대상인 M 11

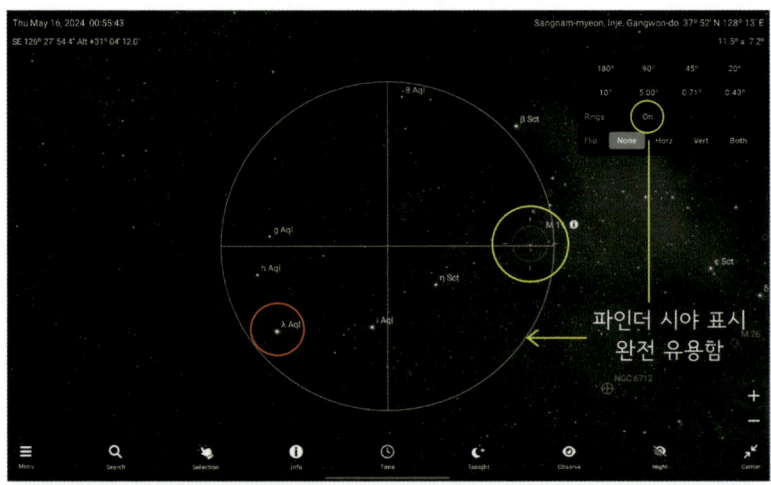

전자성도 필살기 ② - 파인더 원 만들기

터치하여 파인더 원을 'On'으로 켜주면 된다(파인더 원의 크기는 망원경마다 모두 다르므로, 본인 파인더에 맞는 세팅 방법은 앞장 75쪽의 '스카이 사파리' 세팅 글 QR 코드 참조).

파인더 시야 원을 성도에 표시하고 나면, 내가 파인더로 보는 영역이 성도상에서 얼마나 큰지 쉽게 가늠할 수 있어서 엉뚱하게 헤맬 일이 많이 줄어든다.

하지만 파인더 원까지 표시하고 독수리자리 람다별을 파인더 시야 안에 잡아놔도 이상할 정도로 성도와 파인더 안의 모습이 매치가 되지 않을 것이다. 이유는, 일반적인 파인더는 광학계 구조상 실제 사물이 상하좌우가 뒤집혀서 '도립상'으로 보이기 때문이다. 이를 방지하여 상하좌우가 뒤집히지 않는 정립 파인더도 시판되고 있지만, 가격도 더 비싸고 광학계 구조도 복잡해져서 직관적인 호핑에 그리 좋지 않다. 그리고 우

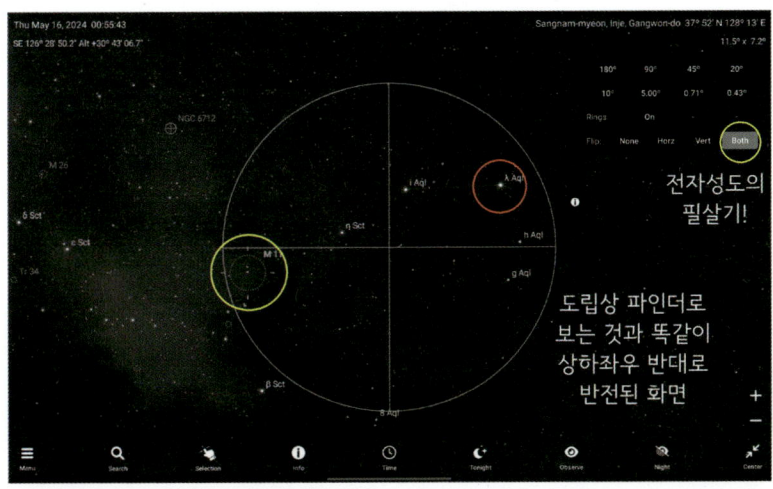

전자성도 필살기 ③ - 최강의 기능, 상하좌우 반전

리는 전자성도 최강의 필살기인 상하좌우 반전 기능이 있으니 걱정할 것이 없다.

아까 파인더 원을 만들었던 검은색 박스에서 Flip을 'Both'로 설정하면 일반적인 도립상 파인더 화면과 동일하게 상하좌우 반전 화면이 만들어진다. 안시관측 입문자에게 가장 큰 장애물이 호핑일 텐데, 호핑이 어려운 큰 이유가 성도상의 위치와 반대로 움직여야 한다는 점이다. 그 장애물을 없애고 직관적인 호핑을 가능하게 해준 것만으로도 전자성도는 전통의 종이성도와는 비교할 수 없는 우위를 점하게 되었다. 필자가 『별보기의 즐거움』 개정판을 만들게 된 것도 전자성도를 설명하고자 한 것이 가장 중요한 이유이다.

『손자병법』에서 이겨놓고 싸운다고 하는 것처럼, 이 정도까지 준비해 놓으면 호핑이 하나도 어려울 일이 없다. 이제 본격적으로 키스톤을 이용하여 M 11을 찾아보자.

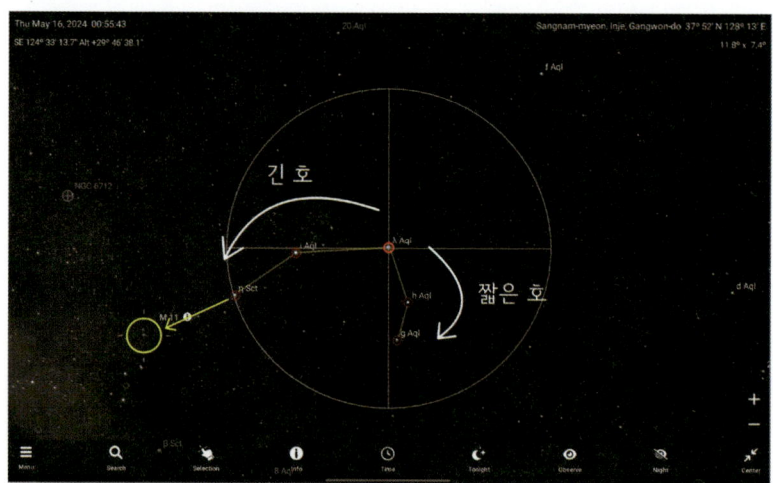

호핑 키스톤 만들기

호핑은 파인더에 잡아놓은 기준별로부터 목표 대상까지 시야 안의 별들로 모양을 만들어, 그 모양을 참조하여 한 단계씩 대상 근처까지 접근하는 작업이다. 이때 만드는 모양을 일컫는 키스톤은 특별한 공식이 있는 것이 아니어서 다른 사람이 만들어놓은 방법을 따라해도 되고, 본인이 직접 취향에 맞게 새로 길을 만들어도 좋다. 여기서는 필자의 취향대로 성도 화면 위에 가상의 선으로 키스톤을 만들어보았다.

3등성인 λ(람다)별을 중심으로 왼쪽 페이지 성도에 작은 붉은색 원으로 표시한 4~5등성인 i, η, h, g별을 활용하여 긴 호와 짧은 호를 그릴 수 있다. 이 4~5등성들은 육안으로는 쉽게 분간하기 어렵지만 파인더로는 아주 뚜렷하게 보인다. 또한 왼쪽·오른쪽·위·아래, 이런 일상적인 방위를 생각하면 더욱 헷갈려질 수 있어서 방위보단 모양이 가리키는 방향을 직관적으로 따라가는 것이 훨씬 더 효율적이다.

i별과 η(에타)별을 잇는 긴 호를 쭉 따라서 가다 보면 5~7등급으로 이

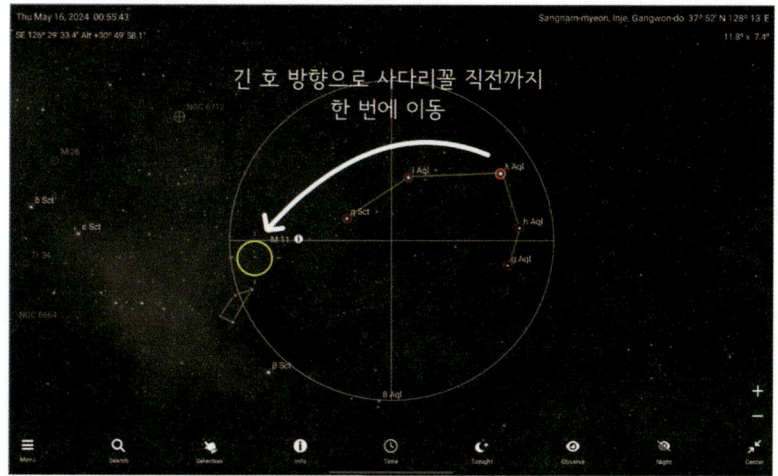

파인더 상에서 위치를 파악하고 람다별부터 M 11까지 한 번에 이동

루어진 작은 사다리꼴을 찾을 수 있고, 사다리꼴 도착 직전 위치에 M 11이 있다. 대상이 위치할 것으로 추정되는 영역을 최대한 정확히 파인더 십자선 가운데까지 도입하고 아이피스를 확인해보면 거기엔 아마도 야생오리성단, M 11이 아름답게 빛나고 있을 것이다.

선승구전 - 먼저 이겨놓고 싸우자!

50mm 이상의 제대로 된 파인더를 쓰고 있다면 파인더 상에서도 이미 깨소금 뿌려놓은 것 같은 무언가가 느껴지게 된다. 어두운 대상이거나 작은 구경의 파인더를 사용할 경우 정확히 대상을 도입했다고 하더라도 파인더 상에서는 대상의 형태를 검출하기 어렵겠지만, 이 역시 아이피스를 확인해보면 대략 70% 이상의 확률로 목표 대상을 찾을 수 있다. 만약 아이피스에 아무것도 없다면? 실망하지 말고 다시 한번 더 정성껏 호핑을 해보자. 아무리 해도 찾기가 어려우면 뒷장에 설명할 스위핑 신공으로 해결하면 된다.

다음 대상은 밤하늘의 성자 M 57로, 찾기도 쉬운데다가 밝아서 보기도 쉬운 고마운 대상이다.

M 57 고리성운을 찾기 위한 기준성은 여름 밤하늘의 가장 밝은 별인 거문고자리 베가(Vega)로, 앞의 M 11 호핑 시의 독수리자리 알타이르와 같이 여름철 대삼각형의 한 축을 이루는 별이라 파인더 중앙에 쉽게 도입할 수 있다.

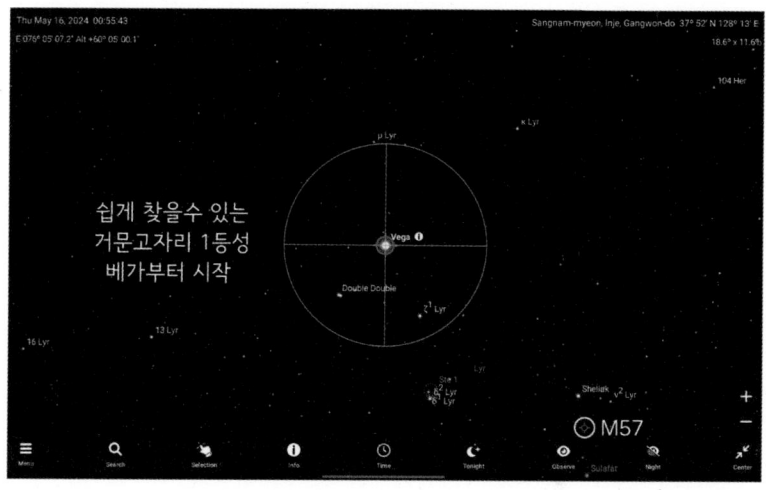

하지만 눈이 부실 정도로 밝은 베가 외에는 M 57이 위치한 거문고자리(Lyra)는 별자리도 작은데다 육안으로는 그리 돋보이는 별들이 없고, 파인더 안에서도 존재감이 느껴지는 M 11에 비해 M 57은 파인더 상으로는 흔적도 느낄 수 없다. 스타 호핑으로 차근차근 고리성운에 다가가 보자.

거문고자리는 다음 페이지의 그림과 같이 1등성 베가를 시작점으로

삼각형과 평행사변형으로 이루어져 있고, 고리성운은 베가에서 정반대 편인 평행사변형 한 변의 중앙 즈음에 위치한다.

대략적인 계획을 세우고 파인더 십자선 중앙에 베가를 잡은 후 성도를 상하좌우 반전 화면으로 만들면, 파인더 한 시야에 베가를 중심으로

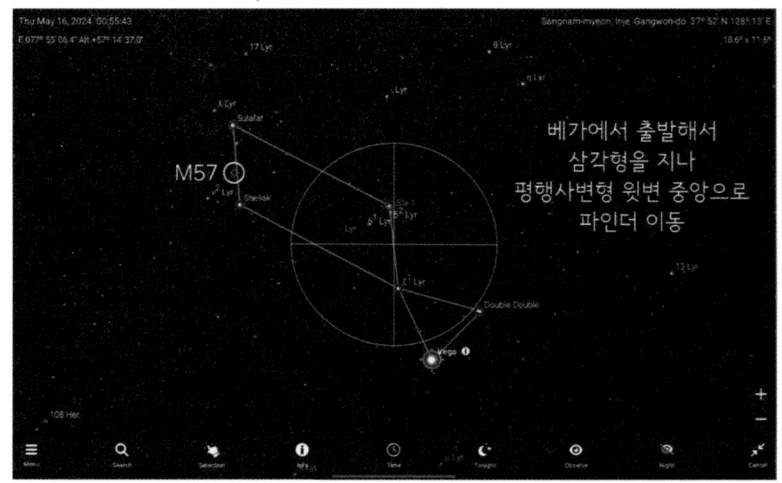

거문고자리 삼각형 모양이 들어온다. 파인더 안에서 가볍게 한 스텝 점프하여 평행사변형 한 변을 파인더 시야에 넣어보자.

파인더 중앙에서 양쪽으로 평행사변형의 두 꼭짓점이 들어왔으면 성공이다. 다음은 좀 더 길게 평행사변형의 반대쪽 변으로 파인더를 보며

망원경을 이동하면 어느새 끝이 보인다. 파인더에 잡힌 다른 두 꼭짓점의 중앙에서 베가와 더 가까운 Sheliak 별 쪽으로 살짝만 파인더를 이동하면 목적지 도착이다.

참 쉽죠? 이게 쉽지 않다는 것을 필자도 모르는 바가 아니다. 하지만 실제 야외에서 망원경으로 파인더 호핑을 하기 전에 집에서 성도를 보며 미리 시뮬레이션을 몇 번 해보면 그 장벽이 훨씬 낮아질 것이니 관측 전에 꼭 연습해볼 것!

필자가 『별보기의 즐거움』 개정판 작업을 하면서 천체관측 커뮤니티(별하늘지기)에서 설문조사를 해보니 응답자 160여 명 중에 종이성도를 쓰는 분도 아직 20%나 되었다. 종이성도가 전자성도에 비해 사용 편의성은 조금 떨어지지만, 그건 종이성도의 잘못이 아니다. 현대 과학기술이 너무 빨리 발전한 것일 뿐. 필자도, 지구의 모든 별지기들도 스마트폰이 나오기 전까지는 모두 종이성도로 별을 보았다. 그리고 종이성도를 사용할 경우 성도 화면에서 빛이 나는 것이 아니므로 암적응에도 훨씬 유리하고, 무엇보다 아날로그를 즐기는 깊은 손맛이 있다. 첫 번째 연습 문제였던 M 11 호핑을 종이성도로 다시 찾아보자.

M11은 「Sky Atlas」 16페이지에 위치한다. 종이성도로 대상을 찾기 위해서는 우선 목표 대상이 성도 어디쯤에 위치하는지 알고 있어야 하는데, 성도 목차에는 어느 별자리가 몇 페이지에 위치해 있는지 별자리선으로 표시되어 있으므로 대상의 정보를 책이나 인터넷으로 검색해서 어느 별자리 어디쯤에 위치해 있는지부터 먼저 파악해야 한다.

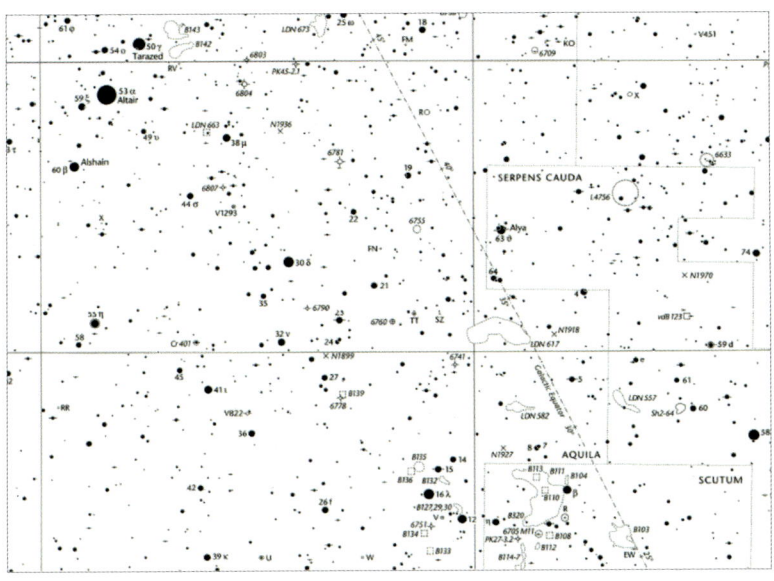

「Sky Atlas」16페이지 어딘가…

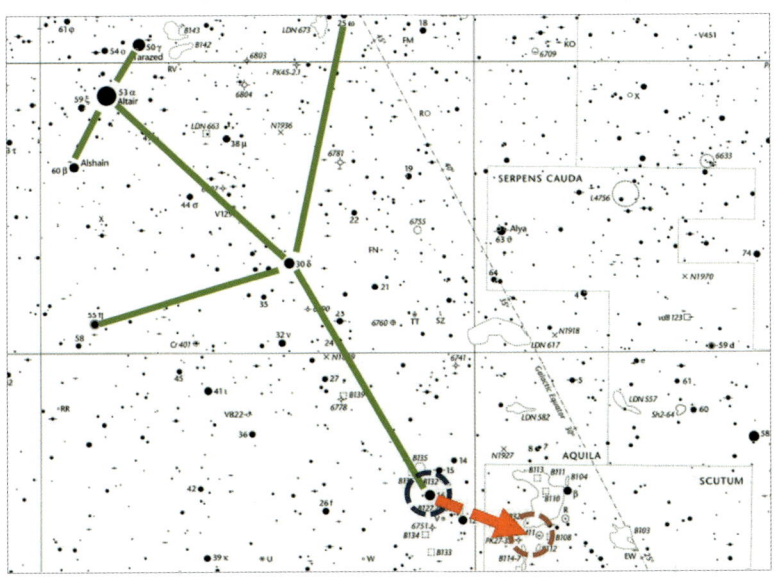

짜잔! 알고 보니 독수리자리

해당 페이지를 찾아보아도 막막함이 먼저 들 수도 있다. 그 이유는 성도에 별자리 선 표시를 하지 않았기 때문이다. 종이성도를 구했다면 우선 노란색 계열 형광펜으로 정성껏 별자리선을 먼저 그려야 한다(붉은색 계열 형광펜은 밤에 관측지에서 붉은빛을 비추어보면 흔적도 없이 사라지는 참사가 발생한다). 별자리선을 표시하고 보면 이제 좀 감이 잡힌다.

전자성도 설명에서 다룬 것처럼 M 11은 독수리자리 꼬리의 λ(람다)별 인근에 위치한다. M 11 부근의 성도를 확대해보면 하단의 그림과 같다 (파란색 원이 독수리자리 λ별, 붉은색 원 안의 점선 동그라미가 M 11이다).

호핑 방법은 전자성도와 다를 것이 없다. 다만 파인더 원과 상하좌우 반전이 없을 뿐이다. 아래 성도에서 긴 호와 짧은 호, M 11 옆의 사다리꼴을 찾아보고, 오른쪽 페이지의 답안지(?)와 비교해보자.

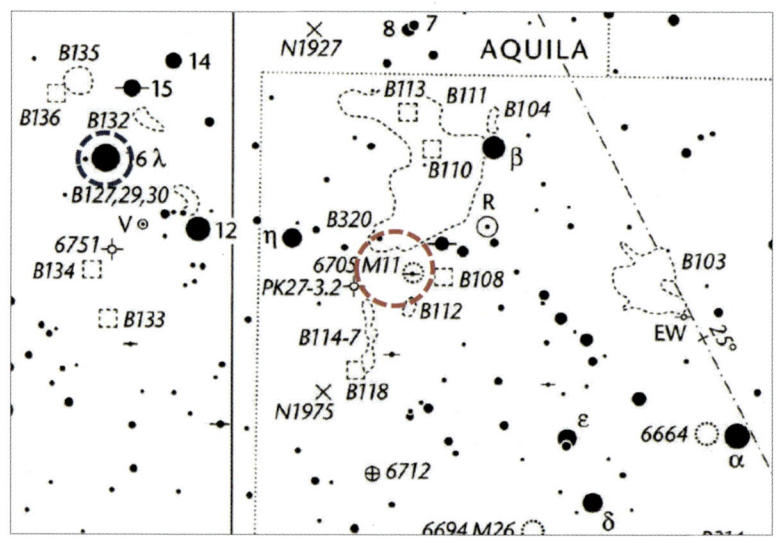

λ별에서 M 11까지의 여정은?

종이성도를 쓸 때 가장 유념해야 하는 것은 방위를 잊고 모양을 따라가야 한다는 점이다. 이 점은 전자성도도 마찬가지이긴 하지만, 반전 화면으로 좀 더 직관성을 가질 수 있는 전자성도에 비해 종이성도를 사용할 때는 왼쪽 아래 2시 방향, 이런 방위를 생각하다가는 엉뚱한 방향에서 헤매게 된다. 필자의 예시와 같이 키스톤을 만들어놓고 람다별 아래 긴 호를 이루는 별무리에서 오른쪽으로 사다리꼴 모양으로 이동하는 길에 M 11을 찾으려고 했는데, 파인더를 보는 순간 다음 페이지와 같이 뒤집힌 모양을 보고 '이게 뭐야!' 하고 탄식이 나올지도 모른다.

 호핑 시엔 일반적인 방향을 생각하는 대신에 기준 별을 중심으로 도형의 모양을 따라가야지만 목적지에 정확히 당도할 수 있다. M 11의 경우는 독수리자리 λ별을 파인더 시야 중앙에 잡아놓고 파인더 안에서 짧

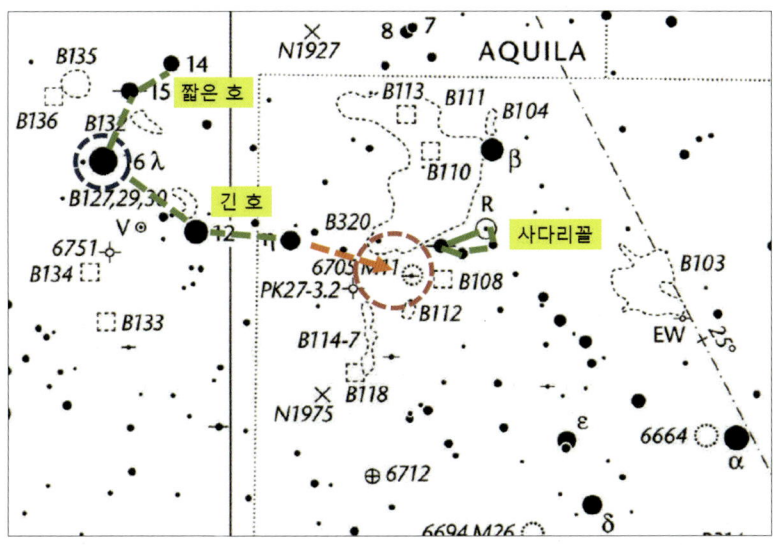

긴 호를 따라 사다리꼴을 향해 가다 보면… 찾았다!

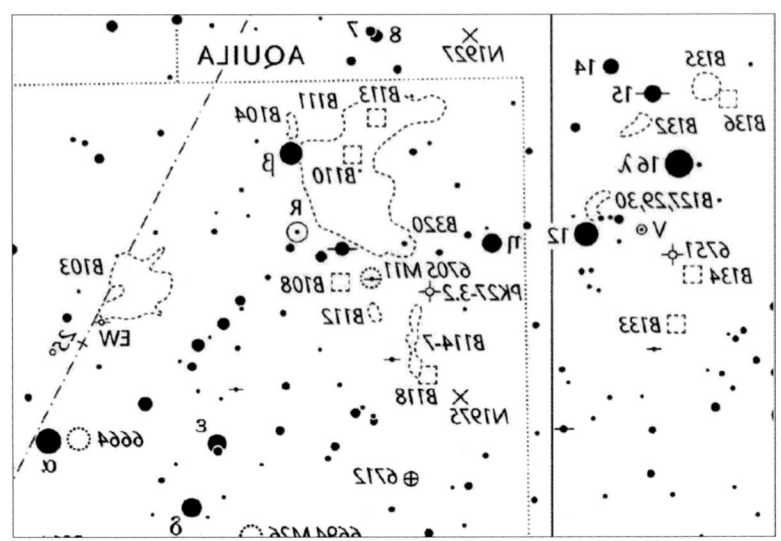

파인더로 보면… 여긴 어디? 나는 누구?(도립상으로 보인다.)

은 호와 긴 호를 먼저 찾아야 한다. 그다음 긴 호를 눈으로 따라가다 보면 파인더 시야 안에서 작은 사다리꼴을 만나게 되고, 그 직전 위치가 바로 M 11이 위치한 곳이다. 이렇게 모양(키스톤)을 중심으로 호핑을 하면 파인더가 좌우가 뒤집힌 상이든, 상하좌우가 모두 반대이든 간에 헷갈림 없이 대상을 찾을 수 있다. 오른쪽 페이지의 연습 문제를 눈으로 풀어보자.

스타 호핑(Star Hopping)은 망원경으로 천체를 찾는 가장 기본적이고 가장 중요한 기술이다. 개중에는 기준성이 목표 지점과 멀리 떨어져 있거나 특징적인 별무리가 없어서 호핑 난이도가 높은 대상도 있지만, 대부분은 본인만의 방식으로 어떤 대상이든 호핑 루트를 만들 수 있다. 호

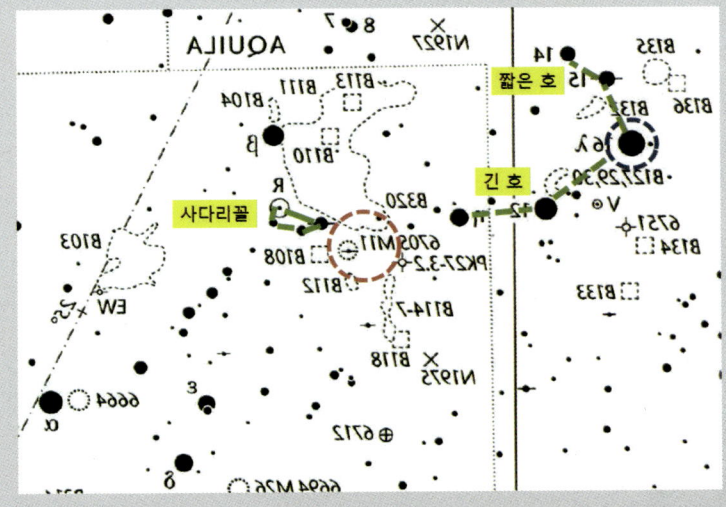

M 11 연습 문제 1. 좌우가 뒤집힌 경우

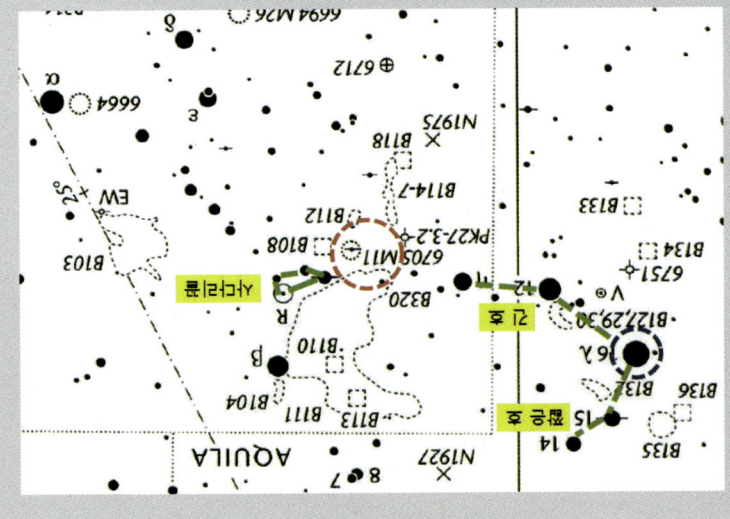

M 11 연습 문제 2. 상하좌우가 모두 뒤집힌 경우

핑에 자신이 없어서 자동도입(GO-TO) 망원경을 쓰겠다고 생각하는 사람이라면 속는 셈 치고 파인더 호핑으로 30개만 찾아보자. 그 뒤로는 평생 동안 호핑이 걸림돌이 되는 일은 없을 것이다. 필자가 손모가지를 걸고 장담한다.

첫걸음이 쉽게 될 수 있는 사람은 아무도 없다. 스타 호핑을 나의 것으로 만들고 끝없는 우주를 탐험하자.

별쟁이이자 마라토너이자 초등학교 선생님인 박동현 쌤이 메시에 110개 대상의 호핑 방법을 친절하게 정리해놓았다. 필자의 웹사이트에 PDF 문서로 올려놓았으니, 호핑이 막막하다면 이 자료를 참조하면 된다.
잘 정리된 작전 지도이긴 하지만 이것도 역시 하나의 방법일 뿐, 본인의 취향에 맞게 새로 길을 개발해도 좋다.
nightwid.com/category/star-hopping
또는 nightwid.com 접속 후 STAR HOPPING 메뉴 클릭

스위핑 : 삽질도 체계적으로

호핑으로 정확한 위치를 잡았는데도 잘 보이지 않는 경우가 있다. 파인더 정렬이 조금 어긋나 있거나 정확하게 시야 중앙으로 도입을 하지 못했을 경우인데, 이 경우는 스위핑으로 마무리해보자.

스위핑(Sweeping)은 영어 뜻 그대로 빗자루로 하늘을 쓸듯이 탐색하는 것이다. 밤하늘에서 방향을 잃고 '아, 몰라! 여기 있겠지' 하고 대충 망원경을 휘두르는 것을 '삽질'이라고 표현하는데, 그 삽질도 좀 더 확률을 높일 수 있는 방법이 있다.

앞의 호핑 예제 중 M 57을 예로 들어보자.

만약 호핑이 조금 부정확해서 아래와 같이 정확한 위치를 잡지 못했을 경우(흰색 원이 아이피스 시야다), 내키는 대로 휘둘러서 찾아보는 것이

호핑을 완료했는데 대상이 안 보일 경우

가로 세로 1step씩 순서대로 찾아보자!

아니라 위 그림과 같이 현재 아이피스 시야를 중심으로 전후좌후로 딱 1step씩만 이동하며 탐색하는 것이다.

정성스럽게 호핑을 했다면, 앞의 스위핑으로 80% 정도는 대상을 찾을 수 있다. 만약 호핑과 스위핑을 반복해도 찾을 수가 없다면?

다음 세 가지 예시 중 정답이 있다.

1. 호핑이 부정확해서 완전히 다른 곳을 찾았다.
2. 파인더 축과 망원경 축의 정렬이 제대로 되지 않았다.
3. 망원경 구경이 부족하거나 구름 또는 광해가 심해서 정확히 찾았는데도 보이지 않는다.

주변시 & 암적응
찾은 천체를 맛보는 방법

숟가락질하는 방법을 익혔으니 이제 음미하며 꼭꼭 씹어먹는 방법을 배울 단계.

별을 찾는 핵심 테크닉이 호핑과 스위핑이라면, 별을 보는 데 가장 중요한 테크닉은 주변시와 암적응이다.

별을 잘 보려면 막대세포를 최대한 활용해야 한다

인간은 무엇을 볼 때 본능적으로 고개를 돌려서 눈 중앙에 초점을 맞추고 사물을 보게 된다. 왜냐하면 다음 페이지의 눈의 구조 그림과 같이 주간 시각을 담당하는 원뿔세포(Cones)는 망막의 중앙 부위에 위치하고 있기 때문이다.

밝은 빛과 색상을 감지하는 원뿔세포와 달리, 막대세포(Rods)는 야간의 어두운 빛과 명암을 감지하며, 그 위치도 망막의 중심이 아닌 주변부에 집중적으로 분포되어 있다.

그리고 별을 보는 사람은 이 막대세포를 효율적으로 잘 쓸 수 있어야 관측의 흥미를 배가시키고 고수의 경지에 이를 수 있다. 우리가 천체를 본다는 것은 행성을 제외하면 대부분 희미한 대상의 명암을 구분해야 하는 활동이기 때문이다(예전엔 막대세포는 간상세포로, 원뿔세포는 원추세포로 불렸으나, 현재 중고등학교 교과 과정에는 막대와 원뿔로 통일되어 있다).

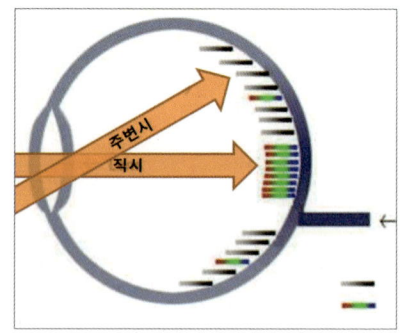

우리 눈의 원뿔세포와 막대세포의 분포

이렇게 막대세포를 활용하여 관측을 하는 것을 주변시(周邊視, Averted Vision) 관측이라고 한다. 주변시는 안시관측의 여러 가지 테크닉 중에서 가장 중요한 기술이지만, 그와 동시에 가장 익히기 까다로운 기술 중 하나이다. 왜냐하면 눈동자를 정확히 조준하여 망막의 중심을 사물에 맞추고 원뿔세포로 빛을 받아들이는 인간의 본능을 거슬러야 하는 일이기 때문이다.

아이피스 시야에 천체를 도입하고 시야 정중앙을 관측하게 되면 달이나 행성 같은 밝은 대상은 직시로 봐도 잘 보이겠지만, 표면밝기가 낮은 큰 성운이나 정면 나선은하의 경우는 그 디테일을 관측하기가 매우 어려워진다. 태양계의 밝은 천체들은 밝기가 충분하여 원뿔세포만으로도 충분한 관측이 되지만, 멀리 있는 희미한 대상들은 막대세포가 부족한 망막 중앙부로 받아들이는 빛만으로는 충분히 검출이 되지 않기 때문이다.

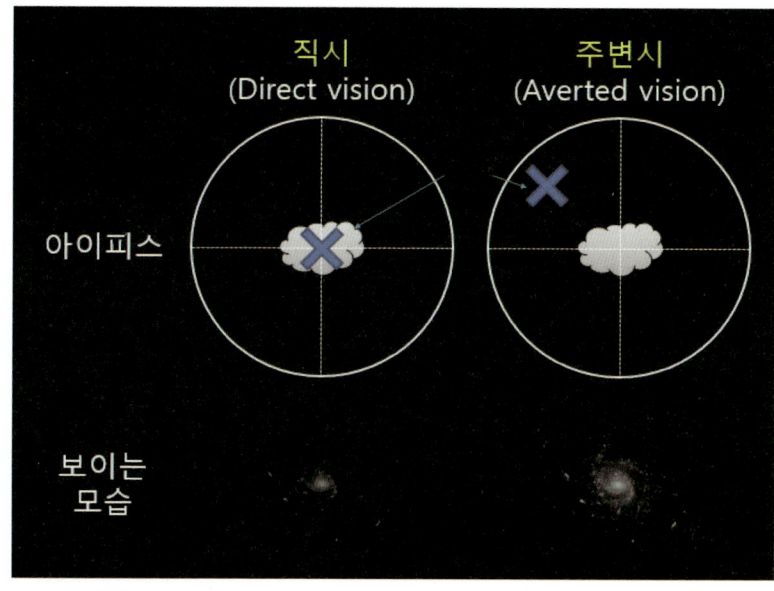

왼쪽 눈의 주변시 예시

이번엔 눈의 초점을 아이피스 시야의 가운데가 아니라 가장자리에 고정하고 생각만 아이피스 중앙에 집중해보자. 여기서 가장 중요한 것은 눈동자를 아이피스 시야 주변부 한 곳에 고정해놓는 것이다.

처음에는 쉽지 않겠지만 주변시가 제대로 걸리게 되면 흐릿하게 잘 보이지 않던 대상이 갑자기 밝아지면서 그 대상의 본래의 모습을 드러내게 된다. 아무런 예고도 없이 갑자기!

그런데 여기서 잠깐, '어, 보인다!' 하고 눈동자를 시야 중심으로 옮기는 순간, 기적처럼 모습을 드러낸 대상은 다시 거짓말처럼 사라지고 직시로 볼 때의 흐릿한 형체만 남게 된다. 이때가 별을 보면서 하늘에 약이 오르는 몇 가지 순간 중 하나이다(또 하나 예를 들어보면, 내내 하늘이 맑다가 내가 관측지에 도착함과 동시에 구름이 끼고, 내가 관측지를 떠나면 맑아지는 운신(雲神)의 법칙(?)이 있다).

태양계와 밝은 Deep-sky를 제외하고 어두운 천체의 디테일을 보는 방법은 첫째도 둘째도 주변시, 즉 막대세포를 잘 활용하는 것이다.

그럼 아이피스의 어디를 보아야 주변시가 잘 작동할 수 있을까? 일반적으로 왼쪽 눈으로 별을 보는 사람은 아이피스 시야 중앙의 왼쪽 윗부분이, 오른쪽 눈으로 별을 보는 사람은 아이피스 시야 중앙의 오른쪽 윗부분이 가장 주변시가 잘 걸리는 포인트지만, 그건 사람마다 개인차가 있어서 모두 동일하지는 않다.

은하나 성운 같은 흐릿한 대상을 시야 가운데에 잡아놓고 눈동자를 아이피스 시야 가장자리를 따라 천천히 굴리면서 어느 포인트에서 대상이 가장 잘 보이는지 확인해보자. (이때 눈동자는 항상 주위를 보고, 생각은 시야 가운데에만 집중!) 분명히 어느 한 군데 이상 걸리는 지점이 있을 것이다. 그곳이 본인의 주변시 기준점이다.

어느 쪽 눈으로 별을 봐야 하나요?

은하수나 별자리를 감상할 때는 당연히 두 눈을 다 뜨고 편안히 보면 되겠지만, 접안렌즈(아이피스)를 볼 때는 한쪽 눈을 선택해야 한다. 물론 본인이 더 편하고 주로 쓰는 눈을 선택하면 된다. 보통 일상생활에서는 오른손잡이, 오른발잡이가 훨씬 많지만 별동네에서는 왜 그런지 왼쪽 눈으로 별을 보는 사람이 오른쪽 눈보다 더 많다. 반사망원경 제조사 중에는 왼쪽 눈용, 오른쪽 눈용 망원경을 구분해서 주문 제작해주는 회사도 있다.

관측지에서 지켜야 할 가장 중요한 수칙

어느 맑은 날 밤. 숙소 안에서, 차 안에서, 또는 밝은 불빛 아래에서 관측 준비를 하다가 밖으로 나오게 되면 바로 다음 페이지의 사진과 같은 하늘을 볼 수 있을까?

그건 절대 불가능하다. 필자라고 해도 암적응이 되지 않은 눈으로는 은하수든, Deep-sky든 아무것도 볼 수가 없다. 그러나 칠흑 같은 어둠 속에서 1분, 5분, 10분이 지날수록 사람의 눈은 차츰 어둠과 미약한 빛에 익숙해져가고, 20여 분이 흐르면 그제서야 찬란한 밤하늘을 온전히 맞이하게 된다.

별을 보는 사람이 아니더라도 이러한 경험은 모두들 해보았을 것이다. 방 안의 불을 모두 끄면 처음엔 아무것도 보이지 않다가 조금씩 물체의 실루엣을 분간할 수 있게 되고, 얼마간 시간이 지나면 어둠 속에서도 어느 정도는 자유롭게 조심조심 이동할 수 있게 되는 경험 말이다.

이를 암적응 또는 암순응(Dark adaptation)이라고 하는데, 무언가 찾으려고 전등 스위치를 켰다가 다시 끄고 침대로 가려면 어떤 일이 벌어질까? 또다시 아무것도 보이지 않아서 더듬거리다가 침대 모서리에 발가락을 부딪치고마는 가슴 아픈, 아니 발 아픈 기억!

별을 보는 사람은 똑같은 일을 더욱 자주 겪게 된다. 20여 분간 공을 들인 나의 소중한 암적응…. 이제 별 좀 봐야지 하는데 누군가가 옆에서 라이터 불을 켜는 순간, 또는 휴대폰을 켜는 순간 나의 모든 암적응은 안드로메다로 날아가버린다. 이후 다시 깊은 밤하늘과 만나기 위해서는 최소한 5분 이상을 또다시 기다려야 한다. 별을 볼 수 있는 밤 시간은 평

찬란한 밤하늘을 보기 위해선 얼마나 오래 기다려야 할까? (필자의 뉴질랜드 관측지에서 스마트폰으로 촬영)

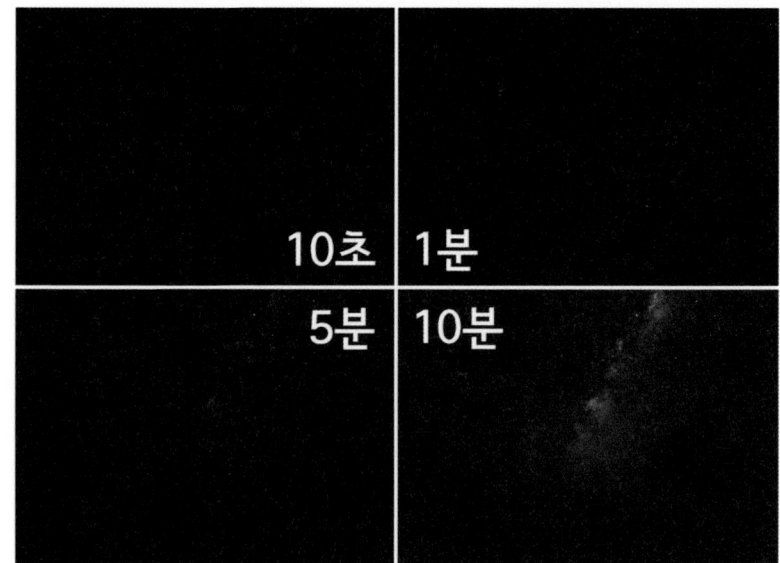

균 8시간밖에 되지 않는데 말이다.

암적응은 밤하늘을 즐기기 위한, 나와 동료의 즐거움을 지키기 위한 가장 중요한 에티켓이다. 관측지에서, 특히 누군가가 근처에서 관측을 하고 있을 때는 절대로 밝은 불을 켜서는 안 된다. 항상 붉은색 암등을 소지하고, 모든 빛을 예민하게 관리하자.

암적응(Dark adaptation)의 원리

별을 보러 관측지에 나왔을 때, 처음부터 막대세포(Rods)가 활동하는 것은 아니다. 막대세포에서 로돕신이 충분히 합성되는 동안 원뿔세포(Cones)가 스스로의 감도를 높이며 초반 10분 이내의 암적응을 담당한다. 관측지에 처음 나가서 점차 어

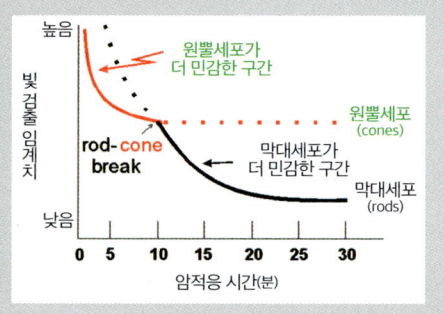

둠에 익숙해지며 별을 보고 있는 동안은 원뿔세포가 활약하고 있는 것이다. 그리고 대략 7분이 지난 시점부터 막대세포가 그 바턴을 이어받아서 지속적인 로돕신의 합성을 통해 더욱 깊은 암적응을 이루게 된다.

우리가 붉은 랜턴을 쓰는 이유도 막대세포와 관련이 깊다. 막대세포는 푸른빛에 민감하고 붉은빛은 거의 감지하지 못한다. 따라서 붉은색 암등으로 성도를 비출 때, 우리는 막대세포가 아닌 원뿔세포로 성도를 인지하게 되고 막대세포는 암적응 상태를 계속 유지하게 되는 것이다.

결론 : 별을 보는 동안에는 나와 동료의 로돕신 합성을 절대로 방해하지 말자!

암적응을 위한 Check list

1. 밝기 조절되는 작은 붉은색 랜턴, 암등
- 성도를 겨우 읽을 수 있을 정도의 빛이어야 하므로 밝기 조절이 되는 것이 좋다.
- 어두운 곳에서 암등을 찾는 것도 일이므로 목에 걸고 다닐 수 있는 것이 좋다.
- 밝기 조절이 안 되는 헤드랜턴은 안시관측에 비추천. 너무 밝아서 암적응 자체가 불가능하다.
- 추천 제품 : 스카이워처 듀얼라이트(테코시스템에서 판매), Celestron LED Flashlight(엑소스카이에서 판매)
- 손가락만 한 일반 랜턴 앞에 붉은색 셀로판지를 겹겹이 대서 밝기와 색상을 조절해 사용해도 된다.

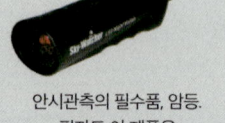

안시관측의 필수품, 암등.
필자도 이 제품을
10년 넘게 쓰고 있다.

2. 모바일 성도를 써야 할 경우 스마트폰 밝기 조절 App 활용
- Night Filter, Night Screen, Night Mode 등 본인 취향에 맞는 것으로 선택(안드로이드 기준)
- App을 사용하기 어려울 때는 붉은색 셀로판지를 덧대거나, 최소한 스마트폰 화면 밝기를 가장 어둡게 조절해야 한다.

3. 자동차 헤드라이트
- 관측지로 밤중에 자동차가 들어오면 시동을 끌 때까지 엄폐하며 눈을 보호한다.
- 진입하는 차는 신속히 주차하고 즉시 모든 등(헤드라이트, 실내등, 브레이크등, 비상등 등 기타 등등)을 끈다.
- 그러나 민폐 끼치지 않겠다고 헤드라이트를 끄고 입장하는 것은 금물!(사고 납니다)

장소 & 기상
문제는 장비가 아니라 하늘이야!

멀면 멀수록 좋다

별을 보는 장소는 어떤 곳이 좋을까? 한 가지 확실한 사실은 대도시에서 조금이라도 멀면 멀수록 좋다는 것이다. 그렇다고 호주의 아웃백처럼 아무것도 없는 황무지나 끝없는 벌판을 우리나라에서 찾기는 불가능하지만, 그래도 좋은 하늘은 큰 망원경보다 더 효과적이다.

보통 수도권 지역은 강원도가, 영남 지역은 영천시의 보현산과 산청군이, 호남 지역은 지리산 일대가 도심의 광공해를 벗어난 주요 관측지가 된다.

하지만 최근에는 알려진 관측지마다 암적응에 대한 기본적인 에티켓이 전혀 없는 사람들이 몰려와서 밤새도록 불을 켜놓고 논다거나 엉뚱하게 데이트 장소로 이용하는 일이 심심치 않게 발생하여, 동호회마다 관측지를 공개하지 않는 경향이 점점 강해지고 있다.

처음 관측지에 도착하면 앞 장에서 언급한 '암적응 에티켓'을 꼭 준수

하자. 별을 잘 보는 것보다 더 중요한 일이다.

  지역별 주요 관측지는 '별하늘지기' 등 천체관측 동호회에서 정보를 구할 수 있고, 그믐 주간마다 전국 각지에서 번개 관측을 알리는 글을 수시로 볼 수 있다.

하늘은 주말을 기다려주지 않는다

오늘 별을 볼 수 있을까? 요즘은 기상 예보가 더 정교해져서 3~4일 후의 밤 날씨가 관측이 가능할지 아닐지, 50% 이상의 확률로 예측이 가능하다.

날씨예보 사이트나 앱은 날씨의 종류만큼이나 다양한데, 필자는 Weather Channel과

필자가 쓰는 두 가지 기상 예보 프로그램

기상청의 위성사진 두 가지를 주로 쓴다.

Weather Channel 앱으로는 15일 중기 예보와 48시간 시간별 예보를 주로 보고, 기상청 위성사진으로는 15분 단위의 구름 이동 방향과 생성 및 소멸 상황을 보며 몇 시간 뒤를 예측한다.

주말, 그믐 주간에 토요일 딱 하루만 시원하게 맑아주면 좋겠지만, 사실 그런 날을 만나기는 너무나 어렵다. 항상 애간장을 태우며 바라보게 되는 우리나라의 하늘…. 그래서 별쟁이들은 다음 날의 피곤함을 무릅쓰고 날만 좋다면 주중에도 관측을 나간다. 별이 빛나는 하늘은 우리를 기다려주지 않고, 내일은 또다시 내일의 태양이 뜰 테니 말이다.

안시관측의 3단계

필자는 안시관측의 단계를 '준비 → 관측 → 기록'의 3단계 선순환으로 구분한다.

1단계: 관측 전에 목표 대상에 대한 준비
2단계: 막대세포의 활용을 극대화한 효율적인 관측
3단계: 섬세한 기록을 통해서 이번 관측에 대한 리뷰와 다음 관측 준비를 한 번에

이러한 3단계 선순환 과정을 끊임없이 반복하다 보면 여러분은 천체관측의 즐거움에 점점 더 깊이 빠져드는 자신을 발견하게 될 것이다.

1단계 심화 준비 : 단언컨대, 아는 만큼만 보인다

음악도 아는 만큼 들리고 그림도 아는 만큼 느끼는 것처럼, 별도 아는 만큼만, 딱 거기까지만 보이게 된다. (스케치 등 집중적인 관측을 통해서 준비하지 않고 볼 수 있는 방법도 있다.)

M 33을 예로 들어보자. 여러분은 M 33을 관측하기 전에 어떤 준비를 하는가? 호핑하는 방법은 대부분 준비하겠지만 관측의 포인트가 무엇인지는 간과할 때가 많다. 같은 기종의 망원경으로 안시관측 입문 단계인 A, B, C 세 명이서 동시에 M 33을 관측한다고 할 때, 얼마나 관측 준비를 했는지에 따라 그 성과도 천차만별로 갈린다.

사람	관측 준비	결과	한마디
A	관측지에서 즉흥 결정	호핑 실패	역시 GO-TO로 가야 돼!
B	호핑법만 숙지	찾긴 찾았으나 너무 희미해서 볼품없음	이거 뭐야? 은하는 내 장비로는 안 되나보네….
C	호핑법 숙지, 관측 Point 준비 (전체 나선팔 구조, 나선팔 내 성운들, Core/Halo 크기 등)	나선팔 줄기를 확인하고, 준비한 10여 개 나선팔내 성운 중 세 개 관측 성공	성운 열 개 보인다는 XX 누구야!

'아는 만큼 보인다'는 것은 안시관측의 진리 중에서 가장 재현이 잘 되는 기적이다. 누구나 관측 준비를 해보면 그 기적을 경험할 수 있다.

'나 같은 초보자가 그걸 어떻게 다 준비하나?'라고 평계를 대기엔 우리에게 주어진 소스가 충분히 많다.

밤하늘의 보석』: 최초의 우리말 Deep-sky 가이드

우리말로 된 책 중에 Deep-sky 관측 준비에 적합한 책은 오랫동안 단 한 권, 『밤하늘의 보석』뿐이었다. 하지만 이 책은 밀레니엄이 오기 전에 단종되어 더는 구할 수 없는 책이 되었지만, 다행히 저자의 양해를 구하고 안시관측 동호회 '야간비행' 회원들이 책 내용을 그대로 타이핑하여 야간비행 홈페이지(www.nightflight.or.kr/xe/jewel)에 온라인 버전을 올려두었다. 별자리별로 주요 대상들의 설명이 제공되므로, 야간비행 홈페이지에

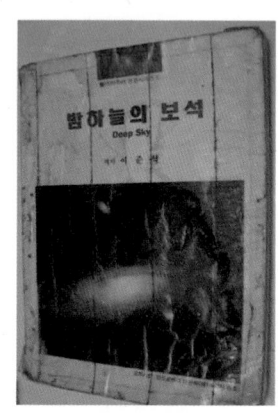

필자의 밤보석(또는 누더기)

서 해당 부분을 인쇄하여 공부한 후 관측지에 가져가면 된다.

위의 사진은 처음 입문하여 10년이 넘는 세월 동안 전국 관측지 곳곳의 흙바닥에서 이슬과 함께 구르던 필자의 손때 묻은 『밤하늘의 보석』 책이다.

책을 펼쳐보면(이젠 책을 구할 수 없으니 야간비행 홈페이지의 온라인 버전을 펼쳐봐야 한다) 별자리별로 우리가 꼭 보아야 할 대상들이 수십 개씩 나와 있고, 망원경 구경별로 보이는 모습, 역사적인 또는 천문학적인 의미에 대해서 자세히 설명되어 있다. 관측 며칠 전부터 틈틈이 정독하면서 무엇을 볼 것인지, 그 대상에서 어떤 구조를 볼 것인지 미리 메모를 해놓자.

M81(NGC 3031), M82(NGC 3034)

큰곰 자리에 위치하는 한 쌍의 은하로 둘 다 상당히 밝아서 50mm 파인더로도 희미하게 보인다. 큰곰자리를 대표하는 이들 은하들은 저희 우리은하의 국부 모임이외에 가장 가까운 위치에 있는 은하들이다. 이들 은하들은 1774년 독일 베를린에서 천문학자 보데가 발견했는데 ㄷ을 첨가 시켰다.

M81(NGC 3031)은 밝은 핵 주변에 커다란 나선팔을 갖고 있는데 밝기는 7등급이며 쌍안경으로도 멋진 모습을 접할 수 있으며 날씨가 좋; 다. 보름달의 직경정도의 상당히 큰 은하로 주변부가 거의 희미해서 아마추어들의 소구경 망원경으로는 밝은 핵 부위만 볼 수 있는데 8인 남서W3으로 기울어져 있으며 희미한 나선팔과 밝은 중심부, 그리고 1993J가 발견되었는데 당시 최대 밝기가 10등급이었다고 한다.

전형적인 나선은하 M81과는 달리 M82는 폭발하고 있는 것으로 짐작되는 불규칙은하이다. 그러나 최근 연구 자료에 따르면 별들이 급격 한 모양을 갖게 된 것이라고 하는데 그 흔적은 자그마치 150만년 전의 빛이라고 한다. M82는 10분 크기의 바늘모양을 하고 있는데 밝기는 습이 그려진 파피루스 조각이 있어서 몇몇 사람들은 이집트인들이 먼 외계에서 온 후인이라고 주장하기까지 하였다. 8인치급 망원경으로 ㄹ 위에 있는 10여개의 별들, 그리고 가운데가 급격하게 융집되어 있다는 사실을 알 수 있다.

'야간비행' 홈페이지에 실린 『밤하늘의 보석』 온라인 버전 내용

NSOG : 관측 준비의 모든 것

관측에 앞서 우리가 해야 할 모든 준비가 『Night Sky Observer's Guide』라는 책에 90% 이상 완벽하게 나와 있다. 구경별 관측 포인트, 스케치, 자료 사진, 기본 데이터 등. 별쟁이들에게 관측 준비는 이 『NSOG』 출간 이전과 이후로 나눌 수 있지 않을까?

다만 입문 시기에는 『NSOG』까지 꼭 필요하지는 않고 가볍게 『밤하늘의 보석』만 참고하여 관측 준비의 감을 잡아도 충분하다. 영어 울렁증이 있어도 걱정할 필요는 없다. 별동네에서 쓰이는 50개 정도의 관측 용어만 알아도 한국어 책 읽듯이 쉽게

읽을 수가 있다.

>Ex) Oval core(타원형 코어), Bright patch(밝은 얼룩), Mottled spiral(얼룩덜룩한 나선팔)

NSOG 1권과 2권에 수록된 5천 개가 넘는 대상을 모두 관측하는 어마어마한 프로젝트를 진행 중인 야간비행 최윤호님의 NSOG 용어 설명 글을 옆의 QR 코드로 참조해보자.

NSOG 단어장

야간비행 : 고급 정보? 난해한 정보?

관측 준비의 바이블인 '밤보석(『밤하늘의 보석』의 애칭)'과 『NSOG』 두 권이면 기본 관측 준비는 부족함이 없지만, 사실 이것보다 더 좋은 관측 준비용 소스가 있다.

바로 선배들의 관측 기록을 참조하는 것이다. 내가 관측하고자 하는 대상을 먼저 관측한 사람은 어떤 망원경으로 어떻게 보았고, 어떤 관측 포인트가 흥미 있었는지 벤치마킹을 하는 것이다.

한국말로 된 관측 기록 중에 깊이 있는 정보가 가장 많이 모여 있는 곳은 야간비행 '관측기' 게시판(www.nightflight.or.kr/xe/observation)이다. 이 게시판에서 대상 이름으로 검색하여 여러 사람이 기록한 금과옥조와 같은 생생한 관측 정보를 찾아서 보면 큰 도움이 될 것이다.

다만 한 가지 조심스러운 건, 어려운 도전 대상에 대한 관측 기록이 상대적으로 많다 보니 '이런 걸 대체 어떻게 보라는 건가?' 하는 막막함이 먼저 밀려올 수도 있다.

'별하늘지기' : 자료와 경험의 보고

별하늘지기(cafe.naver.com/skyguide)는 오랜 기간 우리나라 최대 온라인 천문 동호회의 자리를 지키고 있으며, 올라오는 관측 기록 또한 압도적으로 가장 많다. 초보부터 무림 고수까지 엄청난 양의 다양한 관측 기록을 보면서 참조할 수 있다는 장점이 있지만, 그와 동시에 본인의 관측에 맞는 정확한 정보를 스스로 취사선택해야 하는 단점도 같이 가지고 있다.

오랫동안 밤보석 외에는 참고할 만한 한글 관측자료가 없었는데, 영문판 명저인 『Deep-Sky Wonders』의 한글판이 출간되어 시중 서점에서 구할 수 있다. 월별로 볼 만한 추천대상이 수필 형식으로 기술되어 있는 점이 특징이다.

필자는 본인의 관측 경험과 직접 완성한 스케치를 바탕으로 110개 메시에 대상을 각각 한 페이지씩 설명하는 실전 관측 가이드북을 다음 책으로 출간 예정이다. 필드에서 힘하게 굴려져서 닳아 없어질 때까지 사용되는 책이 되었으면 좋겠다.

그 외에 우리나라에서 관측 기록을 찾기 어려운 대상의 경우 Cloudy Nights(www.cloudynights.com)의 'Forums' 게시판이나 Stargazers Lounge(stargazerslounge.com)에서 대부분의 궁금증을 해결할 수 있다. 아, 포털 사이트는 안타깝게도 네이버나 다음보다는 구글이 압도적으로 많은 정보를 가지고 있다.

관측 준비의 예 : 오리온 대성운(M 42 / M 43)

오리온 대성운에서는 어떤 구조를 볼 수 있을까?

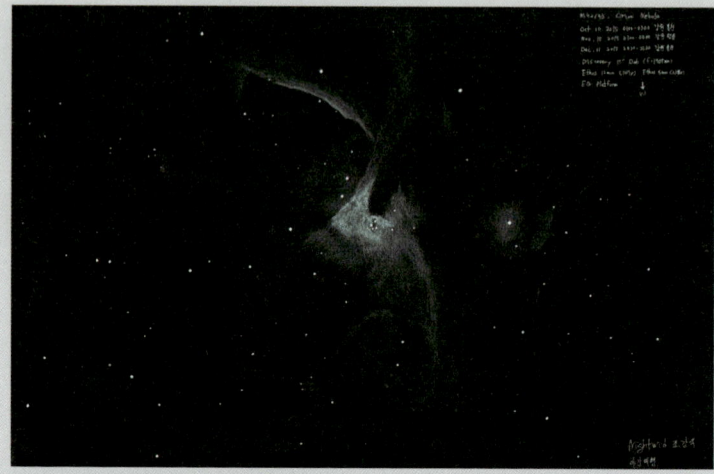

M 42/M 43 오리온 대성운 - 검은 종이에 파스텔과 젤리펜으로 그린 관측 스케치 (조강욱, 2015)

오리온 대성운의 안시관측 포인트는 대략 11가지이다.
우선 성운 중심부부터 탐험해보자.

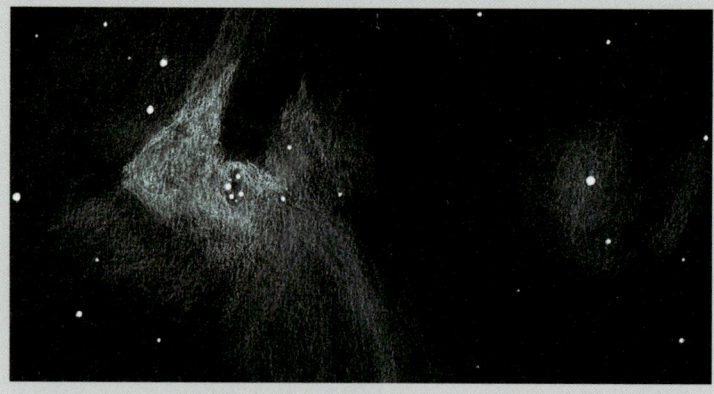

① 트라페지움(사다리꼴성단)

제일 밝은 별 4개는 부담 없이 쉽게 볼 수 있지만 E, F, G, H별은 도전이 필요하다. E별은 1826년 이중성 목록을 만든 스트루베가, F별은 1830년 허셜의 아들내미가 발견했는데, 시상 좋은 날 주의 깊게 본다면 관측이 가능하다. 19세기 후반이 되어서야 발견된

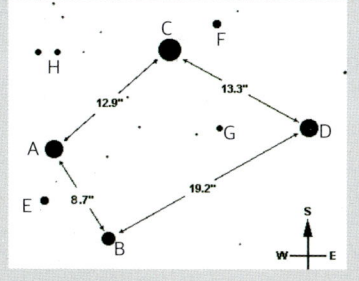

트라페지움 세부 성도

G, H별은 최고의 굴절망원경 제작자인 알반 클라크와 암흑성운계의 대부이신 버나드 님이 각각 36인치로 발견한 애들이라, 동호인 수준의 망원경으로는 관측이 거의 불가능하다.

② 트라페지움을 감싸고 있는 Dark Gap

천체사진을 보면 트라페지움 위로 빼곡하게 성운기가 들어차 있는 것을 볼 수 있지만, 실제 안시로 보면 트라페지움 바로 위로는 성운기가 보이지 않고 원형으로 뚫려 있는 것을 알 수 있다.

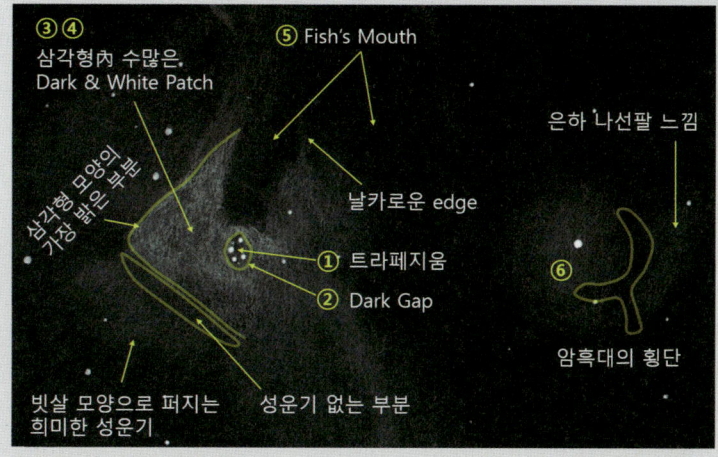

오리온 중심부의 관측 Point

이것은 무슨 변고일까? 이는 트라페지움의 밝은 빛 때문에 상대적으로 어두운 앞쪽 성운기가 마치 없는 것처럼 보이는 착시 현상이다.

③ Cirrus(권운) pattern이라 불리는 트라페지움을 둘러싸고 있는 복잡한 성운기

④ Cirrus pattern 사이사이로 볼 수 있는 여러 갈래의 dark patch

⑤ Fish's mouse 부근의 디테일

⑥ M 43의 스냅백 모양과 중심부를 횡단하는 암흑대, M 43 정중앙의 포스 넘치는 밝은 별

이번엔 조금 더 시야를 넓혀보자.

⑦ 성운의 동쪽 팔은 베일 것 같은 선명한 edge와 빗살무늬를 관측할 수 있다(빗살무늬는 쉽지 않다). 동쪽 팔의 끝에는 낫 같은 모양도 찾을 수 있다.

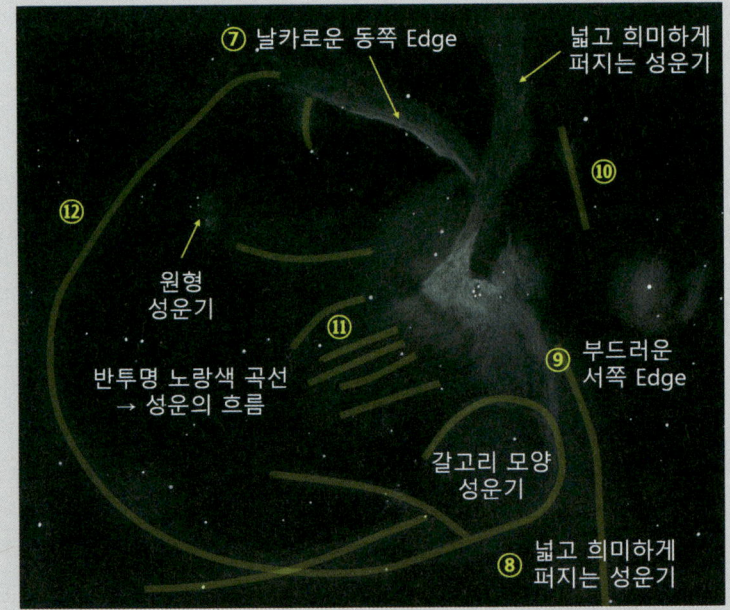

오리온 전체 성운의 관측 Point

⑧ 서쪽 팔은 복잡하고 미묘한 명암의 줄기들을 관측할 수 있다.
⑨ 오리온은 발광성운 중 거의 유일하게 색을 느낄 수 있는 대상이다. 평소에는 성운 전체적으로 아주 어두운 녹색 기운이 느껴지지만, 아주 가끔씩 서쪽 팔에서 칙칙한 붉은 기운을 느낄 수도 있다(오리온의 색에 대해서는 관측자마다 의견이 분분하다).
⑩ 동쪽 팔에서 북쪽 방향으로 한 조각 떨어져 나온 성운기
⑪ Cirrus pattern 뒤쪽으로도 흐릿한 성운기를 넓게 관측할 수 있다.
⑫ 서쪽 팔을 시작으로 원형으로 쭉 따라가다 보면, 그 성운기가 동쪽 팔까지 연결되어 있음을 찾을 수 있다(필자도 최근에야 알게 되었다).

오리온 대성운은 그냥 보아도 아름답지만, 구조를 알고 보면 훨씬 더 많은 것을 음미할 수 있다. 별은 단언컨대 아는 만큼만 보인다. 오리온의 성운기가 한 바퀴 원형으로 이어진다는 것을 알기 전에는 필자도 시도해볼 생각조차 하지 않았지만, 알게 되니 보이게 되었다.
앞의 12가지 관측 Point를 숙지하고 스케치를 다시 보자. 아까보다는 그 구조들이 조금은 더 잘 보이지 않는가? 아는 만큼만 보인다는 것은 별을 보는 행위에서 가장 재현이 잘 되는 기적임을 꼭 명심하자!

2단계 정성 관측 : 관측 성과는 관측 시간에 정비례한다

찾고 보는 기술은 우선 이 챕터의 앞 부분에서 다루었던 호핑과 스위핑, 주변시와 암적응, 이 네 가지만 기억하면 된다.

여러분은 하나의 대상을 잡아놓고 얼마나 오래 보는가? 아마 1분 이상 보는 분은 많지 않을 것이다. 잘 안 보이니까? 더 볼 구조가 없어서? 허리가 아파서?

그냥 속는 셈치고 뭐가 보이든 말든 5분만, 가능하면 10분 이상 뚫어지도록 쳐다보자. 암적응이 완벽하게 된 상태에서 주변시를 항상 의식하며 준비한 관측 포인트를 계속 떠올리면서 말이다.

관측하는 대상에 대해서 관측 포인트 5개를 준비했다면 아마도 5분은 눈 깜짝할 새에 지나갈 거라고 확신한다. 그리고 5분 뒤에는 그 대상의 진짜 모습을, 그냥 'Seeing'이 아니라 'Observing'을 했다는 뿌듯함에 노래가 절로 나올 것이다.

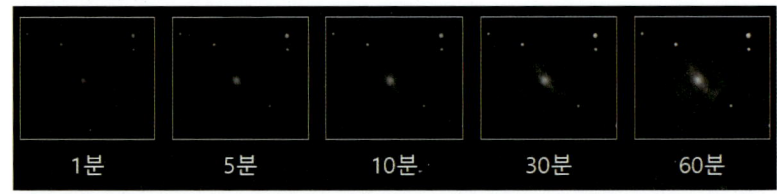

M 83의 참모습을 보기 위해 필요한 시간은?(윤정한 스케치)

그러나 도인도 아니고 움직이지 않는 희미한 물체를 10분 이상 보는 것은 답답하고 지겨워서 힘든 일이다. 하지만 5분 보는 것보다는 10분, 10분보다는 1시간, 1시간보다는 2시간을 보면 그 대상은 마법처럼 또 전혀 다른 모습을 보여주게 되어 있다.

그렇다면 어떻게 하면 1시간 동안 지겹지 않게 하나의 대상만을 볼 수 있을까? 관측하는 대상의 그림을 그리면 시간 가는 줄 모르고 그 한 대상에 집중해서 관측을 할 수 있다. (스케치에 대해서는 챕터 D '천체 스케치 : 안시관측의 왕도'에서 더 자세히 알아보겠다.)

또한 이번 챕터에서 익힌 관측의 기본기에 이어서 행성, 성단, 은하 등 대상별 관측 방법에 대한 심도 있는 얘기는 바로 다음 챕터에서 다룰 예정이다.

3단계 완벽 기록 : 평생 별 보는 즐거움을 누릴 수 있는 방법

필자는 1990년대 대학 시절부터 '전국 대학생 아마추어 천문 연합회(UAAA)' 활동을 하며 여러 학교 친구들과 같이 공부는 안 하고 별만 보러 다녔다. 그 당시 어울렸던 친구들이 지금도 가장 친한 친구로 남아서 가끔 얼굴을 보고 살지만, 그렇게 미친 듯이 별을 보러 다니던 동기나 선후배들 중 지금까지 관측 활동을 하는 사람은 거의 남아 있지 않다.

그들과 필자의 차이는 무엇일까? 논리적인 비약이 될 수도 있겠지만, 필자가 30년이 넘는 시간 동안 관측에 대한 열정을 잃지 않고 한 해도 쉬지 않고 꾸준히 활동할 수 있었던 이유는 그간 400여 회의 관측을 다녀오면서 한 번도 빼먹지 않고 관측 기록을 남겼기 때문이라고 생각한다. 관측 기록은 천체관측에 대한 열정을 이어나가기 위한 최고의 도구 중 하나다. 관측기를 쓰면서 지난밤의 관측을 복기하고, 즐겁고 아쉬웠던 순간을 회상하며 곰곰이 생각하다 보면 다음 관측의 방향은 자동으로 나오게 되어 있다. '3단계 완벽 기록'이 '1단계 심화 준비'로 자연스럽게 이어지는 것이다.

'이번엔 M 38의 관측 포인트를 제대로 살펴보지 못했으니 다음번에 다시 시도해야지', 또는 '산개성단은 내 취향이 아닌 것 같아, 옆 사람이 보던 구상성단 재미있던데 다음엔 나도 구상 중심으로 준비해봐야겠다' 등의 다음 관측 방향을 관측기를 쓰는 중에 스스로 찾을 수 있다.

관측 기록은 이렇듯 기본적으로는 나를 위해 쓰는 것이지만, 내가 디테일하게 남긴 이 관측 기록이 밤하늘의 보석을 다룬 보석 같은 길잡이로, 언젠가 같은 대상을 볼 다음 사람에게 생생한 참고 자료가 될 수도 있다.

그 하늘에서 그 망원경으로 그 대상을 관측하면 어느 정도까지 보인다는 생생한 정보는 누군지 모를 별나라 후배들의 '심화 준비'에 큰 도움이 된다.

그렇다면 관측 기록은 어떻게 작성해야 할까? 굳이 관측 기록 양식 등의 형식에 얽매일 필요는 없다. 사실 필자도 관측 기록 양식에 관측 기록을 작성해본 적은 없다. 워낙에 말이 많은 것도(글로도) 이유이고, 형식을 제한해버리면 자유로운 상상력과 아이디어도 제한될 듯해 그냥 양식 없이 사진과 스케치를 곁들여서 여행기 같은 관측 기록을 남긴다.

관측기의 형식은 필자처럼 여행기를 쓰든, 관측 기록 양식을 사용하든, 시를 쓰든, 그림을 그리든 아무 상관이 없다. 그저 자기가 무엇을 했고 무엇을 느꼈는지 정확히 표현만 할 수 있으면 그 관측 기록은 그 자체의 생명력으로 본인의 관측에, 그리고 누군가 다른 사람의 참고 자료로 빛을 발하게 된다.

(필자는 쓰지 않는) 관측 기록 양식

관측의 3단계 선순환

본인이 할 수 있는 최대한의 준비를 해야 성과 있는 관측을 할 수 있고, 막대세포의 활용에 집중하며 정성껏 관측한 것을 완벽하게 정리해야 다음 관측의 방향이 잡히고, 그 방향으로 더욱 심도 있게 관측 준비를 하고….

이렇듯 본인의 취향에 대해서 끊임없이 탐구하다 보면 어느새 여러분은 안시관측의 저 깊은 곳에서, 땅만 보고 살아가는 대부분의 지구인들이 느끼지 못하는 카타르시스를 맛볼 수 있을 것이다!

FAQ 2. 망원경은 어디서 구매하나요?

망원경은 주요 메이커의 국내 대리점에서 구입할 수도 있고, 관리만 잘하면 평생 쓸 수 있는 광학 기기인 만큼 중고시장도 활발하다.

① 국내에서 신품 구매

포털 사이트에서 검색해보면 어지러울 정도로 수많은 망원경 판매점을 찾을 수 있다. 여기서는 중요한 것 두 가지만 얘기해보겠다.

첫 번째는 망원경을 전문으로 판매하는 곳인지 확인하는 것이다(홈페이지 메인에 무엇이 올라와 있는지 보면 된다). 백화점 식으로 수많은 과학 기자재나 잡동사니를 취급하는 곳에서는 천체관측용 장비에 대한 전문성도, 망원경의 다양한 종류도 기대하기 어렵다.

두 번째는 구입 후 지속적인 교육과 도움이 가능한 회사인지의 여부이다.

천체관측이 처음이라면 박스째 배달 온 천체망원경으로 관측은 커녕 조립을 어떻게 하는지도 막막할 것이다(만약 망원경 판매 회사에서 직접적인 도움을 받기 어렵다면 천체관측 동호회에서 활동하면 된다. 사실 실질적인 관측에는 동호회 활동이 가장 좋다).

특히 학교에서 교육용으로 구입하는 것이라면 망원경 세팅과 천체관측 방법을 익히는 데에 망원경 판매사에서 어떤 도움을 줄 수 있는지 미리 상세히 확인해야 한다. 장비를 운용할 선생님이 관측 경험이 부족하다면, 팔고 나면 끝인 회사의 망원경을 구입하면 망원경도 바로 창고 직행이다. 조달 교육 예산으로 비싼 값으로 신품 구입 후 학교 과학실에서(망가질까봐) 먼지만 뒤집어쓰고 있는 고가의 망원경이 너무나, 너무나 많다.

② 해외 직구

Made in Korea의 기성품 망원경은 안타깝지만 찾을 수가 없으므로, 망원경 판매 회사에서 파는 제품들은 모두 미국과 일본, 중국 등지의 제품들이다. 따라서 해외 직구를 통해서 더 매력적인 가격과 다양한 옵션을 선택할 수도 있지만, 초심자가 망원경 해외 직구에 도전하기에는 어려움이 많다. 언어 소통도, 반품이나 A/S도 쉽지 않기 때문이다. 그리고 생각지도 않던 관세와 배송료를 추가로 부담할 수도 있기 때문에(망원경 박스를 택배로 받아본 사람들은 한결같이 생각보다 큰 포장 부피에 놀란다) 계획했던 예산을 훨씬 상회할 수도 있다.

③ 국내 중고장터

관리만 잘한다면 망원경은 중고장터에 내놓아도 신품의 70~80%의 가격을 받을 수가 있다. 따라서 중고장터가 상당히 활성화되어 있고, 국내에서 구하기 어려운 희귀 장비나 단종된 모델들도 심심찮게 구할 수 있다. 또한 카메라에 비해서는 시장이 작고 동호인 규모도 작아서 중고장터의 최대 문제인 사기 거래가 그리 많지는 않다. 파는 사람도, 사는 사람도 한두 단계 건너면 대부분 아는 사람들이기 때문에 처신을 함부로 할 수 없는 것이다.

그렇다고 아무 장터나 이용할 수는 없다(아무 데서나 구하기도 어렵다). 망원경 관련 장비 전문 중고장터로 국내의 별쟁이들은 대부분 다음의 두 곳을 애용한다.

Astromart(www.astromart.co.kr) : 망원경 판매 회사인 Astromart에서 운영하는 중고장터이다. 거래가 가장 활발하고, 원하는 제품을 기다리느라 매일 잠복근무(?)를 하는 사람들이 많다.

네이버 카페 '별하늘지기'(cafe.naver.com/skyguide) : 국내 최대 온라인 천문 동호회인 별하늘지기에서 운영하는 중고장터 게시판. 사기 거래 방지를 위해서 카페 정회원만 글을 열람할 수 있다.

이 두 곳 모두 잠복근무 요원들이 많아서, 시원한 가격으로 올라오는 인기 물건은 글 등록과 동시에 판매 완료! 사실 필자도 이 두 곳에서 대부분의 장비를 사고판다.

④ 해외 중고장터

미국과 일본의 천체관측 동호인 수는 우리나라와는 비교가 안 되는 수준이다. 따라서 중고장터의 규모도, 제품의 종류도 훨씬 많다.

하지만 앞에 설명한 해외 직구의 위험성처럼, 해당 매물의 사양과 성능에 대해 정확히 알지 못하고 구입하게 되면 애물단지가 될 수 있으므로 입문자에게 권하기는 어렵다.

⑤ 주문 제작

일반적인 '굴절+적도의'나 '반사+경위대'는 기성품을 구입하는 경우가 대부분이지만, 반사경 크기가 12인치 이상 되는 대구경 돕소니언 망원경은 주문 제작을 하는 경우도 종종 있다. 반사경의 크기와 정밀도, 망원경의 디자인과 각종 부가 장비 등을 옵션으로 본인의 신체 조건과 취향에 최적화된 망원경을 만들 수 있는 것이다.

돕소니언 주문 제작 업체는 주로 미국에 있지만, 국내에도 세계 최고 수준의 망원경을 만드는 장인이 있다(남스돕, cafe.naver.com/namsdobsonian).

남스돕 주문제작품인 필자의 망원경과 필자

국내에서 신품 구매한 경위대 슈퍼마운트 (supermount.kr), 국내 중고장터에서 구한 Lunt 태양 망원경과 삼각대, 해외 직구한 Ethos 아이피스의 4단 합체!

FAQ 3. 초등학생 자녀에게 천체망원경을 선물해주고 싶은데, 괜찮은 제품 좀 추천해주세요!

결론부터 얘기하자면, 구입하지 않는 것을 추천한다. 어린 학생들의 관심은 쉽게 변하기 때문이다. 또한 초등학생이 사용하기엔 크고 무거운 망원경을 이동하기 위해서는 부모님이 항상 같이 다녀야 하고, 망원경과 관측에 대한 지식도 부모님이 함께 공부를 해야 아이가 원하는 수준의 대상을 볼 수 있기에 결코 쉬운 일은 아니다. 그러다가 몇 달 뒤 아이의 관심이 다른 쪽으로 옮겨가면 망원경은 빨래걸이로 전락할지도 모르는 일…^^;
(물론 천체관측 동호회에서 열심히 활동하는 훌륭한 초등학생도 있다.)

초등학생, 특히 저학년인 경우엔 성급히 망원경을 구입하는 것보다는 집 근처의 천문대 프로그램을 이용하는 것이 비용적으로도, 교육과 흥미의 효과로도 훨씬 좋다. 천문대의 프로그램들을 오래 활용하고서도 아이가 천체관측에 대한 열망을 계속 가지고 있다면 그때 망원경 구입을 생각해보아도 늦지 않다.

※ 서울 시내 한복판에도 천문대가 있다(용산의 과학동아천문대). 또한 국립과천과학관에는 국내 최고 시설의 '천체투영관'이 있고, 전국 각지에도 어린이 천문대와 지자체 또는 개인이 운영하는 천문대, 과학관 등 갈 수 있는 곳이 많다. 검색의 생활화가 필요하다.

Chapter C
대상별 관측 Point

이번 챕터에서는 챕터 B의 '안시관측의 기본기'를 다진 이후에 대상 유형별로 어떻게 관측해야 할지 좀 더 심화된 내용을 다룰 것이다. 아는 만큼 보이는 천체관측 제1 원칙에 따라, 무엇을 어떻게 보아야 하는지 알고서 관측 준비를 한다면 지금까지와는 전혀 다른 우주를 만날 수 있다.

달
가까워서 외면받는 보물 상자

달, 많은 관측자들에게 달은 그저 방해꾼으로만 치부될 뿐이다. 달이 밝으면 별을 볼 수 없기 때문이다. 달이 밝으면 달을 보면 되는데 말이다.

달에는 산, 구덩이, 계곡, 평원 등 약 30만 개의 구조들이 있다. 아마도 하늘의 어떤 대상보다도 관측 Point가 많을 것이다. 하지만 그런 익숙함이 오히려 독이 된 것일까? 우리는 정성 들여 달을 관측하는 데 매우 인색하다. 가까이 있는 가족이나 오랜 친구에게 오히려 소홀한 것처럼.

달에서 볼 수 있는 주요 구조(지형)는 다음과 같다.

   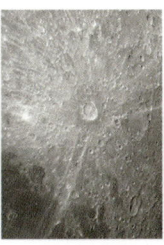 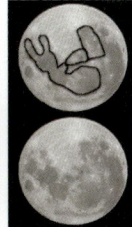

크레이터(Crater) 　산(Mountain)　　열구(Rille)　　광조(Ray)　　바다(Mare)

달 지형의 종류

클라비우스(Clavius) 내부의 Craterlet   테오필루스(Theophilus)의 갈라진 Central Peak

    달에서 볼 수 있는 구조 중 단연 첫 번째는 물론 크레이터(Crater)다. 실제 분화해서 만들어진 것이 아니라 운석 충돌에 의한 것이므로 분화구보다는 크레이터라는 표현이 더 적절하다(운석 충돌설도 유력한 설일 뿐이다). 달 표면에는 작은 망원경으로 보아도 셀 수 없을 만큼 많은 크고 작은 크레이터들을 찾을 수 있고, 대형 크레이터 내부에는 위 사진의 왼쪽 그림처럼 더 작은 크레이터가 존재하거나(Craterlet이라 한다), 오른쪽 그림과 같이 운석 충돌의 반작용으로 생긴 높은 산(Central Peak)이 있는 경우도 많다.

    달에서 크레이터 다음으로 흔한 구조는 산이다. 달의 산맥들은 위인들의 이름을 딴 크레이터와 달리 코카서스, 아페닌 등 지구에 있는 산맥들의 이름을 가지고 있다. 앞 페이지의 달 지형 종류를 설명한 그림에서 산(Mountain) 사진은 알프스 산맥의 중심에 위치한 알파인 계곡의 모습이다.

    달의 지각 활동에 따라 단층이 생긴 구조는 열구(Rille)라고 한다. 마치 지렁이가 기어가는 것처럼 얇은 선이 흘러가는 것을 볼 수 있는데, 보통 깊이가 깊지 않기 때문에 태양의 각도가 낮게 비출 때에만 그 존재

폭 110km, 높이 300m의 절벽, Rupes Recta('통곡의 벽'이라고도 한다)

를 확실히 드러낸다.

1969년 아폴로 11호는 달의 고요의 바다에서 역사적인 착륙에 성공했다. 달에는 바다가 없는데 왜 바다라는 이름을 지었을까?

맨눈으로도 약간의 청색이 감도는 진회색의 달의 바다를 한참 보고 있으면 그 넓고 편평한 영역이 마치 지구의 바다를 연상케 한다. 그 바다들을 모두 연결시키면 137쪽 달의 지형 중 바다(Mare) 그림과 같이 토끼 모양을 어렵지 않게 연상할 수 있을 것이다.

이처럼 달에는 토끼가 살고 있지만, 망원경을 들이대면 또 다른 무언가도 너무나 많이 살고 있다. 이제 그 달을 좀 더 자세히 보는 법을 알아보자.

하현 반달(이혁기, 2013)

Terminator만 생각하라!

    망원경으로 달을 관측할 때는 언제든 명암경계선(Terminator)을 위주로 관측해야 한다.

    명암경계선이란 달 표면에 태양빛이 막 비춰지거나 석양이 지고 있어서 어둠에서 밝음으로, 또는 밝음에서 어둠으로 급격하게 바뀌는 지역을 의미한다.

    이 Terminator가 관측에 중요한 이유는 태양의 각도에 있다. 유명 크레이터 두 개를 예로 들어보자.

    다음 페이지의 두 분 모두 해가 중천에 떠 있을 때와 달리 크레이터가 명암경계선에 위치할 때 그 내부의 작은 구조들이 드러나면서 밋밋했던 아이들이 극적으로 변신을 하게 된다. 이건 크레이터뿐 아니라 열구, 산맥 등 모든 구조에서도 마찬가지이다.

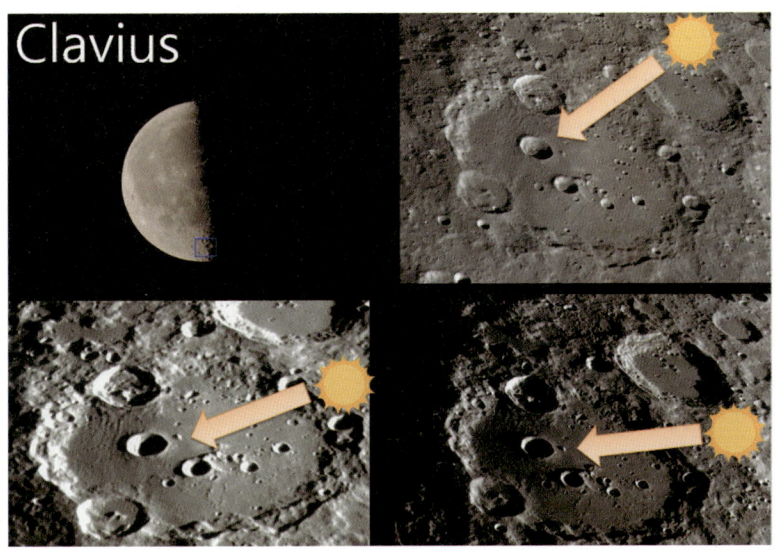

태양 각도에 따른 클라비우스의 변화

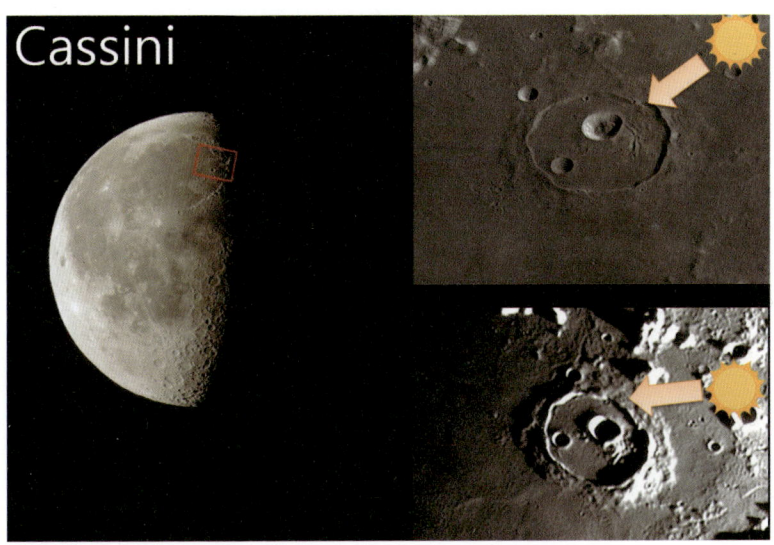

카시니의 변화는 더욱 극적이다.

Terminator의 마술 중에 필자가 가장 사랑하는 장면은, 석양이 질 때 점점 길어지는 그림자와 점점 작아지는 산봉우리이다. 아래 카시니(Cassini) 크레이터와 인근 지형들이 어둠에 잠기는 모습을 살펴보자.

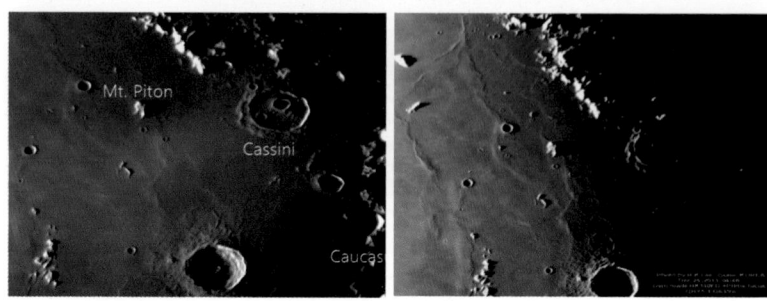

카시니의 석양(이혁기, 2011&2013)

왼쪽과 오른쪽 사진은 달 사진의 최고수인 이혁기 님이 같은 지역을 시간 차이를 두고 촬영한 것이다. 사진 상단의 피톤(Piton)이라는 작은 산의 그림자가 끝없이 길어지고 카시니 크레이터는 흔적만 남았다. 달 표면의 희미한 무늬도 석양빛에 더욱 도드라져 보인다. 그중에서도 최고의 순간은 카시니 오른쪽의 코카서스 산맥이 어둠에 잠기는 순간이다. 거대한 산맥이 산봉우리만 남기고 점점 작아지다가 그 봉우리마저 깜빡 어둠에 수몰되는 모습은 하늘에서 볼 수 있는 가장 결정적 순간 중의 하나이다. (문득 중앙아시아에 있는 지구의 코카서스 산맥은 어떤 모습일지 궁금해진다.)

Terminator 반대편에도 꼭 보고 가야 할 구조가 있다. 광조(Ray)라 부르는 아이들이다. 광조는 달에 운석 충돌 시 그 파편들이 방사형으로 비산된 흔적이라는 설이 유력하다. (우리가 달에 대해 모르고 있는 것이 아직

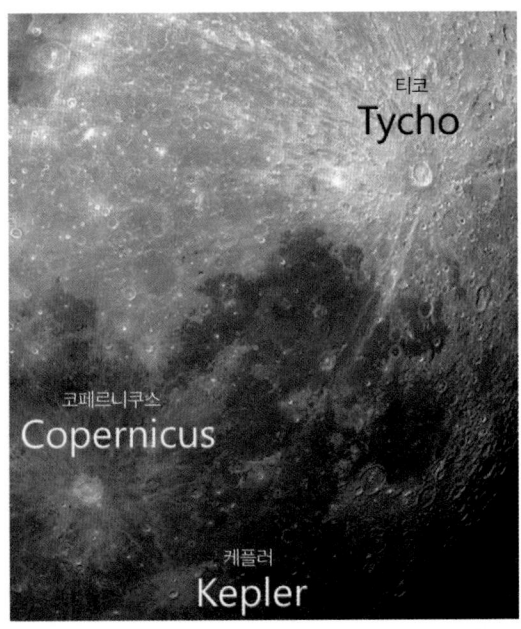

달 표면의 3대 광조(Ray)

너무 많다.)

 그중에 가장 보기 쉬운 것이 티코, 코페르니쿠스, 케플러라는 이름을 가진 세 개의 크레이터로부터 뻗어 나온 광조다. 이들은 크레이터 그 자체로는 특별히 큰 재미가 있는 애들은 아닌데(티코는 조금 볼 만하다), 오히려 Terminator가 지나고 난 후 태양빛을 정면으로 받아야 매력을 발산하는 특이한 분들이다.

 달을 한 시야에 담아놓고 보아야 광조가 잘 보이므로, 7×50(7배×50mm) 정도의 작은 쌍안경이나 파인더로 감상해도 좋다.

달도 알아야 보인다

아는 만큼 보인다는 안시관측의 1번 기적은 달을 볼 때도 변함이 없다. 크레이터, 산맥, 계곡, 열구 등 구조의 명칭이나 의미를 모르고 보면 그저 "우와! 대단하다~~~~"만 연발하다가 몇 분 뒤 눈이 부셔서, 또는 흥미가 떨어져서 관측을 접게 된다.

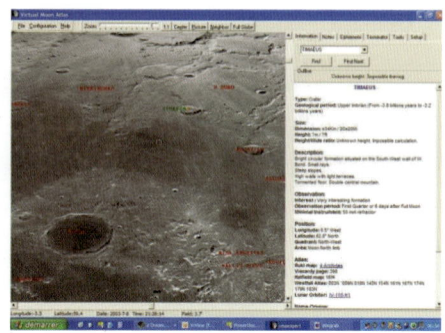

달의 모든 것, Virtual Moon Atlas

밤하늘의 별 지도인 '성도'가 있듯이 달의 지형들을 모두 담아놓은 '월면도'도 있다. 종이로 된 것도 있지만 필자가 추천할 것은 Virtual Moon Atlas라는 PC용 무료 프로그램이다(다운로드 : https://www.ap-i.net/avl/en/download). 달은 워낙 밝아서 암적응이 필요 없으므로(행성도 마찬가지다) 노트북에 Virtual Moon Atlas를 담아 당일 날짜로 세팅 후 망원경을 보면서 큰 구조부터 숨은 그림을 찾듯이 하나씩 찾아나가면 된다.

※ 기본 프로그램을 설치한 후 추가로 제공하는 Data Pack과 High resolution texture들을 다운로드받아야 고해상도 달 지도를 볼 수 있다.
※ 최고의 모바일 성도 프로그램인 Sky safari는 달의 위상 변화는 표현되지만 지형 정보는 제한적으로만 제공된다. 그리고 모바일 월면도 어플은 아직 소개해줄 만큼 만족스런 아이를 찾지 못했다.

최고로 얇은 달에 도전해보자

달은 매일매일 그 모습과 위치를 스스로 바꾸어간다. 달과 지구와 태양의 운동에 따른 조화이다. 초저녁에 하늘 높이 뜨는 상현달이나 밤새도록 하늘에 떠 있는 보름달은 별을 보지 않는 사람에게도 익숙한 달이다. 그냥 문득 눈을 들면 보이는 달이기 때문이다.

하지만 이른 아침 바쁜 출근 시간에 하늘을 뒤져야 찾을 수 있는 하현달이나 초저녁 일몰 직후 보이는 초승달, 새벽 일출 직전 보이는 그믐달은 직접 본 사람이 많지 않다. 위치를 알고 찾아봐야만 보이는 것들이기 때문이다.

초저녁 서쪽 하늘의 초승달

한밤중 하늘 높이 차오르는 달

아침 출근길의 하현 반달

새벽녘 동쪽 하늘의 그믐달

필자가 스마트폰의 그림 앱을 이용해서 그린 달 그림들

필자는 스마트폰의 그림 앱을 가지고 터치펜과 손가락으로 월령 1일 초승달부터 보름달을 거쳐 월령 29일 그믐달까지 모든 달의 모습을 한 장씩 풍경과 함께 그림으로 그려봤는데, 다른 월령의 28장의 그림을 모두 완성하고도 1년을 더 시도하여 겨우 월령 1일의 귀한 초승달을 만나볼 수 있었다. 그믐달보다 초승달을 보기 더 어려운 이유는 저녁 5~7시의 한창 일하고 있을 시간에 볼 수 있는데다가, 태양이 지고 난 직후 아

 관측 기록

월령 1일의 초승달

직 파란 하늘에서 서쪽 시야가 탁 트인 곳에서 아주 맑은 날 찾아봐야 하기 때문이다. 이런 이유로 눈썹보다 얇은 월령 1일 초승달과 월령 29일 그믐달을 본 사람은 이 세상에 많지 않다.

　Sky safari로 태양과 달의 뜨고 지는 시간과 고도를 미리 확인하고서, 사방이 트인 위치에 올라가서 초승달 본 여자, 그믐달 본 남자가 되어보자.

 관측 기록

월령 29일의 그믐달

행성
변화무쌍 우주쇼

시선을 조금 더 멀리 보면, 도심에서도 영롱하게 빛나지만 계속 그 위치가 바뀌는 밝은 별들을 몇 개 찾을 수 있다. 이번엔 태양계의 주요 행성들에 대한 이야기다.

목성의 결정적 순간

수금지화목토천해(명)에서도 알 수 있듯이 화성과 토성 사이에는 태양계 최대의 행성인 목성이 자리하고 있다. 토성의 고리만큼 또렷하고 깜짝하지는 않지만, 목성은 본체의 수많은 구조와 변화무쌍한 위성들의 움직임으로 매일매일 다른 즐거움을 선사한다.

토성의 변화가 연 단위로 이루어지는 긴 흐름이라면, 목성의 변화에는 분 단위로 시간을 확인하면서 즐겨야 하는 긴박함이 있다. 행성들 중에서 가장 역동적인 목성의 결정적 순간을 살펴보자.

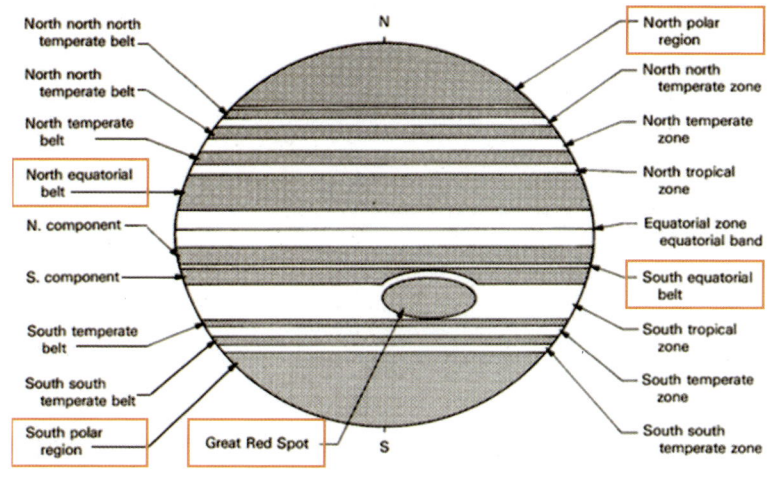

목성 구조도. 짙은 것은 Belt요, 밝은 것은 Zone이라…(출처 : http://cosmicpursuits.com)

목성을 생각하면 무엇이 먼저 떠오르는가? 아마도 줄무늬와 갈릴레이 4대 위성일 것이고, 실제로 목성 관측 시에도 줄무늬와 위성들에 집중하며 보아야 한다.

별 생각 없이 아이피스로 목성을 보면 가장 밝은 줄무늬 두 개밖에 보이지 않는다. "와, 신기하네~" 하고 여기서 끝, 이 아니라 이제부터 시작이다. 그 두 개의 줄무늬를 기준으로 다른 구조들을 찾아볼 수 있다.

위 목성의 구조도에는 목성에서 볼 수 있는 수많은 줄무늬가 표시되어 있다. 이는 목성 대기의 흐름이 줄무늬로 보여지는 것으로, 짙은 부분은 Belt라 하고, 밝은 부분은 Zone이라 한다.

그중에서도 가장 밝은 줄무늬는 오렌지색 네모 안의 North equatorial belt와 South equatorial belt이다. 이름이 너무 길어서, 해외 관측자들도 보통 줄여서 NEB, SEB라 부른다.

그 다음 잘 보이는 구조는 북쪽과 남쪽 극지방의 짙은 무늬, North polar region과 South polar region이다(역시 줄여서 NPR, SPR이라 부른다). 그 외의 나머지 구조들도 앞의 그림을 참조하여 대조해보면 망원경 구경과 시상에 따라 충분히 더 찾아볼 수 있다.

그리고 우리 모두가 원하는 목성의 화룡점정, 대적반(Great red spot)이 있다. 그런데 줄무늬는 잘 보이는데, 이 대적반이 보이지 않으면 어떻게 해야 할까? 목성은 9.8시간의 자전 주기를 가지고 있으므로, 몇 시간만 더 기다리면 동남쪽 끄트머리에서부터 대적반이 돌아나올 것이다.

> ※ 목성 등 태양계 행성과 달을 관측할 때에는 암적응이 필요 없다. 워낙 밝은 빛을 보는 것이라 어차피 암적응이 되지 않기 때문이다. 물론 막대세포를 사용하는 것이 아니므로 주변시도 필요 없다.

목성의 줄무늬를 모두 찾아보았다면, 이번엔 그 줄무늬 자체에 집중해보자. 구조를 최대한 자세히 관측하기 위하여, 배율은 상의 선명함이 무너지지 않는 범위에서 최고 배율을 선택해야 한다.

다음 페이지의 그림은 필자가 망원경을 보며 휴대폰의 터치펜으로 그린 목성 스케치이다. (사실 필자도 스케치를 하며 몇 시간씩 목성을 뜯어보기 전에는 목성의 구조를 주의 깊게 본 적이 없었다. 장시간의 집중 관측을 가능하게 하는 것은 오롯이 스케치의 힘이다.)

잘 보인다고 쓱 보고 지나치지 말고, 그 넓은 수박 줄무늬 같은 띠(Band)를 자세히 들여다보면 그 안에서도 다양한 대기의 흐름을 찾을

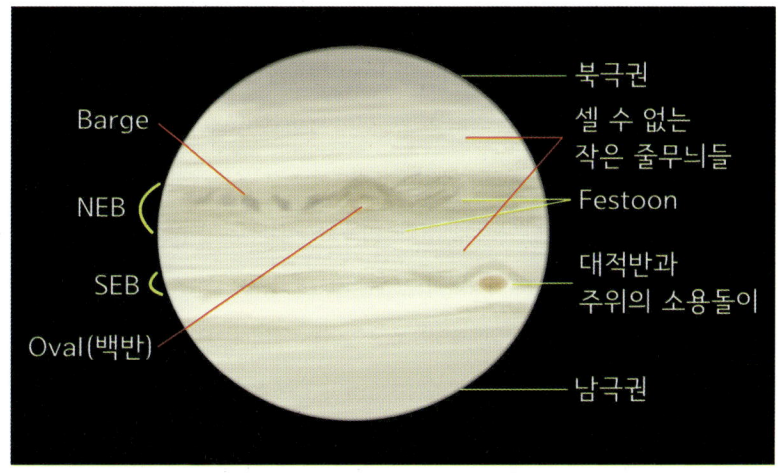

230배 목성 스케치(조강욱, 2020). 노란 선은 기본과정, 빨간선은 심화과정

수 있다. 띠를 횡단하는 짙은 무늬를 festoon(페스툰), 쌀알 같은 흰 점을 oval이라 하는데, 대적반 주위의 복잡한 구조도 볼 만하다.

처음부터 어려운 구조의 명칭을 다 외우려 노력할 필요는 없지만, 그 밝은 목성에서도 기본 구조를 아는 사람이 더 많은 것을 볼 수 있다는 사실을 명심하자.

(자전으로 인해) 시간마다 모습을 바꾸는 목성의 결정적 순간은 좀 더 시야를 넓혀야 볼 수 있다. 목성의 4대 위성인 이오(Io), 유로파(Europa), 가니메데(Ganymede), 칼리스토(Callisto)과 목성의 상호 작용에 의한 것인데, 바로 영, 경, 엄폐라는 현상이다.

영(影, Shadow)은 목성의 표면을 지나는 위성이 그 그림자를 목성의 표면에 남기는 것이다. 영이 진행되는 동안 목성 표면에는 까만 점이 목성의 자전과 같은 속도로 흘러간다. 운이 좋으면 두 개의 영을 동시에 볼 수도 있다.

위성의 그림자가 흘러가는데 위성 본체라고 지나가지 못할까? 위성의 본체가 목성을 횡단하는 것을 경(經, Transit)이라고 한다. 경은 영보다 보기가 더 어려운데, 밝은 목성에 뚜렷이 드리우는 까만 그림자에 비해서 밝은 위성 본체를 위성보다 더 밝은 목성 표면에서 찾아내기가 까다롭기 때문이다. (목성의 가장자리를 위성이 지나갈 때는 작은 흰색 점으로 빛나다가, 상대적으로 더 밝은 목성의 중앙부를 지날 때는 위성과 목성 본체의 밝기 차이로 흰 점이 아니라 검은 점으로 보이는 경우도 있다. 이것은 색 대비에 의한 착시이다.)

이런 현상들은 목성의 여러 위성들 중에서 갈릴레이가 발견한 4대 위성에서만 볼 수 있다. 이유는 간단하다. 관측할 만한 크기가 되는 애들이 얘네들뿐이기 때문이다.

목성의 위성들이 목성의 앞이 아니라 뒤로 지나갈 때는 목성에 의해 위성이 가려졌다 나타나는 엄폐(Occultation) 현상이 발생한다.

목성 표면 위의 작은 점을 찾아야 하는 영과 경에 비해 엄폐는 목성 바로 곁에서 밝은 점을 찾는 것이라 한결 쉽게 잘 보인다. 목성 위성의 엄폐는 들어갈 때보다 나올 때가 더 재미있는데, 엄폐가 종료되는 정확

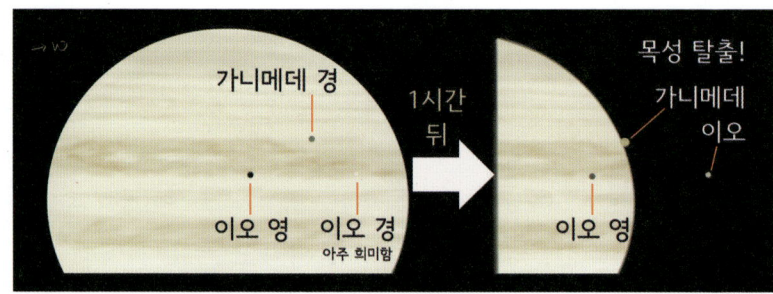

시간의 흐름에 따른 점의 흐름, 또는 점의 예술(조강욱, 2020)

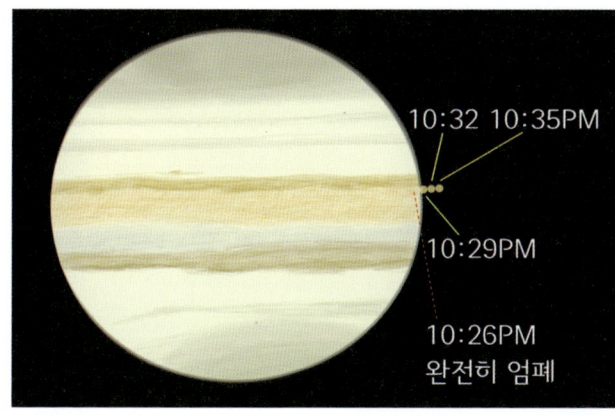

옆의 관측 스케치로 만든 숨바꼭질 동영상

이오를 품은 목성(조강욱, 2021)

한 시간을 확인한 후 목성의 옆구리를 노려보고 있으면 어느 순간, 작고 하얀 혹이 난 것처럼 그 순간을 포착할 수 있다. 이후 그 혹은 점점 더 또렷해지다가 몇 분 내로 목성에서 떨어져서 점점 멀어지게 된다.

영, 경, 엄폐 같은 목성의 결정적인 순간, 그 정확한 순간은 어떻게 포착할 수 있을까? 가장 손쉬운 방법은 디지털 성도를 이용하는 것이다. Sky Safari 앱을 구동하고 당장 오늘 밤의 목성을 띄워보자. 그리고 시간마다 목성 위성의 위치가 어떻게 변하는지 시간을 변경해가면서 찾아보면 된다. 아마 며칠 밤만 뒤져보면 D-day가 멀지 않을 것이다.

다음 페이지에 나오는 그림은 어느 날 밤의 목성과 위성들의 움직임을 Sky Safari로 30분 단위로 시뮬레이션해본 것이다. 이러한 위성들의 서커스는 거의 매일 밤 펼쳐지고 있다. 다만 우리가 그걸 모르고 있었을 뿐이다. 쉬지 않고 벌어지는 목성 쇼도 아는 만큼만 그 즐거움을 누릴 수 있다.

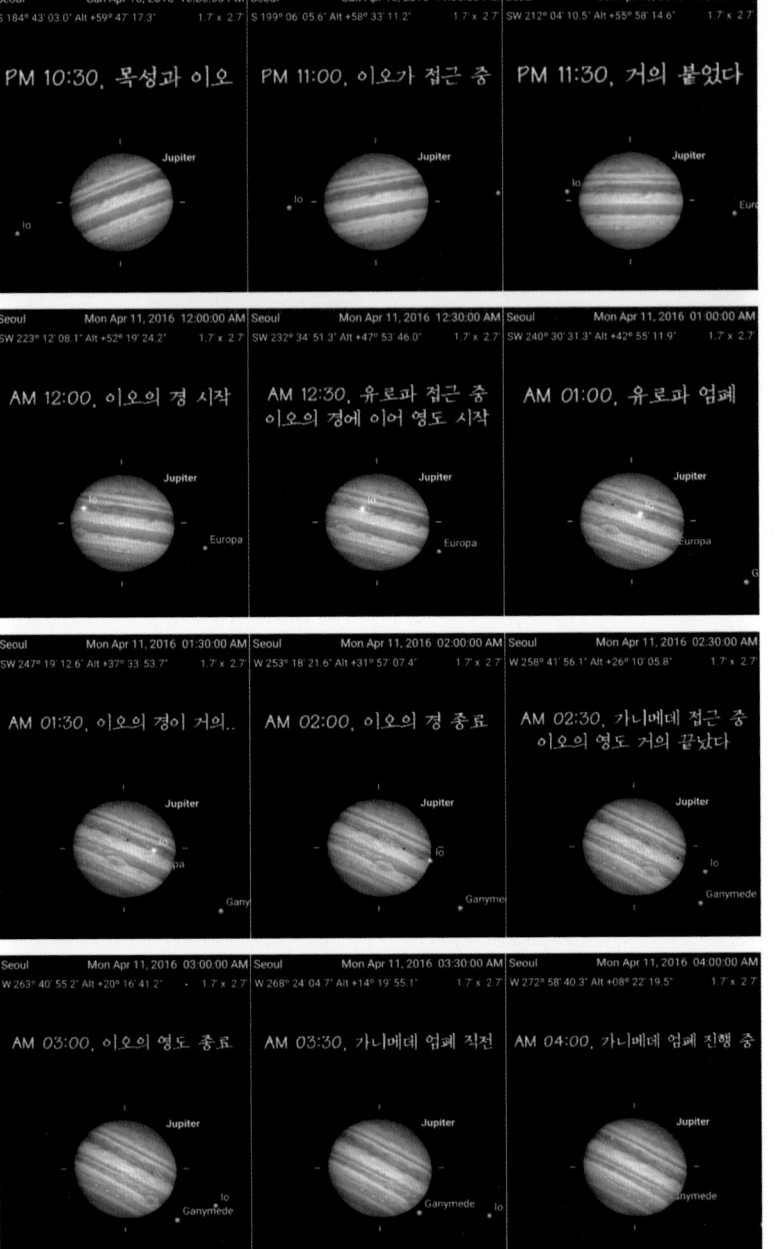

목성 위성쇼 예시

밤하늘 최고의 슈퍼스타, 토성

길거리에서 시민들을 대상으로 공개 관측회를 할 때, 최고 인기 대상은 다름 아닌 토성이다. 아무리 작은 망원경이라도 토성의 아름다운 고리를 선명하게 보여줄 수 있으며, 그 작고 귀여운 토성의 고리는 특별한 눈의 훈련 없이도 우리가 책에서 보았던 그 모습과 거의 유사하게 볼 수 있기 때문이다.

아래 그림은 필자가 스마트폰의 터치펜으로 관측하며 그린 토성의 스케치이다.

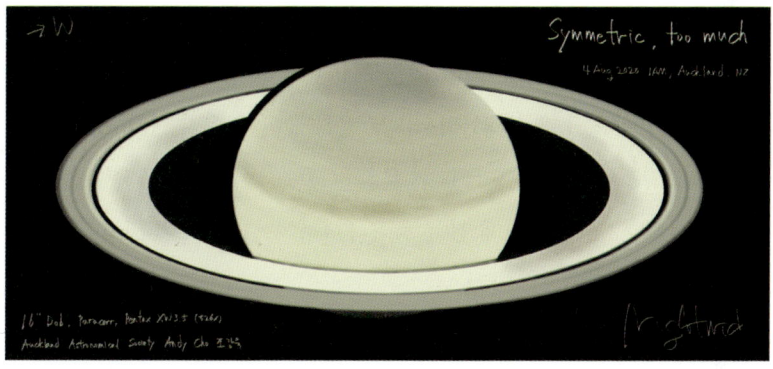

심하게 완벽한 대칭(조강욱, 2020)

토성의 매력은 무엇보다 아름답고 완벽한 고리의 모양에 있다. 그 깜찍한 고리 자체를 유심히 보고 있다 보면 고리가 그냥 넓고 균일한 평면이 아니라 다양한 색과 틈이 있음을 알게 된다.

여러 구조 중에서도 가장 유명한 것은 카시니간극(Cassini division)

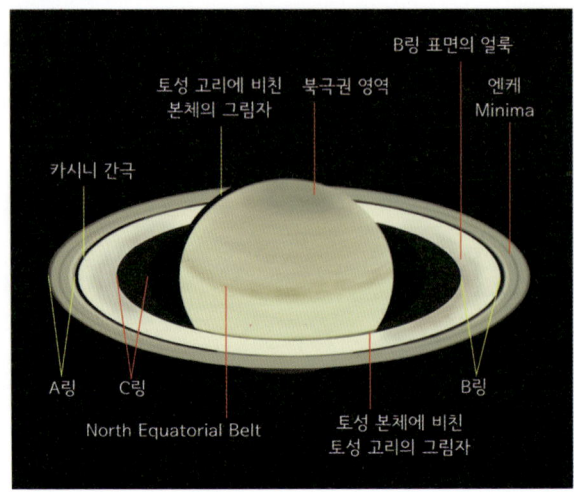

토성, 그것이 알고 싶다(빨간 선은 노력을 많이 해야 볼 수 있다).

이다. 정확한 위치만 알고 있으면 작은 망원경으로 대도시에서도 고리의 양 끝쪽에서 충분히 그 틈을 관측할 수 있다. 멋진 토성을 보고서도 카시니를 볼 수 없는 날(시상이 좋지 않은 날)은 무언가 뒷맛이 개운치 않다고 할까?

토성의 고리는 카시니간극을 사이로 바깥쪽의 A-ring, 안쪽의 B-ring으로 나뉜다. 필자의 스케치와 같이 A-ring이 B-ring보다 어둡고, 넓고 밝은 B-ring 안쪽으로는 보일 듯 말 듯한 C-ring이 존재하고 있다.

A-ring의 내부에는 엥케 간극(Encke Gap) 또는 엥케 Minima라는 틈이 하나 더 존재하는데, 이건 토성 관측이 익숙해지기 전까지는 그냥 잊어버리자. 관측 경험이 풍부한 베테랑들 사이에서도 관측이 가능한지에 대한 논란이 많은 구조이다.

보통 토성 관측 시 고리의 모양에만 집중하는 경우가 많은데, 토성은 목성과 같은 가스형 행성으로 그 본체에서도 줄무늬를 찾을 수 있다. 필자는 토성을 관측하고 스케치를 남기며 토성이 무채색의 명암뿐 아니라 다양한 색을 가지고 있음을 깨닫게 되었다. 상대적으로 밝고 노랑 계열의 색감을 띠는 고리에 비해, 본체는 조금 더 어두운 회색&갈색 톤으로

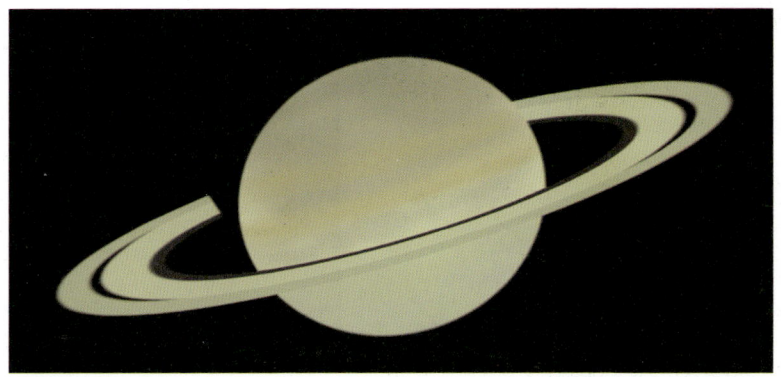

비슷하지만 다양한 톤 (조강욱, 2023)

보인다. 필자의 그림과 같이 다양한 색과 구조를 찾아보자.

 토성 관측의 또 다른 매력은 매년 그 고리의 모양이 바뀐다는 것이다. 지구별 관측자의 시선 방향을 기준으로 대략 15년을 주기로 그 고리가 누웠다 섰다를 반복한다. 고리가 많이 누워 있으면 그 고리의 디테일을 감상하는 맛이, 고리가 우리 눈과 평행을 이루면 또 그 나름의 날카로운 맛이 있다. 앞의 필자의 2020년과 2023년 토성 스케치를 비교해보면 고리가 3년간 많이 누운 것을 쉽게 확인할 수 있다.

 필자는 고등학교 시절부터 하늘의 별자리를 보기 시작했지만, 망원경이란 물건을 구경한 것은 대학교 입학 후 동아리에 가입하고 나서부터였다. 그런데 꿈에 부풀어서 선배가 토성이라고 보여준 별을 보니 고리가 보이지 않는 것이다.

 "이거 토성 아닌 거 같은데요?"

 "올해는 토성에 고리가 없어."

 아니, 토성에 고리를 누가 붙였다 떼었다 한다는 건가? 듣고서도 도

10년이면 강산뿐 아니라 토성도 변한다. (출처 : Alan Friedman 作)

저히 믿을 수 없는 얘기였는데, 공교롭게도 1996년은 토성 고리가 우리의 시선 방향과 거의 일치했던 시기였다. 나에게 처음 토성을 보여주었던 (거짓말쟁이로 몰린) 동아리 선배에게 이제라도 미안한 마음을 전하고 싶다.

관측 가능한 토성의 구조에 대한 필자의 글을 참조해보자.

화성에 낙서한 애 누구야?

별을 보는 사람들 누구에게나 사랑받는 토성과 목성에 비해 화성은 그다지 인기가 없다. 주의 깊게 보지 않으면 그냥 희미한 빨간 공 하나만 보일 뿐이다. 대충 봐도 고리가 보이고 줄무늬가 보이는 토성, 목성과는 너무나 다르다.

필자도 화성을 본격적으로 보기 시작한 것은 최근의 일이다. 이 글을 쓰기 몇 달 전에 화성이 지구에 아주 가깝게 다가왔기 때문이다.

평소에 별다른 구조를 보여주지 않았던 화성도 이때만큼은 본인의 맨얼굴을 아낌없이 보여준다. 지구와 화성은 태양을 공전하며 약 780일을 주기로 서로 가까워졌다 멀어졌다를 반복하는데, 화성 관측의 적기는 바로 이때이다. 최근의 근접일은 2025년 1월이었고, 다음 근접일은 2027년 2월, 2029년 3월, 2031년 1월이다.

화성 관측은 붉은색 공에서 크고 작은 얼룩을 찾는 일이다. 지구에서 보이는 각도에 따라 다음 페이지의 지형도와 같이 수많은 구조들을 볼 수 있는데, 입문 단계부터 이 지형들을 다 구분하여 익힐 필요까지는 없다. 그저 그 명암의 흐름이 어떻게 이어지는지 그냥 즐겨보는 것만으로도 충분하다.

그 아래 그림은 필자가 관측 중 스마트폰에 터치펜으로 그린 디지털 스케치다. 화성은 붉은색과 어두운 명암을 잘 표현해야 하는데, 이때 간단히 색 표현을 할 수 있는 스마트폰 앱을 활용하면 좋다.

이 외에도 행성은 아직 많다. 수금(지)화목토천해(명) 중에서 겨우 '화

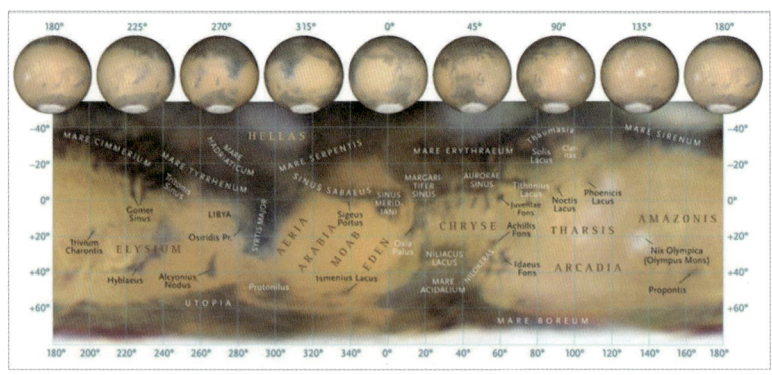

화성 지형도

화성 대접근. 갤럭시 노트에 터치펜으로 그린 스케치(조강욱, 2016)

목토' 세 개를 봤을 뿐이고, 그 외에도 혜성과 유성, 소행성들이 있지만 입문자를 위한 책인 여기서는 태양계 나머지 행성들의 관측은 생략하고자 한다.

하지만 하늘은 넓고 별은 매일 밤 떠오른다. 하루하루 별들과 만나는 날이 쌓이다 보면 자연히 접하게 될 것이니 급하게 생각할 것도 없다. 우선 가장 뜯어먹을 것이 많은 행성 세 개만 열심히 관측해보자.

산개성단
별의 길을 따라가보자

밤하늘에서 쪽수가 가장 많은 무리는 은하이지만, 너무 희미해서 보기 어려운 애들을 제외하면 가장 많이 찾아볼 수 있는 대상은 바로 산개성단이다.

하지만 산개성단을 주로 관측하는 사람은 그리 많지 않다. 보다 보면 다 그게 그거 같고, 맨땅이나 다를 바 없는 것도 많기 때문이다. 그러나 개체 수가 많은 만큼 볼 만한 대상도 많다는 사실!

산개성단의 관측 Point는 아래와 같이 크게 5가지 정도를 꼽을 수 있다.

- Star Chain
- 밀집도 & 크기
- 별 색 & 다중성
- Dark lane(암흑대)
- 성운기

Star Chain

산개성단을 잡아놓고 찬찬히 뜯어보다 보면 유난히 밝은 별들이 일렬로 서 있다거나 특정한 모양을 이루는 것을 볼 수 있는데, 이 모양을 Star Chain이라고 한다.

이 Star Chain을 찾아보는 것은 산개성단을 보는 제일의 기쁨이다.

모든 산개성단이 Star Chain을 가지고 있는 것은 아니다. 별이 적고 크기가 작은 산개성단은 Star Chain이 문제가 아니라 맨땅인지 아닌지 구분하여 검출하는 것만도 큰일인 대상들도 많다.

 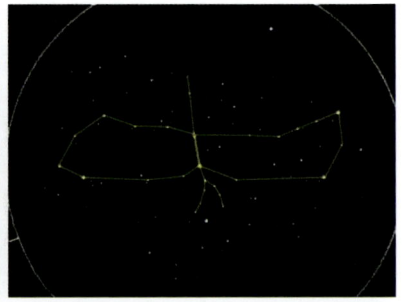

M 7의 K 모양과 M 6의 나비 모양(조강욱, 2016)

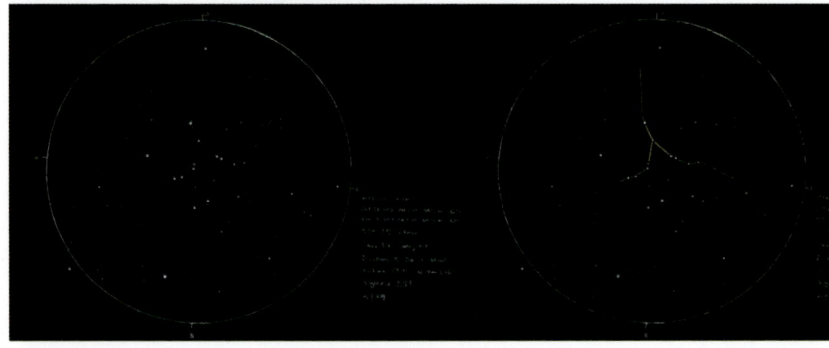

M 34의 중앙부 Y 자에서 이어지는 별들의 흐름(조강욱, 2013)

밀집도 & 크기

당연한 얘기지만, 밀집도가 높고 크기가 클수록 더 볼 만하다. 그동안 필자가 관측한 산개성단 중 이 둘(밀집도와 크기)을 가장 잘 만족시켰던 대상은 NGC 3532, 'Wishing Well(소원을 비는 우물)'이다.

맨눈으로도 보이는 엄청난 크기와 정말 소원 비는 우물 속의 동전들을 보는 것 같은 숨 막히는 밀집도는 가히 산개성단의 최고봉이다.

백문이 불여일견! 한 번 보면 해결될 의문이지만, NGC 3532는 용골자리의 에타카리나 성운(NGC 3372) 바로 옆에 있다. 다시 말해 남반구에 가서야 볼 수 있는 대상인 것이다. 언젠가 남반구로 천체관측 원정을 떠난다면 잊지 말고 보시기를 바란다.

산개성단은 M 44 프레세페성단, M 45 플레이아데스성단처럼 저배율 한 시야에도 담기 어려울 정도로 성기고 큰 놈들도 있지만, 대부분은 100배 전후 아이피스 시야에 적당히 들어오게 된다.

특성상 지구에서 가까운 아이들이 보이게 되고 별들이 성기게 모여

NGC 3532와 비슷한 느낌의 소원 비는 우물

필자의 NGC 3532 스케치(조강욱, 2017)

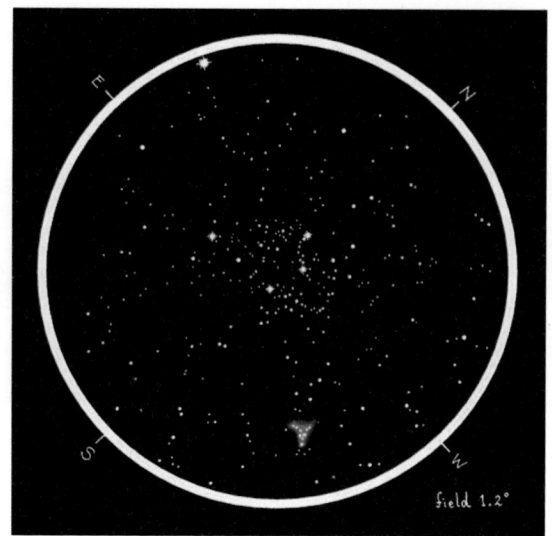

M 35 & NGC 2158 (윤정한, 2001)

있는 형상이라 다른 대상들처럼 고배율로 쪼개봐야 할 일은 많지 않다.

크고 밝은 산개성단 옆에 작은 산개성단이 같이 보이는 M 35 & NGC 2158, M 38 & NGC 1907 같은 커플의 경우는 강렬한 메시에 성단과 가냘픈 NGC 성단의 조화가 탄성을 자아낸다.

별 색 & 다중성

별은 무슨 색일까? 육안으로 보는 별의 90% 이상은 그냥 흰색으로 느껴질 것이다.

성단도 마찬가지. 깨알같이 모여 있는 별들은 밝기의 차이만 있을 뿐 그 색은 모두 백색 또는 약간의 청색 기운이 섞인 백색이다. 역설적으로, 그런 이유로 성단 중에 색깔이 튀는 별이 하나라도 있으면 더 눈에 띄고 아름답게 보인다.

색이 다른 별이 포함된 산개성단이 생각나지 않는다면 오늘부터 산개성단을 볼 때 각각의 별들의 색을 유심히 살펴보자.

앞의 NGC 3532처럼 아주 큰 남의 떡이 하나 더 있는데, 바로 남십자자리의 NGC 4755이다. 정가운데 위치한 오렌지색 별과 청색 별들의 조화가 눈부신, 그야말로 보석상자(Jewel box Cluster)이다.

내 마음의 보석상자 NGC 4755(NASA 천체사진 vs 필자의 관측 스케치)

M 103(박동현, 2014)

어차피 수많은 별들이 모인 산개성단이지만 그 안에서 딱 붙어서 빛나는 이중성을 보는 것 또한 색다른 즐거움이다.

겨울 밤하늘 최강의 성단 M 35는 그 화려한 Star Chain만으로도 충

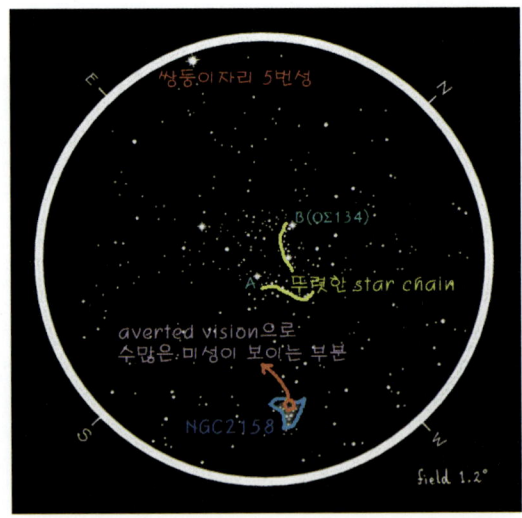

M 35의 감상 Point

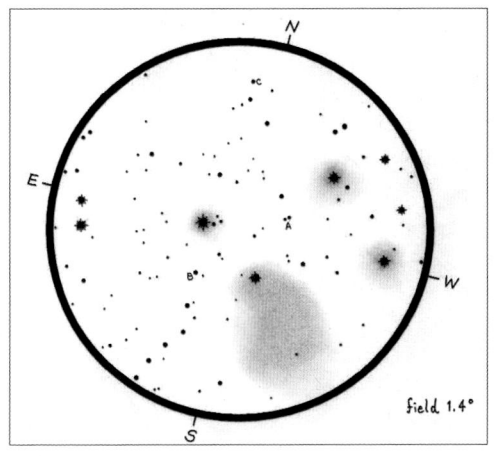

M 45, 플레이아데스성단(윤정한, 2001)

분히 감동적이지만, 그 Star Chain 끝자락에는 깜찍한 이중성을 품고 있다.

앞에서 본 윤정한 님의 M 35 스케치를 다시 보자. M 35 Star Chain의 끝자락에 위치한 B별은 Otto Struve 134라는 이중성이다. 이제 보이시는지? 아는 만큼 보인다는 진리를 다시 한 번 되새기며…^^

플레이아데스 7자매 중 한 아이도 다중성을 품고 있다. 위 윤정한 님 스케치에서 시야 중앙에서 약간 오른쪽에 위치한 밝은 별인 알키오네(Alcyone)를 자세히 보면 밝은 별 오른쪽에 딱 붙어서 보일락 말락 하게 작은 삼각형 모양이 보이는데, 바로 알키오네를 포함한 4중성이다.

물론 밝은 별이 많은 시원시원한 산개성단이 가장 멋있지만, 산개성단 안의 또 다른 별 무리를 뜯어보는 것도 쏠쏠한 재미가 있다.

Dark lane(암흑대)

산개든 구상이든, 은하든 성운이든, 평범한 대상을 비범한 분으로 만들어주는 마법의 조미료는 바로 Dark lane이다.

암흑대란 빛을 내지 않는 암흑성운이 별빛이나 가스를 가려서 존재를 드러내는 것으로, 대상 내부에 실제 존재하는 경우도 있고, 시선 방향으로 우연히 겹쳐 보이는 경우도 있으며, 때로는 대상 내부에 별이 존재하지 않는 부분을 암흑대로 착각하는 경우도 있다.

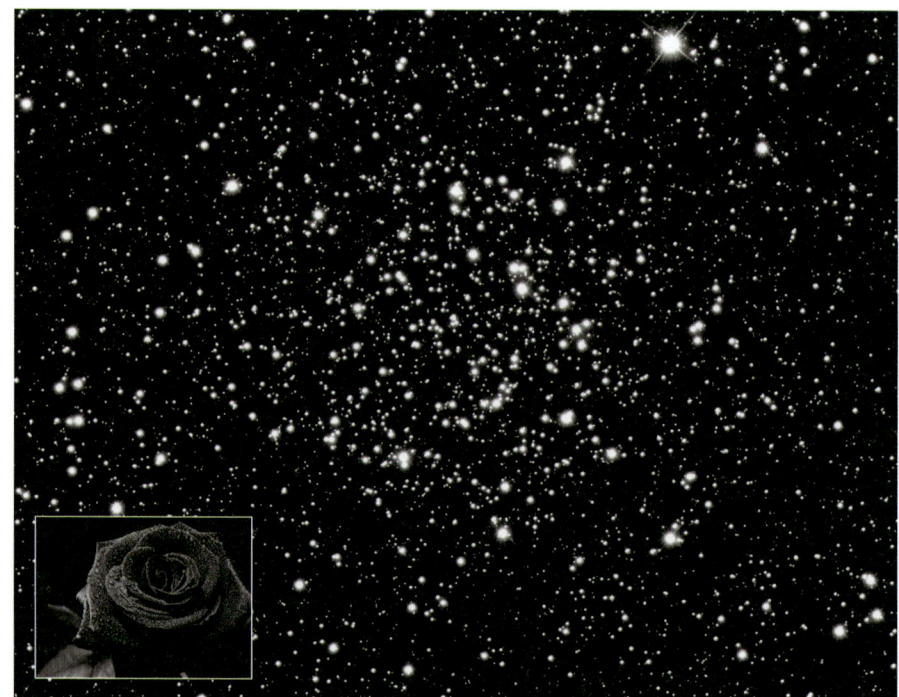

메시에 산개성단을 압도하는 NGC 산개성단 7789번

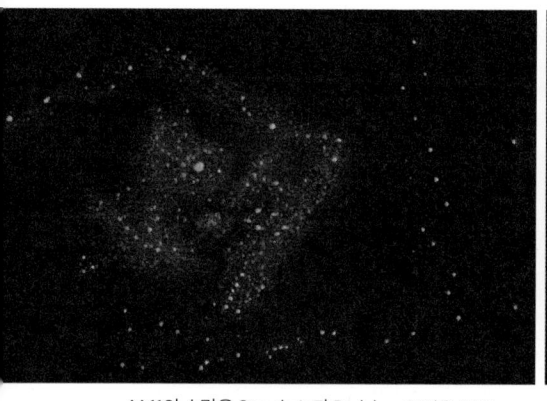 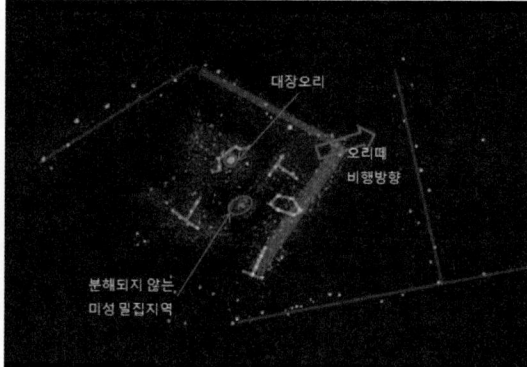

M 11의 수많은 Star chain과 Dark lane (조강욱, 2011)

산개성단의 Dark lane이라면 뭐니 뭐니 해도 NGC 7789가 아닐까? 같은 밝기의 별들이 희미하고 균일하게 넓게 퍼져 있는 이 연로하신 성단에, 그 별빛들을 차단하고 있는 여러 갈래의 암흑대가 마치 흑장미를 보고 있는 느낌이랄까. 실제 서양에서의 별칭도 Caroline's Rose이다(Caroline은 허셜의 여동생으로, NGC 7789의 최초 발견자이다).

산개성단의 밀집도가 아주 높지 않으면 성단 가운데 비어 있는 곳이 암흑성운 때문인지, 아니면 그냥 비어 있는 것인지 육안 관측으로는 알기 어렵기 때문에, 보통 Dark lane은 아주 밝고 크고 밀집된 산개성단에서만 뚜렷하게 느낄 수 있다.

그 또 하나의 예는 M 11이다. 성단을 둘러싸고 있는 여러 갈래의 암흑대가 대상 자체의 성운기와 잔별들을 가려서 기하학적이면서도 기괴하기까지 한 모양을 만들어낸다.

성운기

 M 11을 잘 보고 있으면 앞의 스케치와 같이 뚜렷한 암흑대와 함께 밝은 별들 주위로 뿌연 성운기를 느낄 수가 있다. 공식적인 성운+성단 복합체도 아니고, 이건 무얼까? 이것은 그냥 광축이 잘 안 맞아서 별상이 번진 것일까, 아니면 진짜로 밝은 별 주위의 성운기를 보고 있는 것일까?

 알 수 있는 방법은 아주 간단하다. 성단을 벗어난 주위의 비슷한 밝기의 별들도 그런 성운기가 보이는지 확인해보면 된다.

M 52 (조강욱, 2012)

M 47 중심부 (조강욱, 2016)

 밝은 별 앞의 성운기는 많은 산개성단에서 확인할 수 있는데, 필자는 M 29를 관측하고 스케치하면서 특이한 경험을 하게 되었다. 작은 성단의 가운데 밝은 별 8개 중 중앙 위쪽의 딱 한 개만 성운기가 없는 것이다. 이건 대체 뭘까? 잘 찍은 천체사진을 찾아봐도 단서가 될 증거는 찾지 못했다.

성단 관측의 큰 매력 중 하나는 사진으로 만나는 모습과는 전혀 다른 모습으로 보여진다는 것이다.

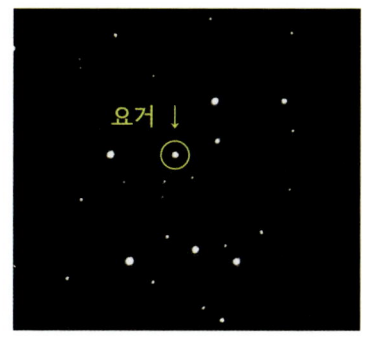

M 29 중심부(조강욱, 2013)

필자가 추천하는 Top 5 산개성단

순위	대상	별칭	위치	특징
1	NGC 3532	Wishing Well	남천	우주 최강의 압도적인 크기와 밝기
2	NGC 869 & 884	이중성단	가을	밝은 두 성단이 한 시야에 들어옴
3	M 11	오리 떼의 비행	여름	대장 오리를 중심으로 3D로 보임
4	NGC 7789	흑장미	가을	자잘한 별들 사이로 암흑대의 향연
5	M 35	소금과 후추	겨울	수많은 겨울철 산개성단 중 최고

구상성단
모든 구상성단은 특별하다

구상성단은 입문자는 물론이고 어느 정도 관측 경력이 쌓인 분들도 큰 매력을 느끼지 못하는 경우가 많다. 메시에 구상성단이 무려 5개나 있는 뱀주인자리가 '텅텅 빈 곳'으로 인식되고, 메시에 완주의 가장 마지막까지 남는 것도 비슷한 이유이다.

왜 그럴까? '구상성단은 크기와 밝기만 차이 날 뿐, 다 그게 그거'라는 생각 때문이다. 그러나 적어도 메시에 구상성단만큼은 (당연하지만) 제각기 구분되는 고유의 특징을 가지고 있다.

다음 페이지의 이미지는 봄철의 대표적인 구상성단인 메시에 3번(M 3)의 사진과 스케치이다. M 3의 사진에서는 수많은 별들이 깨알같이 모인 모습을 볼 수 있지만, 사진만 보고서 "이게 M 3이야" 하고 자신 있게 얘기할 수 있는 사람은 많지 않을 것이다.

오른쪽 스케치는 천체 스케치의 일인자 윤정한 님이 10인치 망원경으로 보고 그린 그림이다. 물론 사진에 비해서는 눈으로 볼 수 있는 별의 개수가 현격하게 차이가 나지만, 이 안시 스케치에는 사진에서 찾을

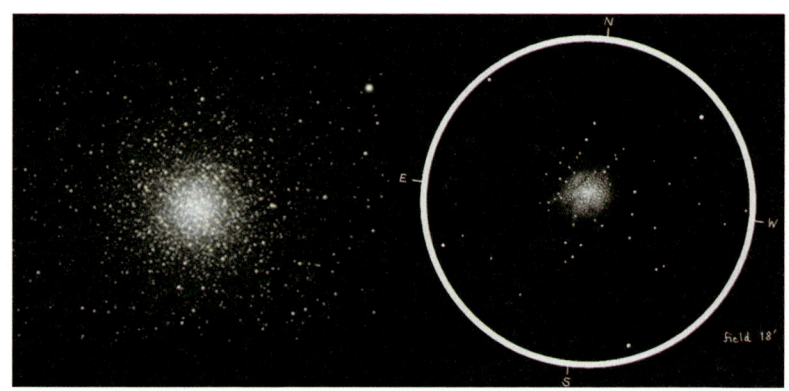

M 3, 사진 vs 안시(윤정한, 2003)

수 없는 독특한 특징이 가득하다. 잘 보이지 않는다면 아래 구조 설명을 참조해보자. 북쪽 방향으로 두 줄기의 밝은 Star Chain이 보이고(파란색 선), 성단 남쪽으로는 쥐가 파먹은 듯 별이 드문 영역이, 동쪽에서 북쪽 방향으로는 Dark lane이 고속도로처럼 뚫려 있다.

이제 이 관측 Point를 생각하며 위의 스케치 원본을 보면 놀랍게도 그 구조들이 잘 보일 것이다. 그리고 다시 왼쪽의 천체사진을 보면? 그 섬세한 구조들은 수많은 별들에 묻혀서 검출이 불가능해진다.

구상성단 관측의 매력은 같은 대상을 찍은 사진과는 전혀 다른 모습, 수많은 잔별들에 가려져 있던 미세한 구조들을 볼 수 있다는 것이다.

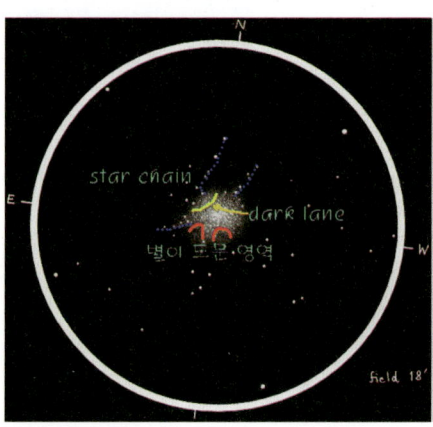

구상성단계의 종합 선물 세트, M 3의 주요 구조들

크기 & 밝기

망원경으로 구상성단을 관측하면 처음 보이는 모습은 뿌연 공일 뿐이다. 희미하게 보이는 구형, 그래서 이름도 구상성단인 것이다.

반짝반짝하고 빛나는 산개성단들에 비해 희멀건 애들은 딱 봐도 늙어 보인다. 이 어르신들은 은하 생성과 비슷한 시점에 만들어진 분들이니 상당히 연로하신 것이 맞다. 그래서 쨍한 산개성단에 비해서는 한참 공을 들여서 봐야 특징들을 잡아낼 수 있다.

가장 쉬운 특징은 물론 크기와 밝기이다. 사실 아무 생각 없이 구상성단 애들을 보면 볼 것이 이것밖에는 없다. 큰 공, 작은 공, 밝은 공, 어두운 공….

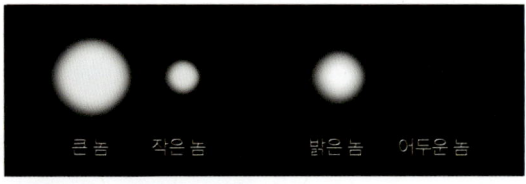

성단의 규모와 거리에 따라 크고 작게, 밝고 어둡게 보이는 것을 찾을 수 있겠지만, 여기서 관측을 멈춘다면 구상성단만큼 재미없는 대상도 없을 것이다.

분해 정도 : 어디까지 가봤니?

 광해가 적은 관측지에서 조금 더 큰 망원경으로, 조금 더 좋은 시상에서 관측을 한다면 그 아득하기만 한 멀리 있는 솜뭉치는 하나씩 깨알 같은 별들로 분해되며 자신의 속살을 드러낸다.
 Deep-sky의 여느 대상들이 그렇듯 구경은 크면 클수록 좋지만, 대략 8~10인치 이상이면 대형 구상성단부터 분해의 기쁨을 누릴 수 있다. 분해 정도는 성단의 밀집도와도 큰 연관이 있는데, 빽빽하게 모여 있는 성단보다는 그 밀집도가 낮은 아이가 분해 가능성이 훨씬 높다. 또한 성단 주변부까지는 어지간한 메시에 구상성단들은 분해가 가능하지만, 중심부까지 속속들이 별들로 분해하여 관측할 수 있는 대상은 많지 않다.
 맑은 날, 10인치 이상의 망원경으로 헤라클레스자리의 M 13을 보면 성단의 중심부까지 완벽하게 개개의 별들로 분해되는 믿기 힘든 장관을 목격할 수 있다.
 필자는 M 13, M 4, M 5, NGC 5139, NGC 104 등에서 '성단 중심까지 깨알 같은 별들로 분해되어 보이는' 모습을 관측했는데, 분해 정도가 높으면 높을수록 감탄사는 그에 비례해서 점점 더 커지게 된다.
 다음 페이지의 사진과 스케치는 보는 순간 "오메갓!" 하고 탄성을 지르게 만드는 오메가 센타우리로, 너무나 쉽게 모든 것을 개개의 별들로 분해해서 볼 수 있다(단, 우리나라에서 볼 수 없다는 것이 함정). 북반구 구상성단의 최강자 M 13도 강원도급 하늘에서 12인치 이상의 망원경으로 관측하게 되면 더 이상 구상성단이 아니라 '별 많은 산개성단'으로 오인(?)할 정도이다.

NGC 5139, 오메가 센타우리(이건호, 2010)

NGC 5139, 오메가 센타우리(조강욱, 2017)

Star Chain

연세가 100억 년씩 된 구상성단에 Star Chain이나 성운기가 있을 리가 만무한데, 실제로 Star Chain은 구상성단 관측 시 자주 볼 수 있는 구조이다. 그것도 성단 내부와 외부를 가리지 않고 말이다. (사실 Star Chain은 사람의 눈과 머리가 만드는 것이다. 밤하늘의 서로 관계없는 별들을 사람의 생각으로 별자리로 만드는 것과 유사하다.)

우선 성단을 관통하는 체인 모양의 별 무리가 유명한 M 4를 보자.

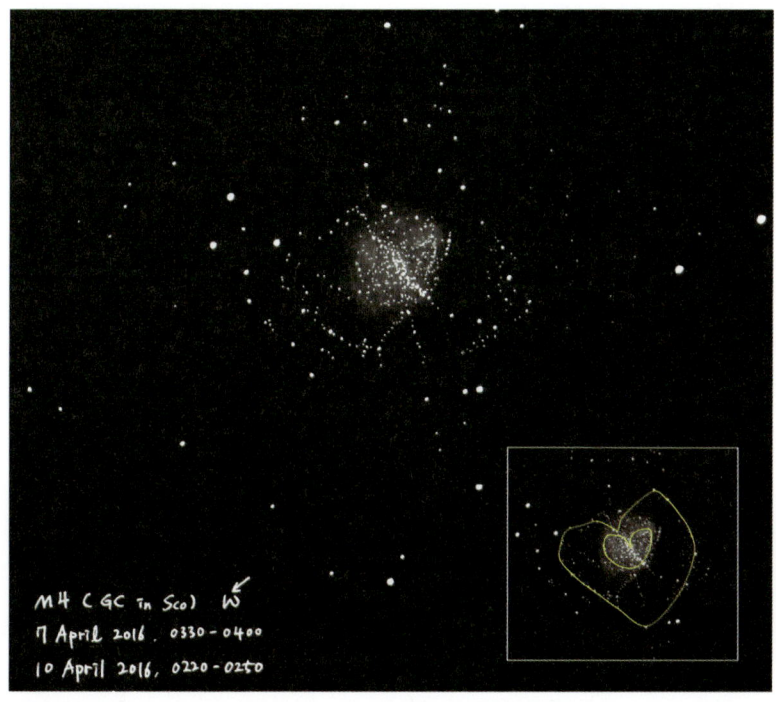

전갈자리의 하트 성단 M 4(조강욱, 2016)

성단의 중심을 남북으로 관통하는 Inner Star Chain이 성단 외부까지 이어지며(Outer Star Chain) 커다란 하트 모양을 연상케 한다.

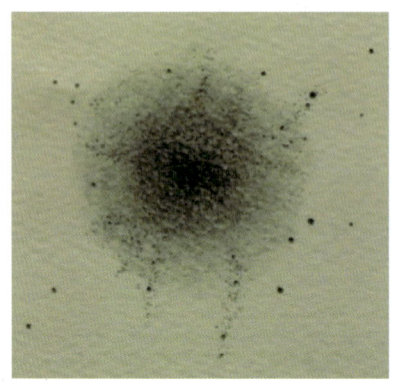

M 2, 꽃게의 집게발에 주목!(조강욱, 2014)

가을 하늘에서 가장 밝은 구상성단인 M 2는 Outer Star Chain이 발달하여 '꽃게 성단'이라고도 불린다.

거문고자리 M 56 구상성단은 하늘나라에서 자리를 잘못 잡은 죄로 근처의 고리성운에 모든 관심을 빼앗긴 채 쓸쓸히 살고 있는 분으로, 성단 내부의 V자 모양 Inner Star Chain이 성단 외부의 Outer Star Chain과 절묘하게 결합되어 거대한 V자 모양을 이루고 있다.

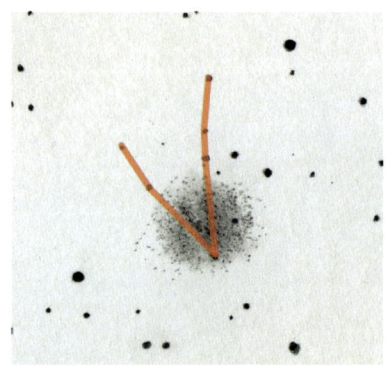

M 2, 꽃게의 집게발에 주목!(조강욱, 2014)

자리 잘못 잡아 고생하는 흙 속의 진주와 같은 구상성단을 하나 더 소개하자면, 헤라클레스자리 M 13 옆에 있는 M 92이다.

M 92 중심부의 Star Chain들을 쭉 연결해보면 대략 아래와 같은 모습이 되는데, 필자는 볼 때마다 오른쪽의 이모티콘이 생각난다.

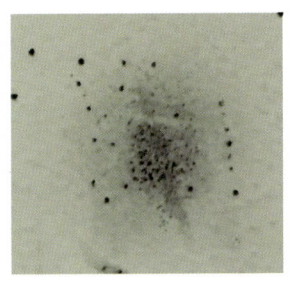 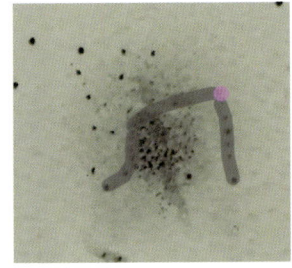 

M 92, 여고생 성단(조강욱, 2013)

Dark lane : 너는 첫판부터 밑장 빼기냐?

연로하신 구상성단에서 별의 탄생과 관련 있는 암흑성운이 있을 리는 없다. 구상성단에서 보이는 Dark lane이 무엇인지 아직 명확히 밝혀진 바는 없지만, 아직까지는 전혀 관계없는 암흑성운 조각이 시선 방향으로 겹쳐 보이는 것이거나 성단 내의 어두운 부분이 밝기 대조로 두드러져 보이는 것으로 추정하고 있을 뿐이다.

구상성단의 암흑대가 밑장 빼기든 착시 현상이든 진짜 있는 것이든 간에, 실제로 구상성단의 Dark lane 관측은 구상 관측의 백미라고 할 수 있다.

로스 경의 프로펠러
(Rosse's Propeller, 1850년대)

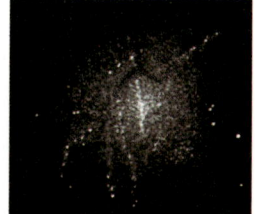

강욱's 벤츠(2012)

구상성단 암흑대(Dark lane) 중 가장 유명한 M 13부터 보자. 이 벤츠 로고 또는 Y 자 모양은 구경병(Aperture Fever)의 조상님인, 19세기 아일랜드 로스 경의 스케치에서도 볼 수 있다.

근데 하나 의아한 것은 로스 경의 스케치에선 성단 정중앙을 장대하게 지나가는 암흑대를 볼 수 있는 데 반해 현대의 관측자들은 한 귀퉁이에서 암흑대를 찾는다는 점이다.

저 앞에서 본 구상성단의 종합 선물 세트인 M 3에서도 검은 고속도로를 찾을 수 있고, 여름 밤하늘의 거대 구상성단 M 22도 몇 줄기 암흑대를 가지고 있다.

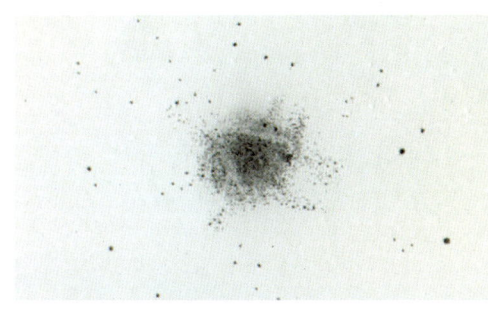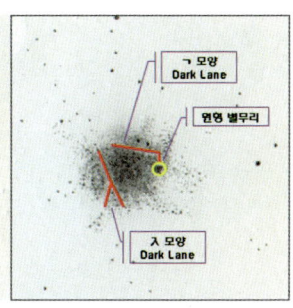

궁수의 심장, M 22(조강욱, 2011)

필자가 추천하는 Top 5 구상성단

순위	대상	별칭	위치	특징
1	NGC 5139	오메가 센타우리	남천	하늘에서 가장 밝고 가장 큰 구상성단
2	M 22		여름	여러 갈래 암흑대에 빠져든다.
3	M 13	헤라클레스 성단	봄	성단 전체가 속속들이 분해됨
4	M 5		여름	중심→주변으로 균일하게 밀도 감소
5	M 30		가을	어지럽게 얽혀 있는 아름다운 Chain

성운
복잡 미묘한 밤하늘의 별구름

성운은 사진의 화려함과는 반대로 안시관측으로 제대로 보기가 가장 어려운 종류의 대상이다. 사진은 장시간의 빛의 축적으로 광량을 확보할 수 있지만, 대체로 면적이 넓고 표면 밝기가 낮은 성운들은 제대로 위치를 잡아놓아도 주변시를 쓰지 않으면 육안으로 그 본래 모습을 보기 어려운 경우가 많다.

하늘에 떠가는 구름의 모양이 다양하듯 성운들의 모양도 제각각이고, 그 출신 성분에 따라 관측 방법도 모두 다르다.

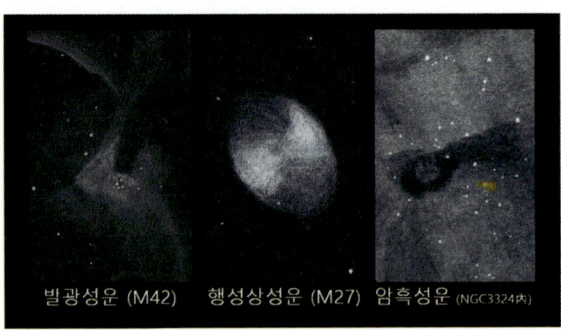

빌광성운 (M42)   행성상성운 (M27)   암흑성운 (NGC3324內)

발광성운

성단과 성운 관측에서 가장 큰 차이는, 성단은 사진과 전혀 다른 모습으로 보이는 데 반해 성운은 사진에서 보이는 구조들이 제대로 보이는지 계속 맞춰보는 것이 필요하다는 점이다.

M 8 석호성운(조강욱, 2016)

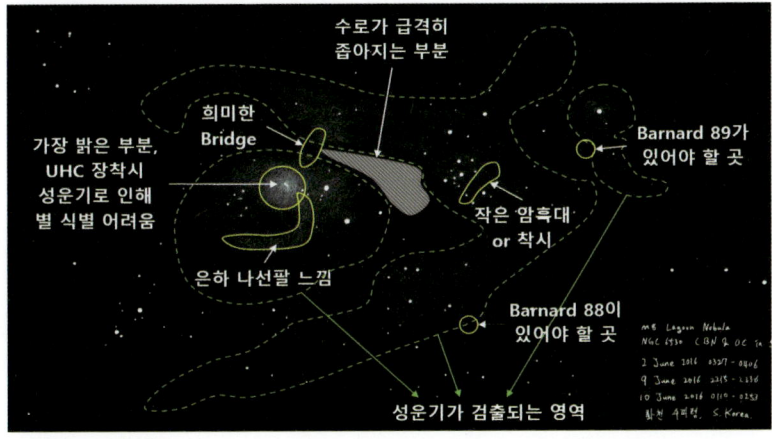

석호성운 관전 포인트

화려한 천체사진을 보며 기대감에 부풀었다가, 아이피스를 통해 보이는 건지 아닌지 희미한 성운기를 보면 실망감이 몰려올 수도 있다. 하지만 여기서 포기하기엔 이르다. 챕터 B에서 배운 주변시를 쓰는 순간, 그 성운은 여러분께 숨겨놓았던 속살을 한 꺼풀 더 보여줄 것이다.

주변시, 주변시, 주변시!

하나만 예를 들어보자. 궁수자리의 밝은 성운인 M 8 석호성운의 경우, 처음 아이피스에 눈을 대보면 성운 중앙의 가장 밝은 부분만 눈에 들어온다. 하지만 적당한 사진을 미리 프린트하여 현장에서 대조하면서 주변시로 계속 탐문 수사를 하다 보면 점점 더 많은 구조들이 눈에 들어오게 되고, 이렇게 발견한 구조들은 한 번 찾기가 어렵지 그 이후로는 귀찮을 정도로 잘 보이는 기적을 경험할 수 있다.

치트키를 써봅시다 ① : UHC 필터

보이는 것도 아니고, 안 보이는 것도 아니고… 이렇듯 보는 사람을 감질나게 하는 성운 관측을 좀 더 시원하게 할 수는 없을까?

성운 관측에서 주변시 활용만큼 중요한 것은 특정 대역의 파장만을 투과시켜주는 필터의 적

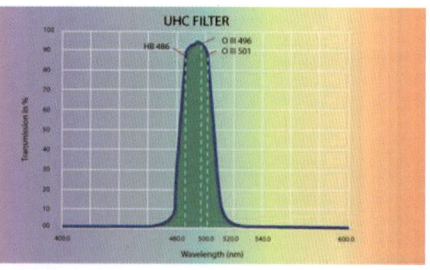

성운 관측의 마법, UHC

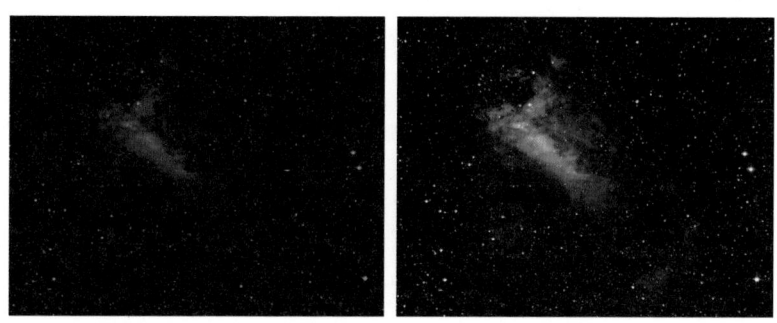

UHC 사용에 따른 M 17 오메가 성운의 Before & After

절한 활용이다. 특히 성운 관측에서는 청색 계열 파장의 투과율이 높은 UHC(Ultra High Contrast) 필터를 범용적으로 사용한다. 얼마나 효과가 있는지는 대상마다 차이가 있는데, 대부분의 성운들은 UHC 등의 성운 관측용 필터를 쓰는 순간 본인 몸집을 두 배 이상 불리는 둔갑술을 쓴다.

행성상성운

성운은 하늘의 구름 같은 아이들이라 생긴 것이 모두 제 마음대로인데, 그중에 유일하게 일정한 형태로 보이는 종류는 행성상성운이다. 이들은 그 이름(Planetary nebula)과 같이 행성처럼 원형으로 보인다.

대체적으로 그 크기는 발광성운에 비해 매우 작지만 그 자체의 표면 밝기가 밝아서 뜯어볼 것이 많다.

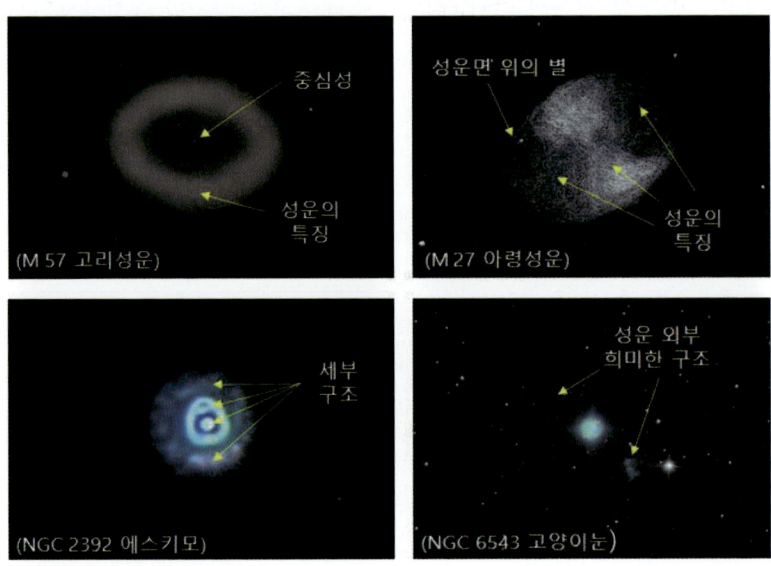

행성상성운의 주요 인상착의

주요 관측 Point

여기 몇 가지 대표적인 행성상성운의 관측 포인트를 위의 자료 사진에 명시해보았다. 중심성, 성운의 전체적인 특징, 성운면 위의 별, 세부 구조, 성운 외부의 구조 등 대부분의 행성상성운에서 관측할 수 있는 구조들은 비슷한 특징이 있다.

배율을 올려라! 팍팍!

앞의 구조들이 그리 만만하게 보이는 것들은 아니다. 행성상성운은 일반적인 성운, 성단에 비해 매우 작기 때문이다. 하지만 행성상성운(이름이 너무 길어서 Planetary nebula의 약자인 PN이라 부르는 경우가 많다)들은 작은 대신 표면 밝기가 높아서 고배율 관측에 유리하다.

고리성운이나 아령성운같이 아주 밝고 큰 행성상성운의 경우는 저배율로도 잘 볼 수 있지만, 앞에 예시한 대상 중에 아래 두 개, 에스키모 성운과 고양이눈 성운의 미묘한 구조는 배율을 올릴수록 더욱 잘 드러난다. 본인이 가지고 있는 최고 배율의 아이피스를 적극 활용해보자.

치트키를 써봅시다 ② : OIII필터

발광성운에 UHC가 잘 맞는다면, 행성상성운의 짝꿍은 OIII 필터이다. OIII는 UHC보다 더욱 좁은 대역의 파장만을 통과시키는 행성상성운 전용 필터로, 정확한 위치를 찾았는데도 아무것도 없는 맨땅이라면 OIII 필터가 해결해줄 수 있다.

행성상성운의 단짝 친구

다만 OIII 필터가 해결해줄 수 없는 것이 하나 있는데, 협대역(Narrow

band) 필터이다 보니 별빛까지 같이 감소되어서 성운 자체는 뚜렷해지지만 배경 별들은 밝기가 많이 감소하거나 백색이 아닌 어두운 녹색으로 그 고유의 색이 변하게 된다. (필자는 아이피스에서 보이는 깨알 같은 영롱한 별빛을 좋아하는 관계로 OIII 필터를 그리 애용하지 않는다.)

암흑성운

다른 별이나 성운의 앞을 가로막아서 존재를 드러내는 암흑성운은, 그 배경이 되어야 할 별들이 아주 많이 보여야지만 그 존재를 드러내기에 역설적으로 구경을 하기 쉽지 않다. 육안으로도 깨알같이 많은 별이 보이는 날, 가장 별이 많은 영역인 은하수 안에서, 그중에서도 가장 밝은 (아니, 가장 깜깜한) 몇 가지 대상을 찾아보자.

배율 선정에 유의하자

배경에 별들이 많아야 하므로, 행성상성운과 달리 암흑성운은 가능한 한 가장 낮은 배율로 보아야 그 존재를 더욱 확실히 찾을 수 있다. 필자는 주로 50배 전후의 배율로 암흑성운을 관측한다.

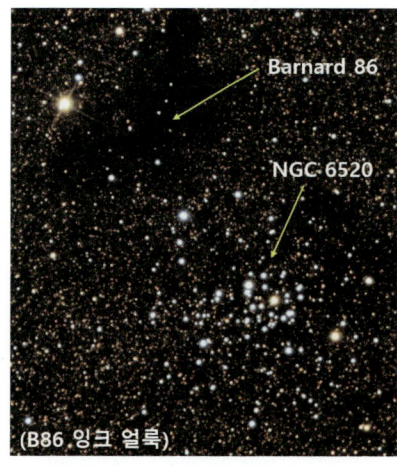

암흑성운의 양대 산맥, 잉크와 호수

입문 단계의 관측자에게 암흑성운은 결코 쉽지 않은 도전이다. 부디 큰 기대는 하지 말고, 우선 마음을 비우고 여름밤의 가장 밝은 두 가지 암흑성운을 찾아보자. 메시에목록에는 암흑성운이 없으나, 암흑성운 모음인 Barnard 목록으로 찾아볼 수 있다(성도에 'B'로 표시되어 있다).

가장 검출이 쉬운 암흑성운은 Barnard 86 잉크 얼룩 성운으로, 작은 산개성단인 NGC 6520과의 흑과 백의 대조가 절묘한 아름다움을 선사한다. 필자는 궁수자리 M 24 내부에 있는 Barnard 92를 가장 좋아한다. 은하수의 가장 짙은 부분, 그 깨알 같은 별들 사이에 자리한 검은 호수와, 그 호수 위에 떠 있는 12~13등급의 별들로 이루어진 작고 하얀 섬들의 조화란!

필자가 추천하는 Top 5 성운

순위	대상	별칭	위치	특징
1	M 42 & M 43	오리온 대성운	겨울	백문이 불여일견
2	M 17	오메가 성운	여름	검은 호수의 오리 한 마리
3	M 57	고리성운	여름	언제 어디서나 잘 보임
4	M 46 & NGC 2438		겨울	산개성단 + PN 복합체 우주 최고의 컬래버레이션
5	M 27	아령성운	여름	먹다 버린 사과? 먹기 전 사과!

은하
멀리 있어서 아름답다

은하는 안시관측을 하는 사람들에게 가장 인기가 많은 대상이다. 잘 만 보면 장시간 노출로 찍은 사진과 비슷한 수준으로 관측할 수 있고, 각각의 은하마다 각기 다른 고유한 특징들을 확인할 수 있기 때문이다.

그리고 은하는 무엇보다 멀리 있다. 우리은하 안에서 보이는 성운, 성단을 넘어서 다른 은하들을 보는 것이니 말이다.

필자는 수많은 대상의 종류 중에서 은하를 가장 사랑한다. 그 아이들이 멀리 있기 때문이다. '멀리 있는 것이 아름답다'는 진리의 말씀을 기억하자.

은하 형태별 분류

은하는 그 형태에 따라서 다음 페이지의 허블 분류표와 같이 나뉜다. 타원(Elliptical)은하는 그 장·단축의 비율에 따라 E0~E7까지 나뉘고, 나선은하(Spiral)는 막대가 있는지 여부에 따라 정상나선(Normal Spiral)은하와 막대나선(Barred Spiral)은하로 구분하며, 나선팔이 얼마나 단단히 묶여 있는지에 따라 소문자 a~c로 나타낸다.

예를 들어 Sc형 은하는 나선팔이 많이 풀려 있는 나선은하이고, SBa형 은하는 나선은하(S)인데 막대(B)가 있고 그 막대에서 나선팔이 잘 묶여서 돌아가는(a) 형태인 것이다.

마지막으로 타원은하도 나선은하도 아닌, 그 형태의 특징을 찾을 수 없는 은하는 불규칙(Irregular)은하라 하고 'Irr'이라는 기호를 쓴다.

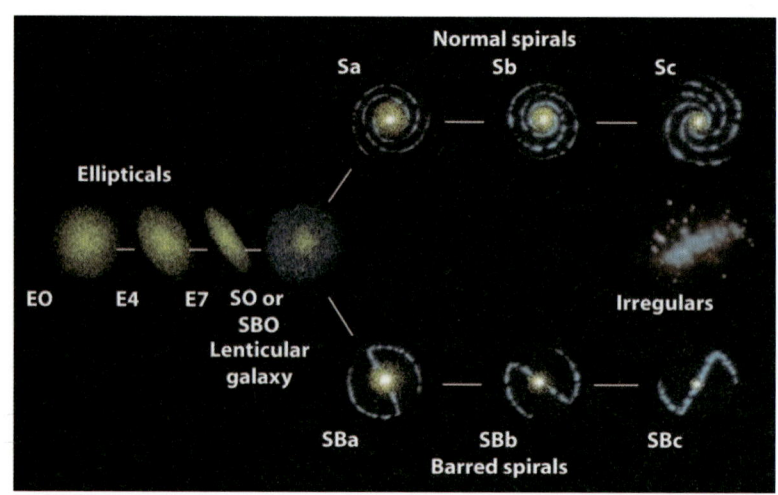

에드윈 허블의 은하 분류

천체관측의 측면에서 은하를 구분하는 법은 한 가지가 더 있는데, 우리가 서 있는 지구로부터의 시선 방향에 따라 정면이 보이면 Face-on(정면) 은하, 측면이 보이면 Edge-on(측면) 은하라고 한다.

Face-on 은하 (M83) — 은하의 정면이 보인다
Edge-on 은하 (M104) — 은하의 측면이 보인다

    Face-on 은하는 은하의 역동적인 나선팔을 잘 볼 수 있어서 멋지긴 하지만, 대체적으로 표면 밝기가 낮아서 그 나선팔이 휘돌아가는 모습을 시원하게 보기는 어려운 경우가 많다. 반대로 Edge-on 은하는 정면 은하보다 표면 밝기가 높아서 훨씬 더 잘 보인다. 또한 나선팔을 보기 어려운 대신 은하 측면의 멋진 암흑대와 헤일로(halo, 은하 원반의 주위를 둘러싸는 구 모양의 영역)를 관측할 수 있다.

주변시, 주변시, 오직 주변시!

유명한 밝은 은하 안드로메다(M 31)나 부자 은하(M 51)를 본다 해도 아이피스로 처음 본 순간에는, 기대하지 않았던 희멀건한 솜뭉치밖에는 볼 수가 없다. 은하는 다른 대상들보다 훨씬 멀리 있기 때문이다. 여기서 실망하고 멈춘다면

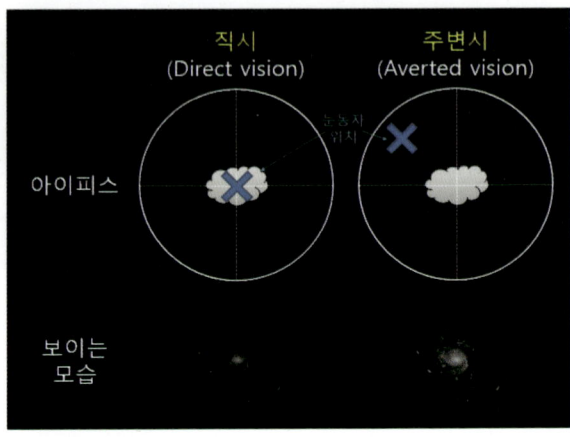

우리의 필살기, 주변시

은하 관측의 깊은 즐거움은 영원히 누릴 수 없을 것이다.

그러나 우리에겐 전가의 보도, 주변시(Averted vision)가 있다. 은하를 볼 때는 어떠한 경우를 막론하고 주변시를 100% 활용해야 한다. 성운류도 비슷하지만, 그냥 아무 생각 없이 직시(Direct vision)로 봐도 잘 보이는 오리온 대성운 같은 아이는 은하 세계엔 없다.

주변시가 무엇이었는지 어렴풋하게만 기억이 난다면, 챕터 B의 주변시 내용을 다시 숙지하며 내 눈의 막대세포를 다시 각성시켜보자.

특히 표면 밝기가 어두운 Face-on 은하를 관측할 때 그 마법에 가까운 효과는 더욱 빛을 발할 것이다.

딱 5분만 시간 좀 내주세요

사람 사이의 만남에는 처음 몇 초의 첫인상이 중요한 작용을 하겠지만, 은하만큼은 다르다. 볼수록 매력적인 것이 바로 은하인 것이다(이건 성운도 마찬가지다). 본인 눈의 주변시 Point를 잘 맞출수록, 그리고 암적응이 더욱 깊어질수록 은하는 관측자의 노력에 감복하여 점차 자기의 진짜 모습을 한 꺼풀씩 서서히 보여주게 된다.

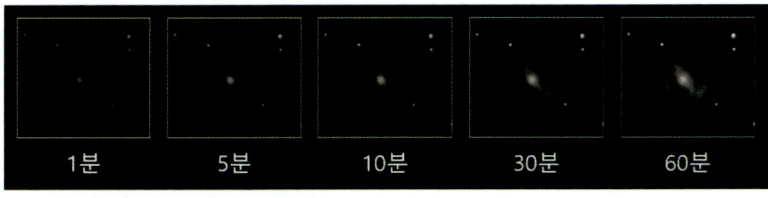

투자한 시간과 대상의 디테일은 정비례한다.

집에서 준비한 관측 Point를 떠올리며, 보여야 할 구조를 연상하면서 집중하여 관측을 이어나가면 안 보이던 구조들이 슬며시 떠오르게 되는데, 이 시점은 관측 시작 후 대략 5분여가 흐른 이후이다. 그리고 10분, 15분 이어질수록 더 많은 구조를 관측할 수 있게 되지만, 사실 사람의 집중력에는 한계가 있어서 집중력을 유지하며 희미한 솜뭉치를 20분 이상 관측하기는 쉽지 않다. 1시간을 보면 또 다른 모습을 볼 수 있는데 말이다. 그 방법은 챕터 D '천체 스케치 : 안시관측의 왕도' 편에서 자세히 다룰 예정이다.

우선은 어떤 대상이 되었든 5분 이상 관측하는 습관부터 들이도록 하자!

별보기의 첫 번째 기적, 아는 만큼 보인다

별을 보며 체험할 수 있는 기적 중 단연 첫 번째는 앞에서도 언급한 바와 같이 '아는 만큼 보인다'는 것이다. 다른 대상보다도 성운과 은하를 볼 때 특히 재현이 잘 되는 기적이다.

야간비행 홈페이지의 '밤하늘의 보석'이나 『Night Sky Observer's Guide』의 정보, 별하늘지기나 야간비행의 관측 기록을 참조하여 최대한의 관측 준비를 해보자. 그런데 은하 관측을 준비하다 보면 생소한 용어들을 많이 접할 수 있다. Nucleus, Halo, Core… 우선 정리가 필요한 이것들부터 시작해본다.

아래 그림은 필자의 스케치에 설명을 덧붙인 것이다. 각 구조의 명칭

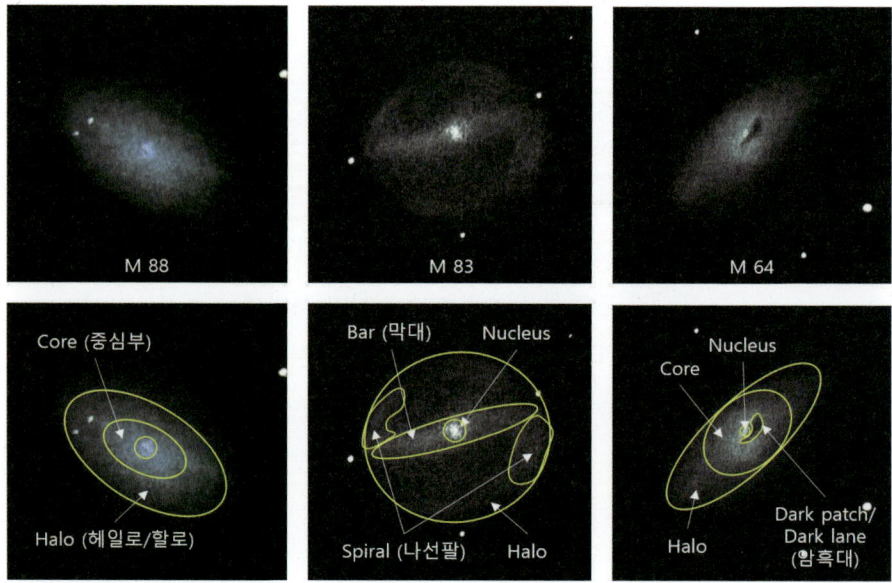

은 다양한 용어로 쓰이는데, 그중 많이 사용되는 용어들을 표시했다.

은하 핵, Nucleus는 또렷한 별처럼 보이는지, 부은 별처럼 보이는지에 따라 Starlike nucleus(별상핵)와 Unstarlike nucleus로 나뉜다. 암흑대는 Dark patch, Dark lane, Dark nebula 등 다양한 이름으로 불리는데, 일반적으로 검은 띠를 이루는 경우는 Dark lane, 검은 천 조각처럼 보이는 경우는 Dark patch라고 한다(통일된 기준은 없다).

연습 문제를 좀 더 풀어보자(하단 그림 참조). 이 정도의 기본 용어만 알고 있어도 국내외 자료를 참조하여 관측 준비를 하고, 전 세계의 별쟁이들과 소통하기에는 충분하다.

은하들은 멀리 있다. 가깝다고 해야 200만 광년, 조금 멀리 있는 애들은 수천만 광년을 쉽게 넘어간다. 이 아이들이 쉽게 보이지 않는 것은

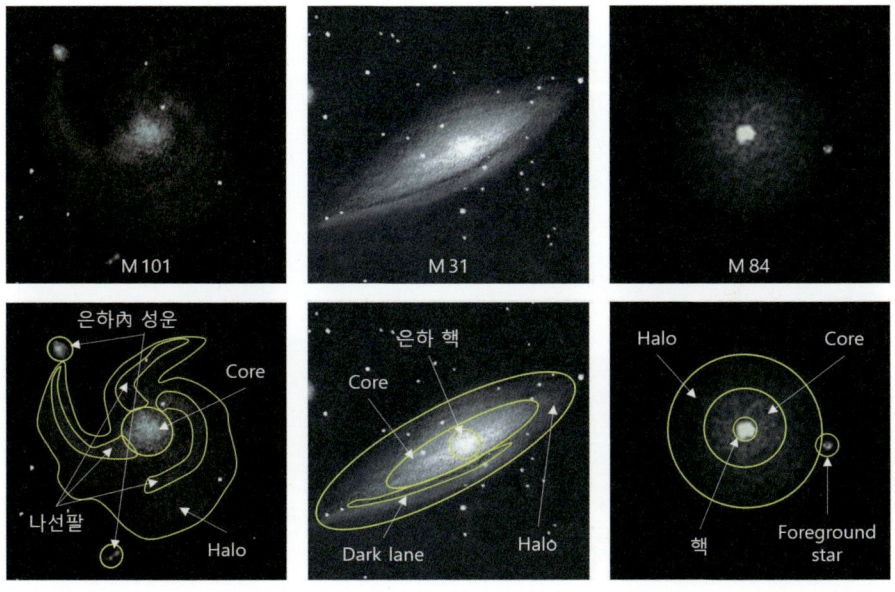

당연한 일이다.

하지만 은하 관측의 매력은 시간과 노력을 투자하여 보면 볼수록 더 잘 보이고, 때에 따라서는 사진과 거의 동일한 수준으로 볼 수 있다는 것이다(사진보다 잘 보인다면 그건 거짓말!).

관측 준비, 주변시, 관측 시간, 집중력…. 멀리 있는 것이 아름답다. 그 멀리 있는 아름다움을 내 것으로 만들어보자.

필자가 추천하는 Top 5 은하

순위	대상	별칭	위치	특징
1	NGC 4565	Needle Galaxy	봄	은하를 관통하는 날카로운 암흑대
2	LMC	대마젤란 은하	남천	은하 내부의 수많은 성운, 성단들!
3	M 51	부자은하	봄	역동적인 나선팔로 이어진 부자지간
4	NGC 253	Silver Coin	가을	가을 하늘의 가장 멋진 은하
5	M 31	안드로메다 은하	가을	밝고 크긴 하지만 그다지 멋은…

태양
지금 보는 모습은 다시 볼 수 없다

달부터 태양계의 행성들을 지나 우리 은하의 성운, 성단까지, 그리고 저 멀리 수천만 광년 밖의 은하들까지 둘러보았다. 이제 우리별 지구에서 가장 가까이 있는 별인 태양만 남았다. (일반적인 별의 정의를 '스스로 빛을 내는 천체'라고 할 때 달과 행성은 엄밀한 의미로 별, 즉 'Star'는 아니다.)

낮에 보는 별

태양은 날만 맑으면 대낮에 집 앞에서도 볼 수 있다는 장점이 있지만, 상대적으로 비싼 태양 망원경이 별도로 필요하다는 점 때문에 아직 대중화가 많이 되지 않았다.

태양 망원경(Solar scope)이 없어도 감광 필터를 통해 흑점을 관측할 수는 있지만, 흑점

태양 망원경의 양대 산맥,
Lunt와 Coronado

관측을 홍염의 역동적인 아름다움과 비교하기는 어렵다.

태양 망원경은 태양 관측을 위한 특별한 필터가 내장되어 있고 전용 파인더가 달려 있어서 안전하고 선명하게 태양의 구조를 관측할 수 있다.

가장 널리 쓰이는 메이커는 미국의 Lunt와 Coronado 제품으로, 둘 중 어떤 것을 써도 무방하다. 다만 태양 관측도 구경이 클수록 유리하므로 큰 것을 쓰면 좋겠지만, 가격이 일반 천체관측용 망원경보다 훨씬 비싸다는 것이 함정이다.

 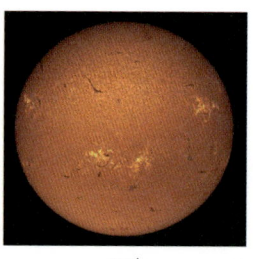 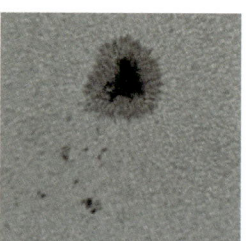

홍염　　　　　　　표면　　　　　　　흑점

태양 망원경으로 볼 수 있는 것들

태양에서 볼 수 있는 구조는 크게 세 가지이다. 태양 표면의 가장자리 부분에서 보이는 홍염, 태양 표면 자체, 그리고 표면의 흑점들이다(일반 망원경으로는 감광 필터를 통해 흑점만 볼 수 있다).

태양은 아이들도 쉽게 볼 수 있다. (조예별, 만 9세, 2016)

한 번밖엔 볼 수 없다

태양 관측의 가장 큰 매력을 꼽으라면, 내가 지금 보고 있는 태양의 모습은 영원히 다시 볼 수 없다는 점이다. 활활 불타는 붉은 공의 이글거리는 불꽃을 보는 것이므로 그 불꽃이 매번 똑같은 모양으로 다시 나올 수는 없는 것이다. 필자는 그 불꽃, 홍염을 관측하는 것을 즐기는데, 필자가 그린 스케치를 통해 일반적으로 자주 등장하는 모양을 살펴보자. 아래 두 개의 그림은 같은 날 관측하고 기록으로 남긴 구조들이다.

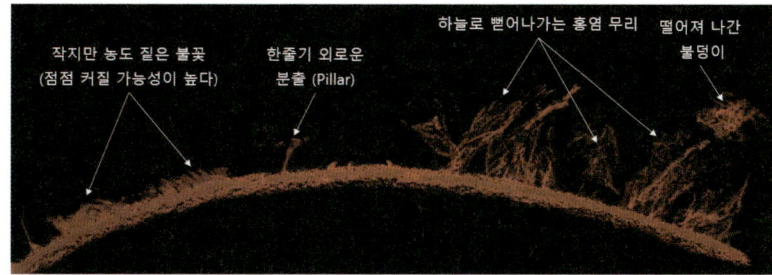

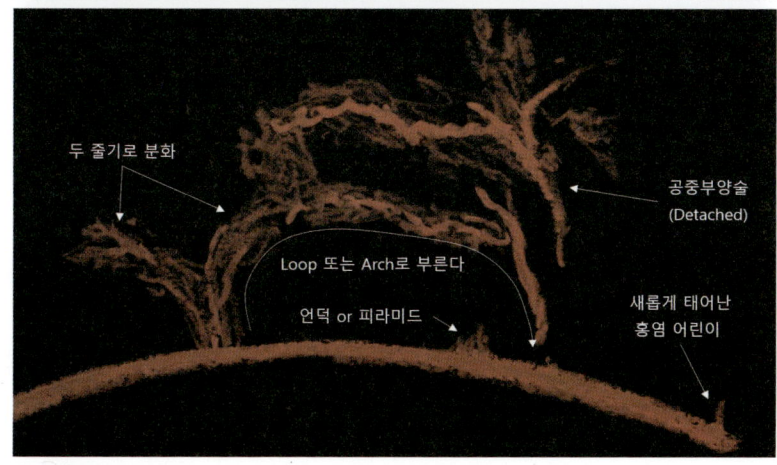

홍염 백화점

홍염의 구조는 모닥불의 모양만큼이나 다양하지만 크게 패턴을 나누어보면, 기둥처럼 우뚝 솟은 홍염(Pillar), 태양 표면에 만들어진 다리(Loop, Arch), 큰 덩어리(Mound, Pyramid), 그리고 가장 멋진 공중 부양 홍염(Detached) 등이 있다.

태양의 가장자리에서 홍염을 관측할 수 있다면 태양 본체의 표면에서는 타고 남은 숯덩이 같은 복잡한 구조를 볼 수 있다. 그냥 빨간 공 같은 표면을 태양 망원경으로 자세히 보면 더 밝고 어두운 미묘한 모양들과 흰색 또는 검은색의 머리카락 같은 무늬(필라멘트), 그리고 흑점을 관측할 수 있다. 때때로 상당히 큰 흑점이 생성되었다가 사라지는데, 2016년 4월에는 하트 모양 흑점이 큰 인기를 끌었다.

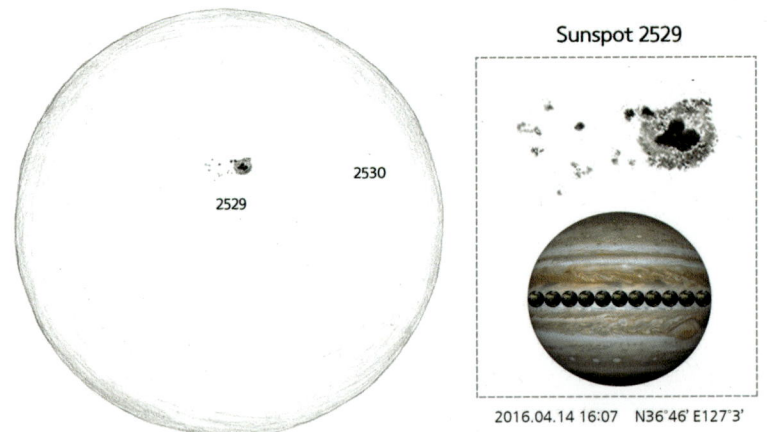

사랑과 정열을 그대에게(김주영, 2016)

한 번뿐인 홍염에 이름을 지어주자

지금 내가 보고 있는 홍염과 표면의 모양은 10분만 지나도 바뀐다. 그리고 영원히 다시 볼 수 없다(비슷한 모양들은 계속 나오겠지만 말이다).

그렇다면 이 순간을 영원히 내 것으로 만들려면 어떻게 하는 것이 좋을까? 필자는 멋진 홍염을 관측하면 스케치로 남기고 꼭 이름을 지어준다. 그것이 다시 볼 수 없는 홍염에 영원한 생명을 불어넣는 길이 아닐까. 아래 그림들은 필자가 스케치 후 지어준 이름들이다.

개 풀 뜯어먹는 소리   돌고래 가족   홍콩 느와르

앞부분에서 구조 설명에 예로 들었던 그림의 제목은 'Life is so unfair'로 정했다. 가장 왼쪽의 짧은 잔디 같은 홍염과 그 오른쪽의 활활 타오르는 불꽃들, 그리고 가장 오른쪽의 공중 부양을 하며 날아다니는 홍염을 보니 걷는 놈과 뛰는 놈 위에 나는 놈이 있다는 생각이 들어서, 문득 명품 애니메이션 〈인사이드 아웃〉의 대사가 떠올랐다. "Life is so unfair!"

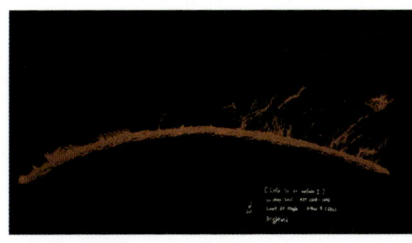 

걷는 놈 위에 뛰는 놈, 그 위에 나는 놈. 인생이란…(검은 종이에 오일 파스텔, 조강욱, 2016)

FAQ 4. 관측에 관련된 용어를 설명해주세요!

성도, 주변시, 암적응 등 가장 중요한 기본 용어들은 챕터 B에서 모두 설명했으니, 추가 설명이 필요한 부분이나 그 외의 필수 용어만 소개해본다.

① 하늘 상태 관련

투명도 : 하늘이 얼마나 깨끗한지를 나타내며, 투명도가 '좋다', '나쁘다'로 표현한다. 구름이 끼어 있으면 투명도가 낮아 어두운 별을 보기 어렵고, 구름이 적은 날도 연무 등으로 하늘이 뿌옇게 보일 때도 있다.

시상 : 대기의 안정도를 뜻한다. 대기는 여러 요인으로 움직이는데, 대기의 흐름이 아주 안정적인 날이 있는 반면 심하게 요동치는 날도 있다. 시상이 나쁠 경우, 맨눈으로는 맑은 하늘을 볼 수 있다 해도 100배 이상의 배율로 확대하여 망원경으로 관측할 경우 아이피스 안의 별상이 파도치듯 일렁일 때도 있다. 반대로 하늘의 투명도가 좋지 않아도 망원경으로 보는 시상은 이상할 정도로 좋을 때도 있다.

※ 투명도는 0~10, 시상은 0~6까지 나누는 객관적인 기준이 있는데, 입문 단계에서 굳이 세세한 기준까지 알고 있을 필요는 없다.

② 방위 관련

도(Degree, °) / **분**(Minute, ′) / **초**(Second, ″) : 전 하늘을 구형으로 가정하면 360분의 1만큼의 각거리가 1도이고, 1/60도는 1분, 1/60분은 1초이다. 쉬운 예로 설명하자면 보름달의 크기는 0.5도(30분)이고, 행성 중 가장 큰 목성의 크기는 약 40초이다.

적경(R.A.) : 지도의 경도와 비슷한 개념이다. 춘분점 위치부터 동쪽으로 한 바퀴 돌며 0~24h까지 표시한다.

적위(Dec.) : 지도의 위도와 비슷하다. 북쪽의 별들부터 남쪽까지 +90°~-90°까지 표시한다. 북극성은 적위 +90°에 위치할 것 같지만, 실은 적위 +89°19′57″에 위치한다(북극성의 적경은 2h52m17s이다).

우리나라에서는 적위 -35° 정도의 별들까지만 볼 수 있다. 남십자성을 보려면 남쪽 나라행 비행기를 타야 한다.

고도(Altitude) : 지평선으로부터 천체의 높이를 나타내는 수치이다. 별들의 적경, 적위 값은 정해져 있지만, 지구의 자전에 의해 별들은 동쪽 지평선에서 떴다가 남쪽 하늘에 남중한 후 서쪽 지평선으로 사라진다(북쪽 하늘에 있어서 밤새도록 볼 수 있는 별들은 '주극성'이라 한다). 이 별들의 현재 높이를 고도라고 하고, 일반적으로 우리는 고도 30° 이상의 천체를 관측하게 된다. 고도 30° 이하의 별들은 산에 가릴 확률이 높고, 상대적으로 두꺼운 지평선 근처의 대기와 광공해를 뚫고 봐야 하기에 시상과 투명도가 좋지 않다.

③ 망원경 관련

분해능 : 얼마나 세밀하게 별들을 분해해 볼 수 있는지 나타내는 지표. 5초(5″) 떨어진 이중성까지 각각의 별로 분해해서 볼 수 있는 망원경을 분해능 5″짜리 망원경이라 한다. 당연히 분해능 값이 낮을수록 좋은 망원경이고, 성단을 더욱 또렷하고 세밀하게 관측할 수 있다. 분해능 값은 망원경의 구경이 클수록, 광학계가 정밀할수록 낮아진다.

집광력 : 빛을 모으는 능력이다. '구경이 깡패'라는 말은 별나라에선 영원한 진리이다. 빛을 많이 모을수록 밝은 대상은 더욱 자세히 볼 수 있고, 어두운 대상은 더욱 밝고 시원하게 볼 수 있기 때문이다. 집광력은 광학계의 구경(지름)의 제곱에 비례하므로, 더 큰 망원경이 더 밝고 자세한 이미지를 제공하는 것은 당연하다. 하지만 광학계가 커질수록 제작비는 기하급수적으로 올라가고, 정밀도를 유지하는 데에도, 무게를 감당하는 데에도 부수적인 일들이 수반된다.

미러(반사경) : 빛을 투과하는 렌즈를 사용하는 굴절망원경과 달리 반사망원경은 유리를 한 면만 오목하게 연마한 뒤 반사율이 높은 물질로 연마면을 코팅하여 반사경(미러)을 만든다(우리말로는 '반사경'이 정확한 용어이나 일반적으로 '미러'라는 영어 단어를 그대로 쓰는 경우가 대부분이다. 또는 '주경(主鏡)'이라고도 부른다).

광축 : 경통 튜브에 완전히 고정된 굴절망원경 렌즈에 비해 상대적으로 무겁고 큰 반사망원경 미러는 이동 중에, 또는 무게에 의해 망원경 내에서의 위치가 조금씩 틀어지게 된다. 따라서 관측 전에 레이저를 활용하여 미러의 위치가 바르게 정렬되었는지 확인하고 조정하는 단계가 필요하다.

레이저 콜리메이터(Collimator) : 광축 조절 시 활용하는 장치이다. 접안부에 아이피스 대신

레이저 콜리메이터를 장착하고 스위치를 켜면 붉은색 레이저가 사경을 거쳐 미러에 닿는다. 이 레이저 불빛이 미러에 반사되어 다시 사경을 거쳐 콜리메이터로 정확히 돌아오도록 사경과 미러의 위치를 조정하면 광축 조절이 완료된다.

④ 관측 장비 제원 읽기

배율 : '숫자×'는 배율을 의미한다. 육안으로 하늘을 보는 것을 1×로 할 때, 작은 쌍안경은 보통 7× 또는 10×로 쌍안경에 표시되어 있다. 망원경의 배율은 아이피스와의 조합으로 결정되므로 배율이 고정되어 있지 않다.

구경 : 굴절망원경의 대물렌즈 또는 반사망원경의 미러 지름을 나타내며, 인치 규격과 미터 규격을 혼용하여 사용한다. 일반적으로 구경 100mm 미만의 망원경은 mm로, 100mm 이상의 망원경은 인치(또는 기호 ″)로 나타낸다. '80mm 굴절', '5인치 굴절', '12인치 반사', '15″ 돕'과 같은 식이다.

※ 쌍안경과 파인더 제원은 보통 '숫자×숫자'로 되어 있다. 예를 들면 7×50은 7배의 배율에 대물렌즈 구경이 50mm이다.

초점거리 : 망원경 대물렌즈 또는 반사경부터 초점면까지의 거리(예 : f = 1,500mm)

초점비 : '망원경 초점거리 ÷ 망원경 구경'으로 구한다(예 : 1,500mm ÷ 250mm = 6, F/6이라 표시한다).

안시관측에서 초점비는 중요한 지표이다. 초점비가 F/5 이상일 경우 성상이 좋고 고배율을 내는 데 유리하지만, 15인치 이상 대구경의 경우는 망원경이 너무 길어져서 관측에 불편할 수도 있다. 반대로 초점비가 F/5 이하일 경우 망원경의 길이를 짧게 만들 수 있어서 관측과 이동에 편리하지만, 제작비가 많이 들고 수차를 피하기 위해 광축 조절에 더 많은 신경을 써야 한다.

FAQ 5. 관측지에서의 기본 예절

① 자나 깨나 불조심

관측지에서는 절대로 밝은 불을 켜서는 안 된다. 밝은 불을 켜는 순간, 자신의 암적응은 물론 주변 동료들의 암적응도 같이 저 멀리 날아가버린다. 밝기 조절이 되는 붉은 암등을 꼭 소지하고(목에 걸어두는 것이 좋다), 장비 정리 등으로 백색등을 켜야 할 일이 있으면 반드시 주위 관측자들에게 미리 양해를 구한다. 그들이 자신의 눈을 가려서 암적응을 지킬 수 있도록 시간을 벌어주는 것이다.

천체사진의 경우는 직접 눈으로 별을 보는 것이 아니라서 조금 덜하지만, 안시관측의 경우 작은 빛에도 매우 예민할 수 있다. 또한 안시관측의 경우 붉은색이라 해도 헤드랜턴은 매우 밝기 때문에 사용하면 안 된다.

② 박명 전에 관측지에 도착한다

별쟁이들의 관측지는 대부분 대중교통으로는 이용이 어려운 곳이라(버스나 기차가 다니는 곳은 필연적으로 가로등이 있다) 주로 본인의 차로 관측지로 이동하게 된다. 하지만 박명이 끝난 후 어두운 관측지에 주차할 경우 헤드라이트를 켤 수밖에 없는데, 이것은 헤드랜턴 정도와는 비교도 되지 않는 엄청난 광원이라 미리 도착하여 별을 보고 있는 모든 사람들에게 뜻하지 않게 불빛 테러를 일으키게 된다. 그렇다고 자동차 전조등을 끄고 관측지에 입장하는 것은 너무나 위험하다. 암적응이 되지 않은 눈으로는 관측지의 망원경과 사람들이 전혀 보이지 않기 때문이다.

박명 이후 관측지에 도착할 경우 최대한 빨리 주차를 하고 전조등, 실내등 등 모든 불빛을 즉시 끄도록 하자. 차에서 내려서 주위 별쟁이들에게 미안한 마음을 전하는 것은 당연한 기본 센스!

③ 별을 보여준 사람에게 감사의 마음을 전하라

맑은 밤하늘 아래, 별나라 주민들은 눈코 뜰 새 없이 바쁘다. 해가 뜨기 전에 보고 싶은 천체들을 다 보고 가야 하기 때문이다. 그렇다고 낯선 누군가의 "별 좀 보여주세요"라는 부탁을 외면하는 별쟁이는 거의 없을 것이다. 모두가 그 시절(망원경이 없거나 하늘에 익숙하지 않은 시절)을 겪었기 때문이다. 하지만 너무 당연한 듯이 장시간 이것 찾아달라, 저것 보여달라 하는 것도 좋은 자세는 아니다. 보여주는 사람도 자신의 관측 시간을 쪼개어 나누어 주는 것임을 이해해야 한다.

누군가의 망원경을 얻어볼 경우, 꼭 잘 보았다는 진심 어린 감사의 인사를 전하도록 하자. 보여준 사람이 신이 나서 더 재미있는 대상을 보여줄지도 모른다. 말로만 때우기가 조금 머쓱하다면 작은 캔 커피 하나 건네는 것으로도 넘치도록 충분하다.

④ 관측지에선 정숙

도서관처럼 정숙할 필요는 없다. 즐거운 일을 하는데 속으로만 조용히 삭힐 필요는 없는 일이다. 하지만 너무 시끄럽게 떠들거나 관측지에서 뛰어다니는 것은 피해야 한다. 집중하여 도전 대상을 보고 있는 동료들의 관측에 방해가 될 수 있고, 망원경에 부딪히거나 뛰면서 생기는 진동으로 누군가의 천체사진을 망칠 수도 있다.

사실 필자는 별을 보면서 음악 듣는 것을 좋아해서 항상 블루투스 스피커를 가지고 다니지만, 타인의 관측에 방해되지 않는 정도의 음량으로만 들으려고 주의한다(잘 안 될 때도 있다 ^^;;).

Chapter D

나만의 즐거움 찾기

별을 보는 멋진 취미를 오랫동안 즐길 수 있는 비결은 무엇일까? 바로 나만의 즐거움을 찾는 것이다. 내 마음이 움직이는 대로, 본인의 취향에 맞는 무언가를 끊임없이 찾아야 그 깊은 즐거움을 누릴 수 있다. 그리고 그런 나만의 즐거움을 발전시키기 위해서는 관측에 대한 탄탄한 기본기가 필요하다. 앞에서 살펴본 챕터 B, C의 내용이면 그 기본기는 충분할 것이다.

제목 학원
정답이란 없다

성단을 관측하는 일은 앞에서 언급한 대로 세부적인 구조를 하나씩 뜯어보는 것이 가장 기본적인 방법이다. 일차적으로 대상의 특징을 확인한 뒤에는 그 대상의 세부 구조에 집중하면서, 또는 저배율로 넓은 범위를 조망하면서 나의 시각으로는 무엇이 연상되는지 생각해보자.

하늘에서 숨은 그림 찾기

① NGC 457

NGC 457은 카시오페이아자리에 위치한 작고 밝은 산개성단으로, '올빼미 성단'이라는 거의 공식화된 별칭을 가지고 있다.

다음 페이지의 왼쪽 사진은 457의 모습이다(NGC 457이 너무 길어서 보통 457, 또는 457번이라 부른다). 올빼미가 잘 보이는지? 잘 보이지 않는다면 오른쪽의 사진을 한 번 보자. 무서운 올빼미 한 마리가 불쌍한 쥐 두

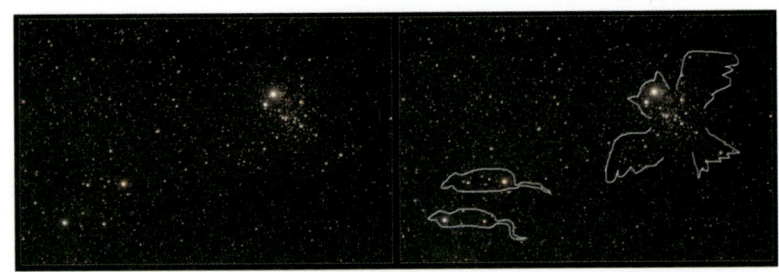

Charlie Bracken 作(2010)

마리를 쫓고 있는 장면이 보인다. 이 모습을 알고 나서 왼쪽의 사진을 다시 보면 신기하게도 올빼미가 너무나 잘 보일 것이다. 아는 만큼만 볼 수 있다는 당연한 진리! 그러나 우리나라에서는 올빼미보다는 다른 생명체로 더 많이 불리고 있다.

나는 누구? 여긴 어디?

그건 바로 E.T. 성단이다. 그 큰 눈(밝은 별)과 쭉 편 팔(Star Chain)을 보고 있노라면 누구라도 E.T.나 올빼미를 연상하지 않을 수 없다. 몇 년 전에 〈월-E〉 영화가 개봉한 이후로는 그 영화 주인공이라고 주장하는 사람도 생겨났다.

② M 35 & NGC 2158

북반구 산개성단의 최강자 중 하나인 쌍둥이자리의 M 35(사진 중앙)와 그 동생 2158번(좌 상단)은 겨울철 최고의 볼거리 중 하나이다. 그 자체의 아름다움도 물론 멋지지만 M 35는 많은 별칭을 가지고 있다.

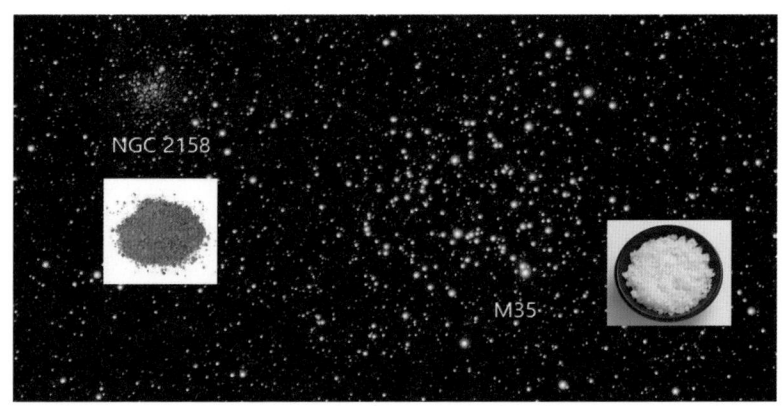

소금과 후추

가장 많이 알려져 있는 별칭은 '소금과 후추' 성단일 것이다. 굵은 소금(M 35)과 가는 후춧가루(NGC 2158)가 하늘에 뿌려진 모습으로 보이기 때문이다. 그러나 모두가 소금과 후추를 생각하는 것은 아니다. 필자는 공대 출신이어서 그런지 성단의 Star Chain들을 이어서 오메가(Ω) 모양이 주로 연상되는데, 별하늘지기의 이현호 님은 갈라진 Star Chain이 문어소시지 모양으로 보인다고 관측 기록 대신 문어소시지를 직접 만들기도 했고, 음악을 전공한 김남희 님은 종 모양으로 Star Chain을 그리기도 했다.

소금과 후추, 오메가, 문어소시지, 종… 무엇이 정답일까?

내 답은 무엇?

물론 정답이 있을 리 없다. 하지만 거기서 나만의 답을 찾는 것은 매우 중요하다. 그것이 별을 보는 즐거움을 더 깊게 해줄 수 있기 때문이다.

③ NGC 869 & NGC 884

메시에가 왜 리스트에 빠뜨렸는지 의문이 남는 대상 중의 하나가 가을철 최고의 산개성단인 페르세우스자리의 이중성단(869 & 884)이다. 이 이중성단에는 어떤 보물들이 숨어 있을까?

이들은 빼곡한 두 개의 산개성단의 집합이지만, 조금 멀찍이서 (시야각을 넓게) 보면 별들이 균일하게 모인 것이 아니라 별이 많은 곳과 상대적

별명의 고향, 이중성단

으로 적은 곳이 있음을 알 수 있다.

야간비행 동호회의 김경식 님은 별이 없는 영역을 이어보고(노란색 실선) 동서남북 그림을 연상했다. 아마도 어릴 때 동서남북 놀이를 많이 하신 게 아닐까?

그런가 하면 그는 869번의 가장 별이 많은 영역(연두색 타원)을 고배

동서남북? 간달프?

율로 확대해보고선 〈반지의 제왕〉의 마법사 간달프와 그의 지팡이를 연상했다. 저배율로 이중성단의 전체 윤곽을 조망할 때와 고배율로 확대하여 관측할 때의 느낌을 전혀 다르게 표현한 것이다. 실제로 연두색 타

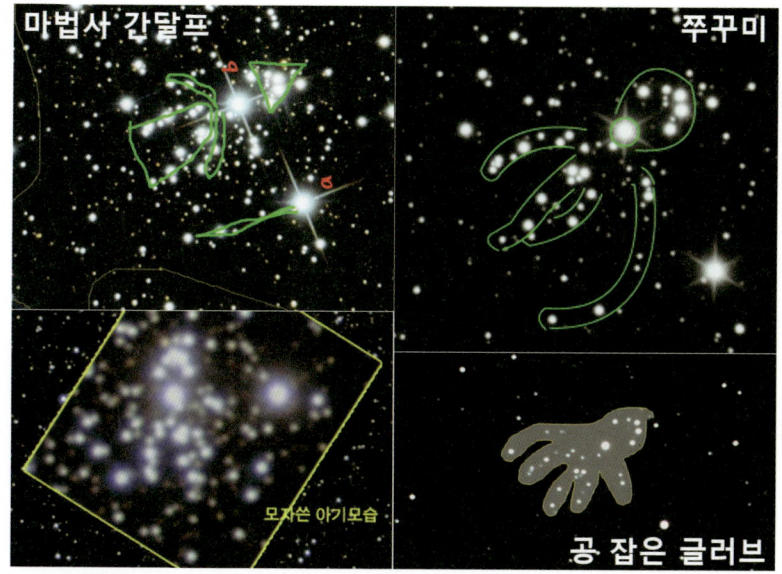

여러 별쟁이들의 주장

원으로 표시한 영역을 확대해보면 보는 사람마다 다른 느낌으로 보이는 것으로 유명한데, 여러분에겐 무엇으로 보일지?

필자는 딸아이가 어렸을 때는 모자와 우주복을 입은 신생아 모습으로 보이다가 지금은 일반적인 성인 남성의 취향으로 복귀하여 술안주 주꾸미가 자주 보인다. 연상 놀이도 본인의 경험에 근거하는 것이다.

그런가 하면 같은 대상을 보고도 전혀 모양을 찾지 못하는 분도 있는데, 보통 남자보다는 여자가, 성인보다는 학생들이 훨씬 더 빨리, 그리고 더욱 창의적인 모양을 만들어낸다. 그러나 간달프를, 주꾸미를 찾지 못했다고 낙심할 필요는 없다. 누구에게나 동일한 정답이란 별나라에선 없는 것이니까.

④ 슈뢰터 계곡

생명의 신비

달에서는 실로 엄청나게 많은 숨은 그림을 찾을 수 있다. 그중에서도 유명한 지형부터 살펴보자.

슈뢰터 계곡은 아리스타르쿠스(Aristarchus)와 헤로도투스(Herodotus) 두 크레이터 사이를 흐르는 깊은 계곡으로, 반달을 갓 지난 달에서 작은 망원경으로도 쉽게 찾아볼 수 있다.

앞에서 동서남북과 간달프에서 소개했던 김경식 님은 슈뢰터 계곡에서도 생명의 신비를 찾았다. 달은 불모의 땅인 줄 알았건만….

숨은 문자 찾기

이번엔 밤하늘에 숨어 있는 숫자와 글자, 도형들을 찾아보자. 처음에는 잘 보이지 않을 수도 있지만, 한 번 찾고 나면 이젠 다른 모양을 찾기 힘들어질 정도로 잘 보일 것이다.

① NGC 2169

오리온자리의 왼손 부근에 위치하고 있는 작은 산개성단 2169는 그 자체보다는 숫자로 더 유명하다. 어떤 숫자가 보일까?

정답은 37! 너무나 또렷이 보이는 숫자에 탄성을 지르게 된다. 짝퉁 37의 기세에 메시에(M) 37이 많이 긴장하지 않을까?

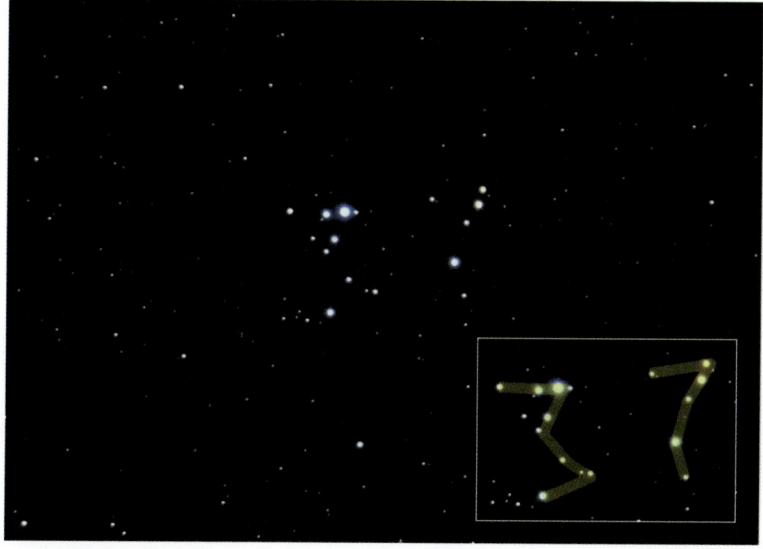

M 37보다 더 37 같은 37성단

② NGC 6811 (발견자 김남희)

숫자와 기호들은 주로 산개성단에서 찾아볼 수 있다. 밝은 별들을 선으로 이어서 만들어지기 때문이다. 여름철 백조자리의 밝은 산개성단 6811번의 별들을 이어나가면 숫자 62 모양이 된다. 62를 찾지 못했다고 해서 실망할 것도 없다. 나비 모양을 찾는 사람도 있고, 은행잎을 그리는 사람도 있다.

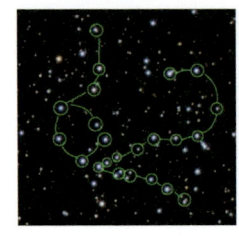
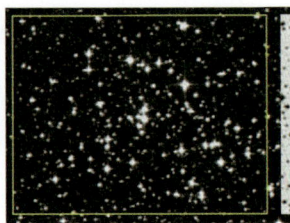
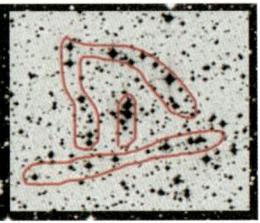

백조자리의 NGC 6811   고물자리의 NGC 2421

③ NGC 2421 (발견자 김경식)

밤하늘에 숫자만 있는 것은 아니다. 한겨울 남쪽 하늘의 고물자리에는 한글이 숨어 있는데, 위와 같이 2421번 산개성단을 잡아보면 사진상의 잔별들은 잘 보이지 않고 밝은 별들만 두드러져서 뚜렷한 '소' 성단을 만든다.

이렇게 무엇이라도 특징을 잡아서 연상하려고 노력한다면 별 몇 개 없는 성긴 산개성단도 나에게만은 특별한 무언가로 다가올 수 있다.

④ 아낙시만드로스(Anaximander) 크레이터

달의 북쪽 경계 부위에 위치한 커다란 크레이터 피타고라스(Pythagoras)의 바로 옆에는 희미하지만 더 큰 아낙시만드로스라는 크레이터가 있다.

여기선 무엇을 찾을 수 있을까? 만약 사랑하는 누군가가 있다면, 옆으로 누워 있는 하트(♡) 모양이 아주 잘 보일 것이다!

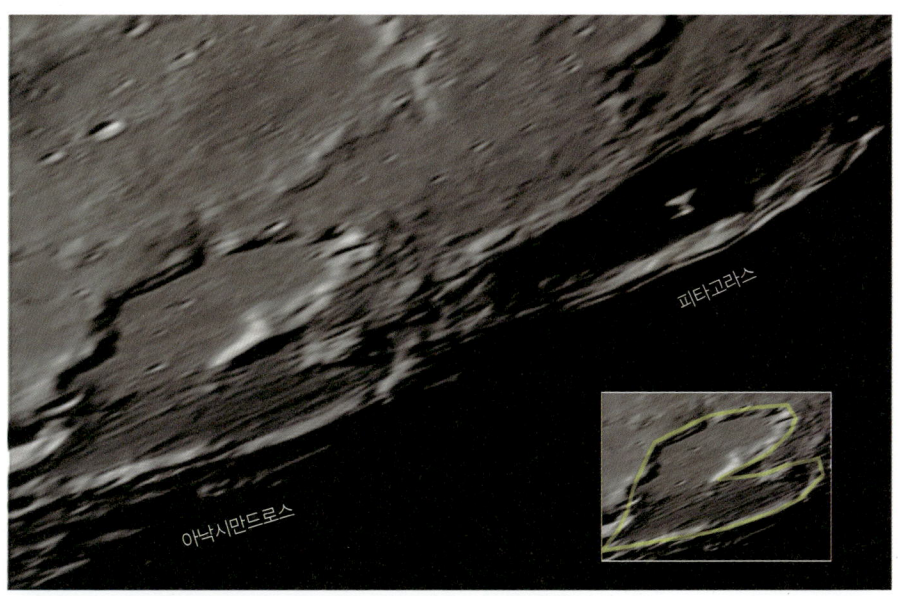

숨은 사람 찾기

밤하늘 곳곳에는 그림, 문자뿐 아니라 사람도 살고 있다. 성운, 은하, 달, 성단 등 주거지도 다양하다. 그중에서도 달 표면은 인구 밀도가 가장 높은 지역이란 사실!

① **NGC 1977**(Running man 성운)

오리온 대성운의 바로 위에는 유명한 Running man, 달리는 사람이 위치하고 있다. 오리온 대성운에 비해서는 흐릿한 반사성운이지만 맑은 날 10인치 이상의 반사망원경으로 보면 다리를 넓게 벌리고 뛰어가는 남자를 만날 수 있다. 혹시 잘 안 보이면 아래 오른쪽의 확대 사진을 보자. 막 프리 킥을 차려고 하는 호날두가 보일 것이다.

오리온 대성운 북쪽(사진 상단)에 위치한 Running man 성운, NGC 1977

② Abell 1656

(입문서에서 다룰 내용은 아니지만) 필자는 은하, 그중에서도 은하들이 밀집해 있는 은하단 관측을 너무나 좋아한다. 그것들이 멀리, 가장 멀리 있기 때문이다.

필자가 가장 좋아하는 은하단 중 하나는 처녀자리에 위치한, 한국에서 3억 광년 떨어져 있는 Abell 1656이란 은하단이다. 아래 그림에서 원형의 밝은 점 몇 개를 제외하면 모두 은하로, 별보다 은하가 많은 은하 밭 그 자체인 것이다.

하루는 망원경으로 이 은하단을 보고 있는데 구름이 조금씩 더 짙게 몰려오는 바람에 작은 은하와 흐린 별들이 하나씩 사라지더니, 나중에는 아이피스 시야에 가장 밝은 은하 두 개만 남았다. 배경 별도 없이 까

별보다 은하가 더 많은 은하 밭, Abell 1656

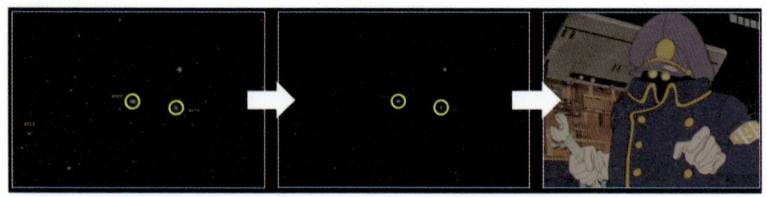

<은하철도 999> 차장 아저씨의 위장술

만 아이피스에 보이는 타원은하 두 개를 보고 있으니, TV 애니메이션 <은하철도 999>의 차장 아저씨의 두 눈이 떠오른다! 은하철도가 3억 광년 뒤의 은하단까지 날아간 것일까?

③ 리페우스 산맥(Montes Riphaeus) & 어린 왕자

상현달이 지난 이후 가센디(Gassendi) 크레이터 근처에서 찾을 수 있는 작은 산맥인 리페우스 산맥은 평소에는 잘 드러나지 않지만 명암경계선(Terminator) 근처에서는 그림자를 드리우며 산맥의 줄기를 선명하게 보여주는데, 모양이 마치 달 위를 걷는 우주인처럼 생겼다(왼쪽 사진).

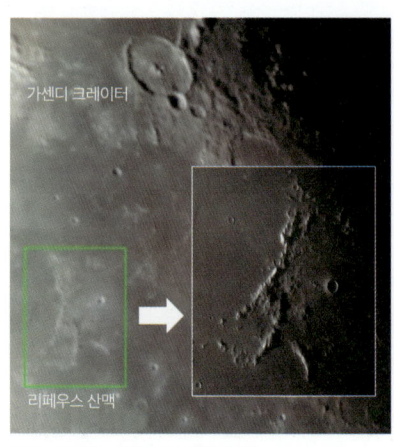

달을 산책하는 우주인과 어린 왕자

산책하는 우주인에서 조금만 더 옆으로 가보면 이번엔 이름조차 없는 작은 구릉을 만날 수 있는데, 이 구릉에는 어린 왕자가 살고 있다! 혼자 살던 어린 왕자에게 이웃이 생겨서 더 이상 쓸쓸하진 않을 것이다.

④ 뽀로로와 친구들(알폰수스 & 사크로보스코)

상현 반달이 하루 지난 달을 망원경으로 관측해보면 예전부터 인기 지역이었으나 최근 국내에서 더 핫해진 동네, 알폰수스 3형제를 만날 수 있다. 아래 사진 왼쪽부터 순서대로 프톨레마이오스(Ptolemaeus), 알폰수스(Alphonsus), 아르자헬(Arzachel)이 그들이다.

그런데 알폰수스, 아르자헬과 함께 그 밑의 작은 크레이터까지 함께 연상해보면 누구나 쉽게 우리의 뽀통령님, 뽀로로를 만날 수 있다. 이 역시 앞의 산책하는 사람과 어린 왕자를 찾은 김남희 님의 발견 이후 현재까지 유명세를 타고 있다.

뽀로로 근처에는 뽀로로 친구도 하나 살고 있는데, 사크로보스코 (Sacrobosco)란 이름도 어려운 크레이터를 잘 보고 있으면 패티의 얼굴이 스르륵 떠오를 것이다. 다음 페이지의 그림은 패티를 발견한 야간비행 박상구 님의 관측 스케치이다.

달 위의 슈퍼스타 알폰수스 3형제

아이들의 대통령, 뽀통령 각하

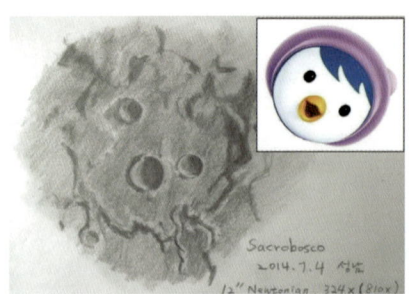

패티 크레이터(박상구, 2014)

물론 이 그림에서 패티가 아니라 다른 것을 찾을 수도 있다. 연상은 각자의 자유니까!

⑤ 라비 레비 & 자구트 & 린데나우

달에서 소개할 마지막 숨은 그림은 뭉크의 유명한 그림 〈절규〉의 주인공이다. 위의 패티에서 약간 남쪽으로 이동하면 만날 수 있는데(아래 연두색 원), 이들은 라비 레비(Rabbi Levi), 자구트(Zagut), 린데나우(Lindenau)이다. 이름은 잊어도 좋을 만한 작은 구덩이들이지만, 잘 보

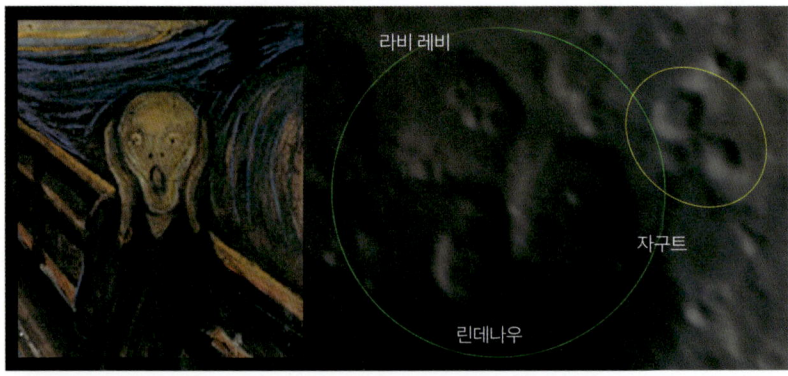

달에서 들리는 비명 소리

고 있으면 절규하는 사람을 찾을 수 있다. 또한 그 오른쪽의 노란색 동그라미 안에는 절규 동생쯤 되어 보이는 아이도 있다.

이처럼 달에는 수많은 사람이 살고 있다. 이런 식으로 찾는다면 달 위에서만 수백 명은 거뜬히 찾을 수 있다.

간혹 가용할 망원경은 있는데 학생이라서, 선생님이라서 도심의 학교에서만 관측을 할 수밖에 없는 경우가 있다. 꼭 은하수가 흐르는 오지의 밤하늘에 가지 않더라도, 학교 운동장에서 달 속의 숨은 그림만 찾아도 1년 내내 재미가 끊이지 않을 것이다.

⑥ NGC 2324

마지막 대상은 외뿔소자리의 2324번이다. 오른쪽 그림의 파란색 동그라미가 2324번 산개성단이고, 선으로 이은 것은 성단은 아니고 주위의 별 무리들(Asterism이라고 한다)이다. 야간비행 김경식 님께 '양손에 응원 수술을 들고 있는 치어리더'라는 설명을 듣고 보니, 아! 정말 치어리딩을 하는 치어리더가 보이는 것이 아닌가.

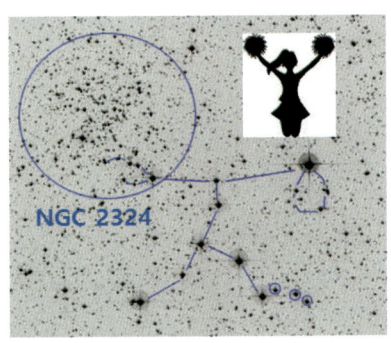

'무엇' 없는 치어리더

그런데 무언가 하나 허전한 것이 있다. 머리는? 머리는 어디 갔을까? '목 없는 치어리더'. 근데 왜 목이 없지? 생각하고 오싹해져 있는데 뒤에서 갑자기 돌풍이 휘잉~ 하고 몰아친다. 나는 그 뒤로 다시는 NGC 2324를 찾아보지 않는다.

세상의 모든 것은 별이다

지금까지 밤하늘의 천체를 사물에 연관 지어 이름을 지어보는 이른바 '제목 학원' 놀이를 해봤는데, 반대로 지상의 물체를 보면서도 하늘의 별을 생각할 수 있다.

필자가 가장 좋아하는 꽃은 바로 코스모스다. 가을 들녘 어디든 흔하게 피어 있는 코스모스가 왜 그리 좋을까?

코스모스 꽃잎 중앙의 노란색 부분을 자세히 보자. 그 안에는 수많은 별들이 구상성단을 이루고 있다. 그뿐만이 아니다. 더 자세히 들여다보면 그냥 꽉 찬 별모양(★)을 가진 것들 외에 거성으로 진화하고 있는 아이도, 그리고 이미 생을 마감하고 행성상성운이 된 별들도 있다. 아마도 코스모스 꽃이 우주를 뜻하는 Cosmos라는 이름을 가지게 된 것도 우연은 아니리라.

대낮에 지나가는 구름들을 보고 있으면, 별에 미친 사람들은 으레 성운의 모양을 연상하게 된다. 성운이란 것 자체가 밤하늘의 가스구름들이므로 그렇게 연상되는 것이 이상할 것도 없다.

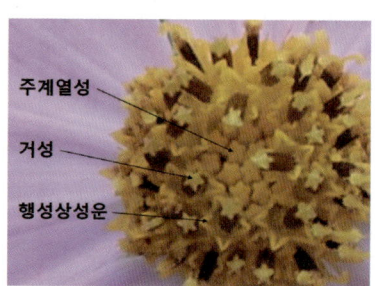

코스모스가 Cosmos인 이유

낮에 구름의 모양을, 특히 가장자리 부분의 모양을 자세히 뜯어보는 것은 성운 관측에도 도움이 된다. 성운을 자세히 보는 것도 결국은 구름의 미세한 명암 차이나 변화무쌍한 세부 구조들을 보는 것과 일맥상통하기 때문이다.

필자는 아래 그림 왼편의 구름 조각을 보자마자 한 대상이 떠올랐다.

나 부른 거 맞음?(B 312)

바로 암흑성운인 Barnard 312이다. 사람은 보고 싶은 것만 눈에 보이는 법인가보다. 암흑성운 마니아에겐 모든 것이 암흑성운으로 보인다. 여러분은 무엇으로 보이시나요?

아래 가을 낙엽과 단풍잎 사진을 보고서 어떤 한 대상을 떠올렸다면

흔한 가을 풍경

M 46 & NGC 2438

여러분은 이미 별보기의 깊은 늪에서 헤어나오지 못하는 행복한 사람이 확실하다. 밝지는 않지만 무수히 많은 잔잔한 별들의 모임인 M 46 산개성단과 작은 행성상성운 NGC 2438의 조화는 그야말로 전 우주 최고의 컬래버레이션이다.

자연물에서만 별을 찾는 게 아니라 스스로 만들 수도 있다. 아래 사진들은 무얼 하고 있는 모습일까?

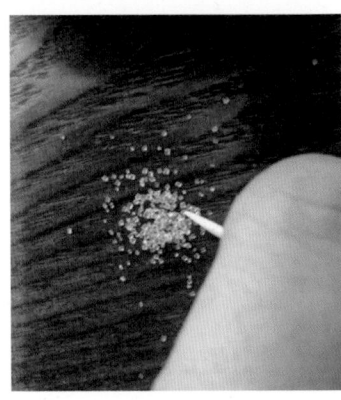 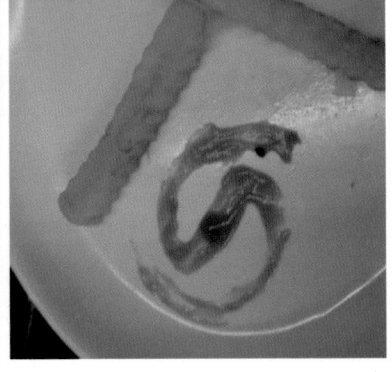

흐린 날에는 DIY로 직접 만든다(M 3 & M 83).

왼쪽은 커피를 좋아하는 필자가 커피숍에서 설탕과 이쑤시개로 구상성단 M 3의 암흑대를 구현하는 모습이고, 오른쪽은 호프집에서 케첩과 포크로 M 83의 막대나선을 제조한 것이다.

이제 회사 동료들도 "너 뭐하냐?"고 물어보지도 않는다. 별 한 번 본 적 없는 그들도 내가 무얼 하고 있는지 알고 있다. 무언가, 그것이 그 무엇이라도 인생에서 미칠 수 있는 무언가가 있다는 것은 정말로 행복한 일이 아닐까?

테마관측
내 마음이 흐르는 대로

"오늘은 뭘 보지?"

(이 소리는 어느 맑은 날 밤에 어두운 관측지에서, 이미 메시에목록을 다 본 별쟁이가 관측 준비를 안 한 것을 후회하는 소리입니다.)

별보기를 처음 시작하는 단계에서는 무엇을 볼 것인지 고민할 필요가 없다. 메시에를 다 보기 전에는 메시에 대상들을 모두 관측하기 위해 노력하면 된다.

하지만 그 후에는 무엇을 볼 것인지에 대해 계획을 잘 세워야 하는데, 관측의 흥미를 지속하기 위해서도, 관측의 깊이를 발전시키기 위해서도 나만의 관측 프로젝트를 만드는 것이 중요하다.

그러면 그걸 어떻게 만들어야 하나? 그 답은 본인만이 알고 있다. 자기 마음 가는 대로, 본인의 머리와 눈이 시키는 대로 따라가보자. 메시에 대상 110개를 모두 관측한 뒤라면 나만의 프로젝트를 만들 정도의 경험과 실력은 이미 충분히 준비되었다.

여기에 그 프로젝트의 힌트가 될 아이디어를 몇 가지 소개한다.

List Hunting

북반구의 어떤 별쟁이라도 관측에 입문하면 메시에 대상부터 본다. 나는 다르게 하고 싶다 해도 그건 어쩔 수가 없다. 이미 250년 전에 샤를 메시에가 하늘의 밝은 대상을 모조리 자신의 이름으로 찜을 해놓았기 때문이다. 진도가 빠른 사람은 단 수 개월 만에, 시간을 많이 할애하지 못하는 사람도 보통 3~5년이면 메시에목록 110개를 모두 보게 된다(필자도 4년이 걸렸다).

챕터 B에서 필자는 입문 단계에서는 메시에와 NGC 외의 목록은 모두 잊고 있어도 좋다고 했다. 하지만 관측 활동을 이어가다 보면 자연스럽게 다른 목록들의 존재를 알게 될 것이고, 과거의 선배들이 만들어놓은 목록 중의 하나를 선정하여 그 대상들을 따라가보는 경우가 많다. 그럴 경우 특별히 관측 테마를 찾는 데 공을 들이지 않아도 된다는 장점도 있지만, 반대로 그 목록을 만든 사람과 나의 취향이 일치하지 않으면 조금 보다가 시들해질 수도 있다는 사실!

① 허셜 400

허셜 400은 NGC 7,840개 중 가장 볼 만한 400개를 뽑아놓은 목록이라, NGC를 처음 만들기 시작한 허셜의 이름을 사용했다. 허셜 400은 메시에를 완주한 별쟁이들이 다음 목표로 많이 꼽는 목록인데, 수많은 사람들이 시작하는 것에 비해서 완주하는 사람이 그리 많지는 않다 (2017년 기준으로 국내의 완주자는 정병호, 김철규, 임광배 등 극소수이다).

완주자가 적은 이유는 특징도 찾기 어려운 작고 희미한 산개성단과 은하들이 꽤 많기 때문이다. 이 작은 산개성단과 은하들의 인해전술에 지쳐서 '아, 내가 이걸 왜 하고 있지?' 하고서 다른 목표를 다시 찾아보는 사람이 많다.

그래도 400개를 채워야 하는 동기 부여는 확실하다. 정해진 양식에 맞추어 400개를 모두 관측하고 미국의 천문 동호회 연합인 'Astronomical League's Herschel 400 Program'에 우편으로 자료를 보내면 완주 기념 배지를 받을 수 있다!

구분	개수
은하	231
산개성단	100
구상성단	34
행성상성운	24
성운	6
성단+성운	5
합계	400

허셜 400의 구성

이게 뭐라고 그렇게…^^;

② 콜드웰 목록

메시에목록에는 사실 허점이 많다. 맨눈으로도 보이는 페르세우스자리의 이중성단이나 히아데스성단도 빠져 있고, 그저 은하수 조각일 뿐인 M 24나 딱 별 4개 모여 있는 엉성한 M 73도 당당히 리스트에 들어 있다. 그 이유는 메시에가 하늘의 밝은 대상을 모두 망라하기 위해 목록을 만든 것이 아니라 혜성과 비슷하게 생겨서 헷갈리는 방해꾼들의 블랙리스트를 만든 것이기 때문이다.

영국의 유명한 과학 저술가이자 관측가인 패트릭 무어(Patrick Moore, 1923~2012)는 1982년 본인의 이름을 따서 콜드웰 목록(Caldwell Catalogue)을 만들었다(아주 긴 본명에 Caldwell이 포함된다). 이 콜드웰 목록에는 메시에 대상을 제외한 밝고 흥미로운 대상들이 망라되어 있다. 또한 파리 시내에서 관측하던 메시에가 절대로 볼 수 없었던 남반구의

강추! 콜드웰 목록 109선

대상들(오메가 센타우리, Jewel box 등)도 포함되어 있다.

이 콜드웰 목록은 109개의 대상으로 이루어져 있다. 왜 110개가 아니라 109개일까? 메시에목록 중 102번은 101번의 중복 기록이라 엄밀히 말하면 메시에목록도 109개이기 때문이다.

③ 야간비행 100선

한국의 안시관측 동호회 '야간비행'에서는 10인치 이상 대구경 반사망원경으로 재미있게 관측할 만한 메시에 이외의 대상들을 야간비행 회원 개인별로 선정하여 그 리스트를 공유해놓았다. 한국의 관측지 실정과 감성(?)에 맞는 대상들이라 한국에서 별을 보는 우리들에게 좀 더 공감이 갈 수도 있다. 필자는 100선이 아니라 106선을 선정했다. 도저히 한 개도 뺄 수 없는 아이들이라 100개로 줄이지는 못했지만, 106개의 대상들을 훑어보면 필자의 취향도 짐작할 수 있을 것이다.

(자료 위치 : www.nightflight.or.kr/xe/project)

난 한 놈만 팬다

메시에목록 110개를 모두 보다 보면 자신의 취향을 대략 짐작할 수 있게 된다. 나선은하의 디테일을 찾거나 산개성단의 모양을 만드는 것이 흥미로울 수도 있고, 필자처럼 잘 보이지도 않는 암흑성운과 은하단에 이상하게 관심이 가기도 한다. 본인의 마음의 소리에 귀를 기울여보고, 그 호기심이 시키는 대로 다음 관측 방향을 설정하면 된다.

① 충돌 은하 모아보기

블랙박스 사고 영상만 모아놓은 방송도 있을 정도인데, 하늘에서도 충돌 사고 장면만 모아놓은 목록이 있다.

Arp List는 미국의 천문학자 할톤 아프(Halton Arp, 1927~2013)가 만든 특이 은하(Peculiar Galaxy) 목록으로, 서로 상호 작용을 하거나 이미 합쳐지고 있는 다양한 모습의 은하들을 총망라한 것이다.

한 가지 함정이 있다면 대부분이 아주 먼 은하들이라 15인치 이상의 대구경 망원경이 필요하다는 것!

Arp 148   Arp 188   Arp 271

② 편식은 안 돼요

산개성단, 구상성단, 발광성운, 행성상성운, 암흑성운, 은하, 은하단 중 그 개수가 몇백 개 이내로 적은 것은 무엇 무엇일까?

정답은 구상성단과 행성상성운, 암흑성운, 은하단이다. 산개성단과 발광성운, 은하는 너무나 깨알같이 많아서 그 중에서 골라보아도 평생

같은 듯 같지 않은 구상성단

다 보기 어렵겠지만, 위의 정답 4가지 종류는 그 개수가 한정되어 있어서 (너무 어두운 대상만 제외하고) 지구에서 관측 가능한 모든 대상을 다 볼 수도 있다.

인터넷에 공개된 여러 자료들을 참고해 나만의 목표를 만들어보자. 참, 국내 포털보다는 구글 검색이 별 자료 찾기에는 비교도 되지 않을 정도로 정보의 양과 질이 좋다.

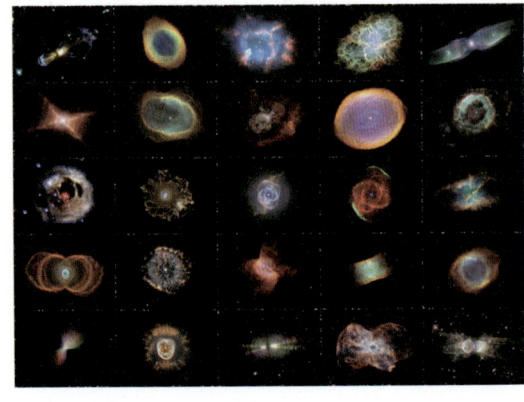

행성상성운(PN) 컬렉션. 무조건 고배율

명작 다시보기

겨울철에 관측에 입문한 사람은 누구나 오리온 대성운과 안드로메다 은하부터, 여름철에 입문한 사람은 고리성운, 아령성운부터 관측을 시작하게 된다.

그렇게 밝고 유명한 대상부터 보다가 본인의 취향에 따라 점점 그 범위를 넓혀가게 되는 것인데, 시간이 지날수록 초보 시절 보았던 쉽고 밝은 대상에는 큰 관심을 두지 않게 된다.

하지만 우리는 그 쉬운 대상들에 대해서 과연 '잘' 보았다고 자신 있게 말할 수 있을까? 여러 천체 중에 가장 홀대받는 달이 가장 볼 것이 많은 것처럼 그 밝고 큰 대상에는 작고 희미한 대상들보다 훨씬 많은 관측 Point가 존재한다.

꺼진 불도, 봤던 M 8도 다시 보자!

어느 정도 밤하늘의 천체들에 익숙해졌다고 생각되면, 또는 멀리 있는 어려운 것들을 관측하는 것이 너무 힘들다고 생각된다면 예전에 봤던 명작들을 다시 한 번 뜯어보자. 내가 그동안 대체 뭘 봤을까 싶을 정도로 많은 것들을 새로 발견할 수 있다. 물론 다른 사람의 관측 기록과 스케치 등을 참조한 철저한 사전 준비는 필수다.

필자는 2009년부터 2016년까지 메시에 110개를 하나씩 천천히 다시 보며 많은 것을 느끼고 관측의 방향을 완전히 바꾸게 되었다.

도전 대상

입문자용 책에 도전 대상을 다루는 것은 너무 멀리 온 것 같지만, 필자를 포함한 대부분의 별쟁이들은 밝은 대상보다는 어둡고 멀리 있는 대상, 그리고 밝은 대상 안에서도 남들이 잘 찾지 못하는 구조를 찾으려 애쓴다. 왜 그렇게 사서 고생을 할까?

성취감? 자랑? 궁금증?

한 가지 확실한 것은 별을 보면 볼수록 내 눈과 마음이 나도 모르게 새로운 도전에 끌려가게 된다는 것이다. 수많은 도전 대상 중에 몇 가지 (무시무시하지만) 재미있는 것들을 다음 페이지에서 살짝 맛만 한 번 보자.

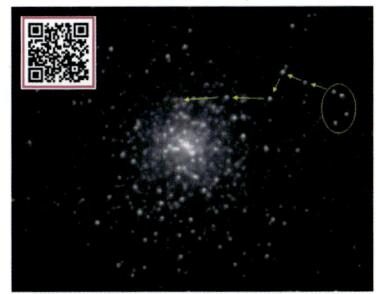
구상성단 M 15 안의 행성상성운 Pease1

1등성 레굴루스(Regulus) 바로 위의 왜소은하 Leo1

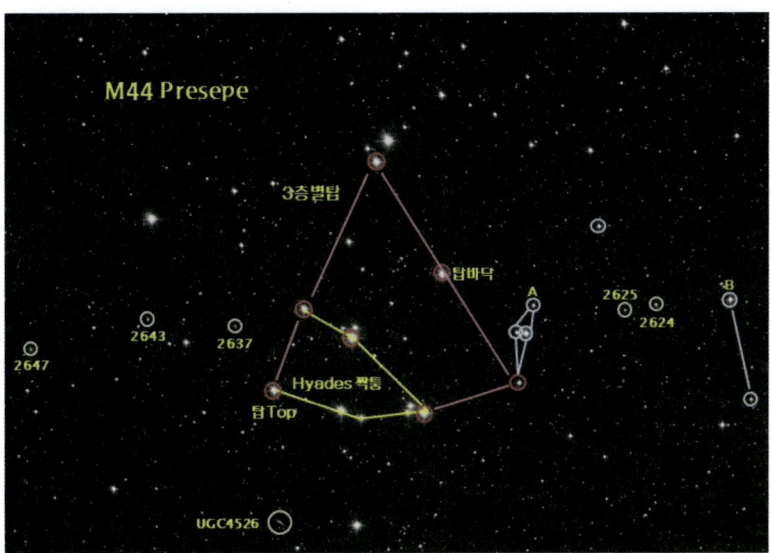
M 44 내부의 은하 6개

5억 광년 너머의 Abell 2151 은하단

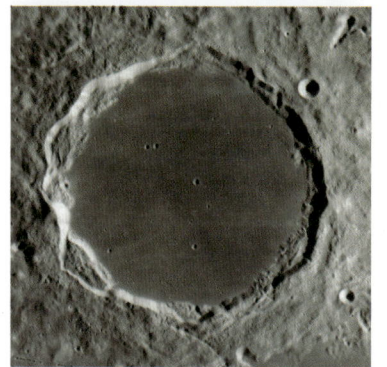

플라톤(Plato) 크레이터 내부의 작은 Craterlet들

고리성운 윗집, IC 1296 은하

귀여운(?) 뱀 한 마리, Barnard 72

※ 주의 : 하루에 도전 대상을 한 개 이상 보는 것은 정신 건강에 좋지 않습니다^^;

메시에 마라톤
한밤의 질주

망원경과 함께 하는 마라톤

메시에목록 관측을 어느 정도 경험하여 대상 찾는 법과 천체의 보이는 모습에 익숙해졌다면 재미있는 경기에 도전해볼 수 있다. '메시에 마라톤'은 하룻밤 동안 하나의 망원경으로 혼자서, 또는 팀을 이뤄서 수단과 방법을 가리지 않고 메시에목록 110개를 모두 찾는 경기이다.

마라톤이란 이름처럼 해가 지기 전부터 다음 날 날이 밝기까지 11시간 이상을 쉬지 않고 관측을 해야 하는, 초보 이상의 관측 실력과 밤샘 관측을 강행할 수 있는 체력, 그리고 정신력과 팀워크까지 겸비되어야 하는 쉽지 않은, 그러나 짜릿한 매력을 가지고 있는 게임이다.

어떻게 해야 하룻밤에 모든 메시에 대상을 다 보는 것이 가능할까?

메시에 대상은 하늘 전역에 골고루 분포하고 있으므로, 태양 근처에 위치하여 태양과 같이 뜨고 지는 대상은 밝은 태양빛에 가려서 관측이 불가능하다. 그런 이유로 밤새 아무리 열심히 관측을 해도 하룻밤에 볼 수 있는 메시에 대상은 보통 80~100개 이하이다. 하지만 메시에 대상의 인구 밀도(?)가 유독 낮은 지역이 있는데, 바로 물고기자리와 양자리 사이로 매년 3~4월경 태양이 여기에 위치하게 된다.

이 시기에는 태양 가까이에 위치한 대상이 매우 적어서, 해가 진 후부터 다시 뜰 때까지 11시간 동안 열심히 대상을 찾는다면 누구라도 마라톤 완주의 기쁨을 누릴 수 있게 된다.

메시에 마라톤 완주를 위해 필요한 것은 무엇일까?

밤새 110개의 대상을 찾기 위해선 면밀한 시간 계획을 세워야 한다. 해가 진 후 하늘이 어두워지기 시작하면, 우선 서쪽 가장 낮은 고도에 있는 대상들부터 훑고 올라간다. 이들은 조금 지나면 서쪽 지평선 아래로 사라져버릴 것이기 때문이다. 공교롭게도, 완벽하게 어둠이 내리기도 전에 악조건 하에서 가장 먼저 봐줘야 하는 이 은하들은 메시에 대상 중에서도 난이도가 가장 높은 부류에 속한다. 물고기자리의 M 74, 고래자리의 M 77, 삼각형자리의 M 33. 모두 태생이 희미한 은하들인데, 아직 밝은 하늘과 낮은 고도 하에서 찾아야 하니 그 어려움이 배가 되는 것이다.

초저녁의 숨 가쁜 스타트가 끝나고 이제 조금 여유 있게 겨울철의 밝은 산개성단 밭을 산책하다 보면 어느새 시간은 자정에 가까워지고, 이어 봄철의 은하들이 떠오르면 마라톤도 중반에 접어들게 된다. 이때 두 번째 고비가 찾아온다. 몇 시간 동안 쉼 없이 관측을 하여 목과 허리는 뻐근하고 3월 산속의 냉기에 발가락은 점점 얼어가는데, 봐야 할 대상은 메시에목록의 끝판왕인 머리털-처녀자리 은하단.

희미한 은하들 사이에서 한참을 헤매다 보면, '내가 지금 뭘 하고 있는 거지?'란 의문이 들기도 한다. 하지만 바로 옆에서 정신없이 천체를 찾고 있는 다른 팀들을 보노라면, 그리고 지금까지 어렵게 여기까지 온 것이 아까워서라도 다시 마라톤 완주의 의욕을 다지게 된다.

봄철의 은하단을 힘겹게 넘으면 상대적으로 밝고 찾기 쉬운 여름철의 성단들이 기다린다. 초저녁엔 모두 서쪽 하늘을 향했던 망원경들은 새벽 2~3시가 넘으면 일제히 동쪽 하늘을 바라본다. 새벽이 오기 전에 동쪽 하늘에서 떠오르는 대상들을 빨리 봐두기 위해서이다.

백조·거문고·땅꾼자리를 훑고 내려오면 전갈자리와 궁수자리가 기다리고 있다. 이 지역은 우리은하의 중심 방향이라 수많은 성단들이 위치해 있는 곳이다. 이 성단 밭에서는 최대한 빠른 속도로 대상을 찾아나가야 한다. 메시에 마라톤의 백미를 장식할 마지막 대상들을 새벽 여명이 밝기 전에 탐색하려면 시간을 충분히 벌어놓아야 하기 때문이다.

이제 날이 밝기 직전, 새벽 5시가 넘으면 마라톤의 마지막 코스에 페가수스·물병·염소자리의 대상들이 떠오른다. 조금씩 밝아오는 하늘에서 최대한의 집중력을 유지하며 마지막 대상들을 정신없이 찾고 있으면 어느새 별들은 하나둘씩 사라지고, 파란 하늘과 함께 11시간의 마라톤은 긴 여정을 마치게 된다.

밤새도록 추위와 체력의 한계에 맞서 싸우며 쉬지 않고 110개의 대상을 찾는 것은 결코 쉬운 일이 아니다. 하지만 별 보는 사람들이 끊임없이 마라톤에 도전하는 것은, 힘들고 어려운 과정을 몇 배로 보상받고도 남을 무언가가 있기 때문이다. 새로운 도전에 대한 즐거움, 많은 대상을 관측하며 자연스럽게 발전하는 관측 기술, 그리고 완주한 사람만이 느낄 수 있는 성취감과 희열!

2005년 메시에 마라톤 완주기

매월 3월이면 전국의 별 보는 사람들이 횡성 천문인마을로 모인다. 이들은 메시에 마라톤에 참가할 선수와 참관인들이다.
1970년대에 미국에서 처음 시작된 메시에 마라톤은, 1990년대에 국내에 도입되어 열혈 동호인들 사이에서

2010년 제10회 메시에 마라톤 참가자들과 찰칵!

소규모로 진행되다가 천문인마을에서 2001년 이후 매년 봄에 마라톤을 개최하면서 전국 규모의 대회로 자리를 잡게 되었다.

나는 2001년 첫 대회부터 2년간을 학생부(대학생) 선수로 참가했는데 2003년, 2004년은 회사 입사 후 시간을 내기가 어려워서 불참했다. 이후 2005년, 회사 생활도 어느 정도 안정이 되어 제5회 메시에 마라톤에 참가할 수 있게 되었다.

하늘은 다행히도 마라톤 완주에 문제가 없을 정도의 그럭저럭 맑은 하늘. 해가 지기 전 망원경 세팅을 완료하고 날이 어두워지기를 기다리며, 저녁 석양 아래서도 밝고 크게 잘 보이는 M 45 플레이아데스성단으로 가볍게 첫 대상을 기록한다.

마라톤의 첫 고비이자 가장 어려운 대상은 경기 시작과 함께 찾아야 하는 가을 별자리의 은하들이다. 물고기자리의 M 74, 고래자리의 M 77, 안드로메다은하와 위성은하(동반은하) 두 개 (M 31, M 32, M 110), 그리고 삼각형자리의 M 33. 안드로메다은하를 제외하고는 어느 하나 만만한 대상이 없다. 하늘이 완전히 어두워

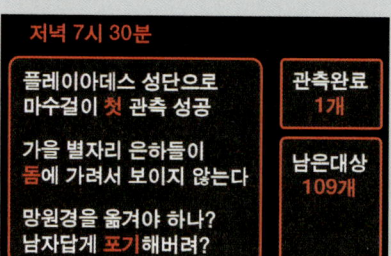

지기 전이라 안 그래도 어두운 가을철 은하들은 더욱 보기 어렵고, 스타 호핑의 징검다리가 될 별들도 부족한 상황.

설상가상으로 내가 자리를 잡은 위치에서는 천문대 돔에 서쪽 하늘이 가려져서 대상을 찾기가 더욱 어렵다. 서쪽으로 곧 넘어갈 대상들을 찾기 위해선 망원경을 들고 시야가 가리지 않는 곳으로 이동해야 하는데, 50kg이 넘는 망원경을 옮기려니 갑자기 귀찮음이 엄습한다.

'까짓것 몇 개 못 보면 어때? 1등 하려고 하는 건가?' 하는 생각으로 자기 위안을 하면서 남자답게 깨끗하게 포기(?)하려다가, 다른 모든 참가자들이 계속 가을 은하들을 찾고 있는 것을 보고는 왠지 미련이 남아서 뒤늦게 낑낑대며 망원경을 옮겼다.

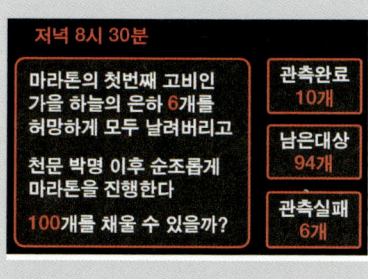

하지만 망원경을 이동하고 다시 세팅을 하는 사이에 시간이 흘러 가을 별자리의 은하들 - M 74, M 77, M 31, M 32, M 110, M 33 - 은 모두 서쪽 산 아래로 숨어버렸다. 아! 그 허탈함이란…. 3년간 기다리며 절치부심한 메시에 마라톤이 초반부터 틀어지고 있다.

마라톤 시작과 동시에 집중력을 가지고 찾아야 하는 어려운 대상들을 한 방에 모두 날려버리고, 이제 완전히 어두워진 하늘에서 다시 마음을 다잡고 서쪽부터 순서대로 가을철, 겨울철 별자리의 대상들을 찾아나간다.

겨울철 대상을 절반쯤 찾고 있으니 구름이 점점 하늘을 덮는다.

오늘의 목표는 메시에목록 110개 대상 중 100개 이상을 찾는 것이다. 일반적으로 메시에 마라톤 '완주'의 기준은 100개 이상을 찾는 것으로 본다. 완주를 한다고 상금이 있는 것도, 명예를 드높일 수 있는 것도 아니다. 하지만 쉽지 않은 도전에 대한 성취감을 느끼고, 밤하늘의 별들과 더 친해질 수 있는 기회를 가지고, 새벽의 희열을 느낄 수 있다는 것만 해도 충분히 완주에 대한 동기부여가 된다.

하늘이 다시 열리기를 기다리며, 구름이 옅어지는 틈을 타 겨울철의 산개성단들을 하나씩 확인하고 있는데(별 보는 사람들은 이를 '게릴라 관측'이라 한다), 자정이 거의 다 된 시각에 다시 하늘이 개어 맑은 밤하늘이 모습을 드러냈다.

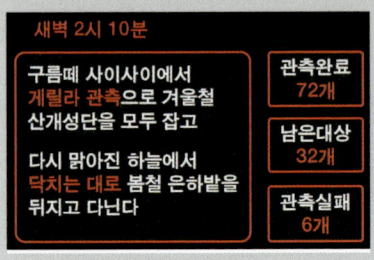

구름 때문에 이미 3시간여를 손해 본 상황. 사자자리, 큰곰자리, 사냥개자리, 머리털자리, 처녀자리의 은하들을 감상할 겨를도 없이 닥치는 대로 확인만 하고 지나간다.

메시에 마라톤에서 좋은 성적을 거두기 위한 열쇠는 머리털자리와 처녀자리의 은하단을 비롯한 봄철의 은하들을 얼마나 잘 공략하는가에 달려 있다. 작전지도를 만들고, 각 대상의 찾는 법과 보이는 모습을 반복 숙지해야 날씨가 좋든 나쁘든, 망원경이 크든 작든 헤매지 않고 시간 내에 봄철의 희미한 은하들을 찾을 수 있다. 여기서 시간을 벌어놓아야 중간중간 휴식을 통해 체력을 보충하고, 새벽녘 마지막 스퍼트를 준비할 수 있다.

봄철의 은하 밭에서 빠른 속도로 관측을 완결한 덕택에 여름철 별자리에 위치한 대상들을 산책하듯이 여유 있게 관측할 수 있었다. 뱀조자리, 뱀주인자리를 거쳐 여름철 남쪽 하늘의 전갈자리, 궁수자리까지 완료하고 마지막 가을철 대상들의 관측에 집중해야 하는데, 전갈자리의 성단들을 관측하고 그 바로 왼쪽의 궁수자리로 이동하려니 공교롭게도 하늘의 남쪽 지역만 짙은 구름에 덮여버렸다.

궁수자리 인근의 메시에 대상은 16개. 메시에 마라톤 고득점(?)의 최대 승부처가 있다면 은하 12개가 밀집해 있는 머리털-처녀자리 은하단과 성운 성단 16개가 위치한 궁수자리를 빠른 시간 내에 얼마나 효과적으로 공략하는가 하는 것이다.

초저녁부터 남자다운 호기로 6개의 대상을 눈 뜨고 날려버린 상황에서, 궁수자리의 성운, 성단을 시간 내에 공략하지 못하면 완주의 목표는 물거품이 되어버릴 것이다.

구름이 흘러가는 궁수자리 쪽 하늘을 향해 서서 성도를 들고 구름 위로 가상의 별자리를 그리고 대상의 위치와 관측 순서를 하나씩 반복해서 외운다. '구름이 걷히면 궁수 주전자 꼭지 별에서 위로 이동해서 가장 서쪽의 M 8을 먼저 보고 위로 올라가서 M 20, M 21을 보고 M 23까지 찍고 다시 내려와서…'

혼자 주문을 외우듯이 하늘과 성도를 번갈아보며 순서와 위치를 외운다.

구름은 언제 걷힐지 모르는 일이고 또 걷히더라도 언제 다시 구름에 덮일지 알 수 없기 때문이다.

초저녁에 이미 6개를 놓친 상황. 목표했던 100개를 채울 수 있을까? 아직

관측하지 못한 21개의 대상 중에 해가 뜨기 전까지 4개 이상을 더 놓치면 이번 도전도 실패. 구름이 흘러가는 시간이 길어질수록 초조함은 커져만 간다.

구름이 걷히기를 기다린 지 30분 만에, 구름 사이에 기적적으로 작은 틈이 생겼다. 딱 궁수자리만 겨우 보일 정도의 크기로!

다시 구름에 가리기 전에 숨 쉴 시간도 없이 단숨에 궁수자리 상단부의 성단들을 찾아나간다. 파인더 호핑, 아이피스 확인, 파인더 호핑, 아이피스 확인… 구름에 덮일지 모른다는 생각에 궁수자리 상단의 메시에 11개를 초고속으로 정신없이 찾았는데, 다행히 구름은 다시 덮이지 않았다.

이제 남은 대상은 10개. 궁수자리 아래쪽에 5개, 물병자리와 페가수스자리에 하나씩, 그리고 마라톤의 종료 시점에 위치한 염소자리 방향에 성단 3개.

해가 지고 마라톤을 시작한 지 10시간

이 넘게 흘렀다. 남들보다 추위에 더 민감한 발가락은 이미 한 시간 전부터 감각이 없다. 히말라야에 원정 등반을 갔다가 동상에 걸려서 발가락을 절단했다는 어느 산악인의 인터뷰 장면이 계속 머릿속을 맴돈다. 휴게실에서 발을 녹이고 올라오면 이미 날이 밝을 것이다.

화장실이 급한 지도 30분이 넘었는데, 화장실을 다녀오면 화장실의 밝은 불빛에 눈이 노출되고 다시 암적응하느라 20분을 소요하면… 역시 100개 관측 목표는 달성 불가능할 것이다.

다시 힘을 내어 궁수 주전자 바닥을 뒤진다. M 69, M 70, M 54. 어렵지 않게 관측 성공. 궁수자리 동쪽 경계의 M 55와 M 75는 고도가 낮아서 아직 보이지 않는다. 꽁꽁 언 발가락이 너무 시려워서 무릎을 꿇고 한참 있었더니 이젠 무릎이 시려서 그것도 더는 못하겠다. 궁여지책으로 낚시용 간이 의자에 쪼그리고 앉아서 신체 어느 부위도 차가운 땅바닥에 닿지 않고 망원경에 매달리다시피 하여 마라톤을 이어나간다.

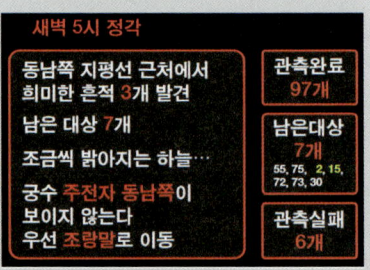

남은 대상은 7개. 하늘은 조금씩 밝아 온다.

궁수자리 M 55와 M 75는 아직 고도가 낮고, 오히려 가을 별자리인 페가수스자리에 위치한 M 15와 물병자리의 M 2가 고도가 더 높다.

대상의 고도는 어느 정도 올라왔지만 점점 하늘이 밝아지는 통에 호핑을 할 별 개수가 충분치 않다. 조랑말자리와 에니프(Enif, 페가수스 ε별) 사이의 넓은 영역을 그냥 막무가내로 뒤질 수밖에 없다.

조랑말자리부터 시작해서 망원경을 대충 여기저기 돌리다 소 뒷발에 쥐 잡듯이 엉겁결에 M 15가 눈에 들어왔다. 빙고!

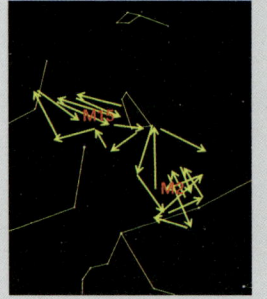

호핑도 스위핑도 아닌 그냥 삽질

바로 근처에 2등급 별이 위치한 M 15와 달리 물병

자리 M 2는 주위에 길잡이로 쓸 밝은 별이 없어서 탐색이 만만치 않다. 한참을 헤매다가 겨우 희미한 솜뭉치 하나를 찾았다. 휴!

남은 대상은 5개. 하늘에 점점 푸른빛이 짙어진다. 궁수자리 동쪽의 M 55가 어느 정도 떠올라서 그것부터 시도해본다.

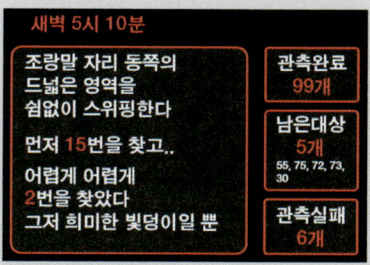

M 15와 M 2 찾은 것처럼 대충 뒤져서 찾으려니 힘만 들고 성과가 나오지 않는다. 하늘은 점점 밝아오고 아직 찾을 대상은 많이 남았는데…

신중하게 한 스텝씩 호핑하여 공을 들여서 대상에 한 발짝씩 다가간다. 발가락이 아파서 서 있지도 못하고, 무릎이 시려서 무릎도 못 꿇는 어정쩡한 자세로 망원경에 매달려서 오감을 집중하여 희미한 별을 찾는다. 목표한 위치까지 망원경을 이동시키고, 대상의 확인을 위해 파인더에서 접안렌즈(아이피스)로 눈을 이동하는 그 1초도 안 되는 시간이 영겁의 세월처럼 길게 느껴지고, 가슴은 방망이질하듯 두근두근 온몸을 진동하며 뛰고 있다.

길고 긴 시간을 이동하여 접안렌즈에 눈을 대보니 거기엔 정말로 희미하고 볼품없는, 배경의 하늘색과 별반 차이가 없는 작은 빛덩이 하나가 보일 뿐이다. 찾았다. 환

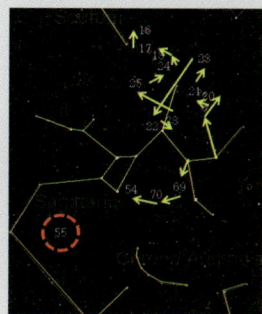

궁수자리의 왕따, M 55

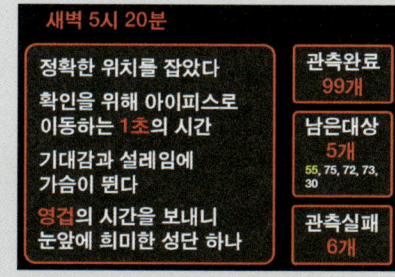

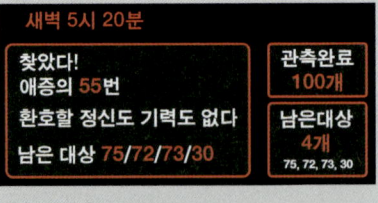
호성을 지를 기운도 없다. 그저 안도감과 기쁨이 교차하는 감정이 가슴 깊이 스쳐갈 뿐이다.
이제 남은 대상은 4개. 궁수자리 동쪽 끝의 M 75와 염소자리 쪽의 M 72, M 73, M 30이다.

점점 더 밝아지는 하늘. 동쪽 산 바로 위에서 염소자리 α별이 보인다.
손가락과 발가락의 고통은 더 이상 느껴지지도 않는다. 해가 뜨기 전에 마라톤의 마지막 대상들을 빨리 찾아봐야 한다는 생각밖에 들지 않는다.

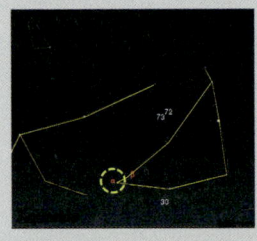

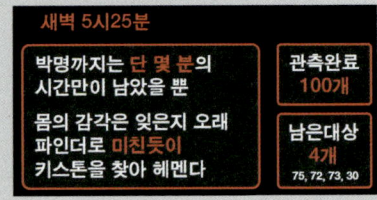

마라톤의 마지막 이정표, 염소자리 α별

정신없이 파인더와 접안렌즈를 뒤지고 있는데 어느 순간, 파인더에도 접안렌즈에도 어떤 별도 보이지 않는다. 시야 가득 새벽녘의 어슴푸레한 하늘빛만 가득할 뿐이다.
아! 이제 끝났구나. 더 할 수 있었는데, 아쉽다. 아쉽다…. 몇 시간 만에 허리를 펴고 일어나려니 온몸에서 뼈 부딪히는 소리가 나고 입에서는 나도 모르게 신음 소리가 흘러나온다.
"아아아아~~!!" 하면서 허리를 펴고 주위를 둘러보니, 거의 동시에 여기저기서 선수들이 신음 소리를 내면서 허리를 펴고 있다. 완전히 밤샌 거지꼴을 하고서.
마라톤이 끝났다는 아쉬움과 성취감 속에, 서로의 초췌한 모습을 보고 웃으며 그 해의 마라톤은 그렇게 끝이 났다.

메시에 마라톤에서 '완주'라고 하는 것은 무엇일까?

내가 새벽까지 하나라도 더 찾아보고자 했던 이유는 완주의 기준인 100개를 채우기 위해서였다. 하지만 밤새 치열하게 스스로에 대한 도전을 하는 동안 메시에 마라톤의 목적, 완주에 대한 내 생각은 달라지게 되었다. 완전히 밝아진 새벽하늘에서 초췌하고 피곤한 얼굴을 하고 있는, 하지만 세상을 다 가진 것 같은 기쁨의 미소를 짓고 있던 그 사람들 모두가 마라톤 완주의 영예를 차지한 것이다.

어떤 일을 할 때, 나는 정말 하늘을 우러러 한 점 부끄럼 없이 최선을 다했다고 말할 수 있는 경우가 얼마나 있을까? 나의 모든 것을 하나의 목표에 쏟아부을 수 있는 열정을 가지고 있다면 인생이 훨씬 행복하고 즐거워지지 않을까?

나에게 별보기는, 그중에서도 메시에 마라톤은 특별한 의미를 가지고 있다. 무언가 도전하고 꿈꿀 수 있는 목표가 있다는 것. 그것은 나의 행복의 원천이다.

> **100개를 채우는 것이 완주가 아니다**
> **마지막 순간까지**
> **자신의 모든 것을**
> **쏟아붓는 것이 완주이다**

마라톤을 하는 이유

별보기, 특히 안시관측에 입문해서 1년, 2년 경험을 쌓다 보면 '메시에 마라톤'이라는 도전 과제와 필연적으로 만나게 된다.

'성적이 하위권이면 어떡하지?', '내 실력이 그대로 드러날 텐데', 이런 이유로 마라톤 출전을 주저하는 경우가 많다. 하지만 기본적으로 메시에 마라톤은 일반적인 마라톤에서 얘기하는 것과 같이 '자기와의 싸움'이다. 메시에 마라톤은 선수가 몇 개 보았는지 검사하는 심사 위원도 없고, 1등 했다고 상금을 받는 것도 아니다.

하지만 밤새도록 하늘과 치열하게 대화하고 자기가 가진 모든 열정을 온전히 쏟아붓는 그 과정 속에서 자기도 모르게 관측 실력은 한 단계 더 성장하고, 한 번도 경험해보지 못한 놀라운 희열을 느끼게 된다. 무엇보다 내가 메시에 마라톤을 좋아하는 이유는, 새벽녘 밝아오는 하늘에서 분초를 다투며 마지막 대상을 향해 가슴 터질 듯한 긴장감 속에 남은 힘을 짜내어 전력으로 질주하는, 극한의 몰입감과 짜릿함을 느낄 수 있는 그 중독성 짙은 '쪼는 맛'에 있다.

사람이 살아가면서 자신의 모든 것을 쏟아부었다는 느낌을 얼마나 자주 가져볼 수 있을까?

메시에 마라톤은 그 자체로 강력한 중독성을 가지고 있는 것이다.

또한 최근에는 나만의 목표를 정하여 새로운 마라톤에 도전하는 사람도 늘고 있다. 소구경 저배율 쌍안경으로 성도와 파인더 없이 메시에 마라톤에 출전하여 100개가 넘는 관측 성과를 기록한 별쟁이도 있고(고범규 103개, 2015년과 2025년), 필자의 경우는 마라톤과 천체 스케치를 병행하는 것을 시도해보고 있다. 정신없이 바쁘게 대상을 찾으면서도 그것을 기록으로 남기는 기쁨 또한 쏠쏠하다.

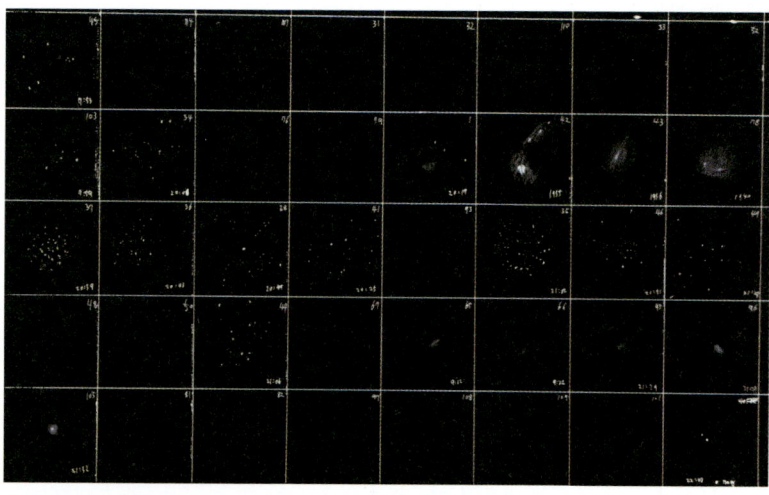

2016년 스케치 마라톤(조강욱)

메시에 마라톤에 어느 정도 경험이 쌓인 관측자라면, 자기만의 취향에 맞는 마라톤을 준비해서 직접 실행해보는 색다른 기쁨을 누려보기를 권한다. 마라톤의 목적은 무조건 많이 보는 것에 있는 것이 아니라, 자신의 모든 것을 온전히 쏟아내는 과정을 통해 밤하늘과 더 치열하게 대화하고, 더 깊은 즐거움을 누릴 수 있는 길을 더 탄탄하게 만드는 데에 있는 것이다. 내가 마라톤을 하는 가장 큰 이유는, 앞에서도 설명했듯이 바로 이것이다.

메시에 마라톤은 극한의 쪼는 맛 이다

※ 필자가 성도 암기 마라톤에 도전하기 위해 만들었던 관측 계획표이다. 나만의 순서와 방법을 고민해보는 것도 마라톤의 즐거움이다.

▶ 난이도 구분

난이도	Description (성도 미사용時)	대상 개수
A	맨눈으로 볼 수 있다	9
B	파인더 대충 돌리면 나온다	41
C	파인더로 호핑하면 찾을 수 있다	21
D	집중해서 호핑해야 겨우 찾을 수 있다	18
E	아이피스 스위핑으로 운 좋으면 찾을 수도 있	18
F	이승에선 관측 불가능	3

▶ Time Table

Session	Start (목표)	End (지연時)	구분	1	2	3	4	5	6	7	8	9	10	11	12	13	14	15	16	17
1	19:30	19:30	대상	45	74	77														
			난이도	A	F	F														
			소요시간(분)	0.1	-	-														
2	19:40	20:10	대상	31	32	110	33													
			난이도	B	B	B	C													
			소요시간(분)	7	0.1	0.1	12													
3	20:00	20:30	대상	52	103	34	76													
			난이도	E	B	C	C													
			소요시간(분)	10	0.2	3	7													
4	20:20	21:00	대상	79	1	42	43	78	37	36	38	41	93	35						
			난이도	C	B	A	A	B	C	C	C	B	E	A						
			소요시간(분)	5	0.5	0.1	-	0.5	5	1	1	1	10	0.2						
5	20:50	21:25	대상	46	47	48	50	44	67											
			난이도	B	B	E	E	A	C											
			소요시간(분)	2	0.5	10	10	0.1	1											
Break	21:25	22:30																		
6	22:30	22:50	대상	65	66	95	96	105												
			난이도	C	C	E	E	E												
			소요시간(분)	3	-	10	-	1												
7	22:50	23:20	대상	81	82	97	108	109	101	102	40									
			난이도	B	B	C	C	D	C	E	D									
			소요시간(분)	1	0.1	3	2	4	2	10	5									
8	23:10	23:45	대상	51	63	94	106	3	53	64										
			난이도	C	D	D	D	C	D	D										
			소요시간(분)	2	4	4	7	3	3	5										
9	23:40	0:00	대상	85	100	98	99	84	86	88	91	90	89	87	58	59	60	49	61	104
			난이도	B	B	B	B	B	B	B	B	B	B	B	B	B	B	C	C	C
			소요시간(분)	3	1	0.2	0.2	0.5	-	1	0.5	0.5	0.5	0.2	0.5	0.2	0.2	1	3	2
10	0:00	0:30	대상	13	92	5	68	83												
			난이도	B	D	C	D	E												
			소요시간(분)	0.5	5	3	6	15												
Break	0:30	1:30																		
11	1:30	2:05	대상	10	12	14	9	107												
			난이도	D	D	E	D	E												
			소요시간(분)	7	3	10	4	4												
12	2:00	2:20	대상	57	56	29	39	71	27	11	26									
			난이도	B	D	C	B	B	B	B	C									
			소요시간(분)	0.1	7	2	4	0.5	0.5	0.1	3									
13	2:50	3:10	대상	4	80	19	62	7	6											
			난이도	B	C	D	D	A	A											
			소요시간(분)	0.2	4	8	5	0.1	0.2											
14	3:10	3:20	대상	8	20	21	23	22	28	24	25	18	17	16						
			난이도	A	B	B	B	B	B	A	B	B	B	B						
			소요시간(분)	0.5	0.2	0.1	0.5	0.2	0.2	0.1	0.5	0.5	0.1	0.5						
Break	3:20	4:00																		
15	4:00	4:20	대상	69	54	70														
			난이도	E	E	E														
			소요시간(분)	5	5	7														
16	4:15	5:00	대상	15	2	75	55													
			난이도	D	E	E	E													
			소요시간(분)	5	10	15	15													
17	5:00	박명	대상	72	73	30														
			난이도	E	E	F														
			소요시간(분)	12	3	?														

메시에 마라톤 준비 시 참고 자료

메시에 마라톤 완전 정복 : http://www.astrovil.co.kr/bbs/zboard.php?id=messier_marathon 천문인마을 홈페이지에 모든 대상에 대한 호핑법이 나와 있는 온라인 가이드북이 있다.

『**Messier Marathon Field Guide**』 : 대상별 파인더 차트와 보이는 모습이 표시되어 있는 책. 원서이긴 하지만 그림만 보아도 충분하다.

관측 기록 : 야간비행 관측 기록 게시판에 '마라톤'으로 검색해보면 먼저 마라톤을 완주한 선배들이 작성한 수십 개의 관측 기록을 찾을 수 있다.

메시에 마라톤 관련 유일한 책

역대 메시에 마라톤 우승자 명예의 전당

2001년 1회 대구 첨성대 변재규·유충목 43개

2002년 2회 대전 NGC 1팀 98개(NGC 2팀과 한 개 차이)

2003년 3회 중미산천문대 팀 이용해·허현오(결과 미상)

2004년 4회 세종대 천문동호회 허현오(결과 미상)

2005년 5회 야간비행 조강욱 100개

2006년 6회 우천 취소

2007년 7회 야간비행 조강욱, 별만세 25개(공동 우승)

2008년 8회 야간비행 조강욱 89개(5인치 반사 최소구경 우승)

2009년 9회 별사랑 구훈, 이범준 외 89개(별사랑 1, 2팀 공동 우승)

2010년 10회 야간비행 김남희 36개

2011년 11회 야간비행 이한솔 73개

2012년 12회 야간비행 이한솔 49개

2013년 13회 별하늘지기 임광배 53개

2014년 14회 우천 취소

2015년 15회 야간비행 박진우 104개(천문인마을 역대 최고 기록, 2위 고범규 103개)

2016년 16회 야간비행 임광배 51개(2위 또 고범규 50개. 또 한 개 차이)

2017년 17회 우천 취소

2018년 18회 야간비행 이한솔 65개

2019년 19회 우천 취소

2020~2022년 코로나로 대회 취소

2023년 20회 별하늘지기 김건희, 구동건 108개(공동 우승, 역대 최고기록 갱신)

2024년 21회 별하늘지기 이성재, 정태화 104개(공동 우승)

2025년 22회 별하늘지기 허현오, 김건희, 고범규, 이양수, 이동근, 정화경 103개 (무려 6명 공동 우승!)

천체 스케치
안시관측의 왕도

스케치를 하는 이유

필자가 안시관측에 처음 입문할 때부터 선배들에게 들은 얘기가 있다. "안시관측의 왕도는 스케치"라는 것이다. 천체 스케치는 망원경으로 보고 있는 대상을 그대로 종이에 옮기는 것이다.

초등학교 시절 그림일기 이후로 그림을 그리는 일과는 담을 쌓고 살아왔는데… 형님들의 추천에도 선뜻 그 길로 들어서긴 쉽지 않았다. 하물며 스케치를 추천하던 선배들도 스케치는 잘 하지 않았다. 왜? 쉽지 않으니까.

하지만 2009년부터 2016년까지 7년간 메시에 110개 모든 대상의 스케치를 해보고 나니 이제 알 것 같다. 왜 안시관측의 왕도가 스케치인지를.

천체관측에 처음 입문하는 분들께 스케치를 권하면 보통 다음의 두 가지 반응을 들을 수 있다.

① "사진으로 찍으면 훨씬 멋있는데, 힘들게 무슨 그림을…"

아래 그림은 하늘에서 가장 유명한 은하 중에 하나인 M 51 부자은하다. 하나는 허블우주망원경으로 찍은 화려한 사진, 또 하나는 필자가 망원경을 보며 파스텔로 그린 그림인데, 여러분은 어떤 것이 더 마음에 드는가?

화려한 사진이든, 파스텔로 그린 리얼한 그림이든 본인이 더 마음에 끌리는 것이 있을 것이다. 왼쪽 사진과 오른쪽 안시 스케치를 살펴보고 무엇이 더 마음에 끌리는지 확인해본다면 자신의 취향을 어느 정도 알 수 있다.

사람의 눈으로 불가능한 영역인 왼쪽의 허블우주망원경이 찍은 사진에 마음이 끌린다면 그쪽으로 발전을 시키면 되고, 무언가 부족한 게 많은 오른쪽의 스케치가 더 마음에 든다면 그쪽으로 가면 되는 것이다.

사진과는 다른, 내 눈에 실시간으로 보이는 것을 더 잘 보기 위한 노력, 그것이 안시관측이다.

 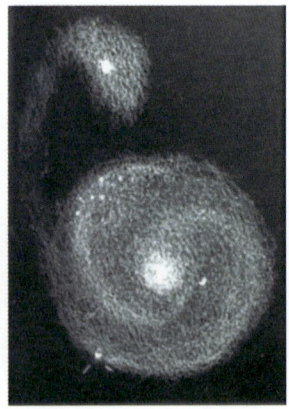

M 51 vs M 51

둘 사이에 무엇이 높고 낮다는 우열은 없지만, 아직까지 이 책을 덮지 않고 보고 있는 독자라면, 아마도 허블우주망원경이 찍은 사진에 비해 볼품없는 오른쪽의 그림에 이상하게도 눈길이 갈 것이다. 그것이 안시 관측의 본능이기 때문이다.

② "그런 건 엄청난 고수나 하는 일이야"

이건 필자가 실제로 가장 많이 듣는 말이다. 스케치는 절정 고수나 하는 일이라는. 그러나 천체 스케치는 고수나 하는 일이 아니라 고수가 되기 위해 하는 일이다!

스케치를 하면 훨씬 더 많은 것을 볼 수 있다. 왜냐하면 그 대상을 훨씬 더 오래 볼 수 있기 때문이다. 본인이 들고 있는 휴대폰을 한번 잘 살펴보자. 눈을 감아도 그 모습은 익숙하게 떠오를 것이다. 하지만 그것을 그려보려 하면 휴대폰의 생김새를 다시 잘 들여다봐야 한다. 모서리는 얼마나 둥근지, 버튼은 정확히 어디 달려 있는지, 표면의 무늬는 어떤 모양인지 등.

천체의 구조 역시 그렇게 하나씩 구체화시켜 그리다 보면 평소에는 그냥 지나쳤던 세세한 구조들을 명확히 파악할 수 있게 되고, 또한 그 와중에 시간은 훌쩍 흘러서 평소에 5분이면 지겨워지던 솜뭉치를 1시간

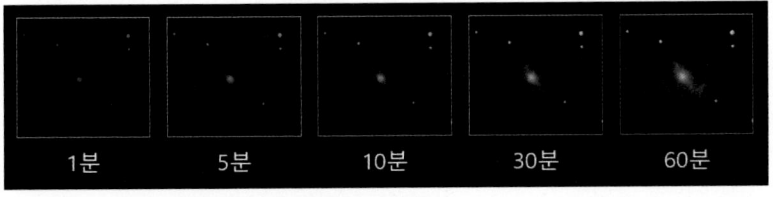

M 83의 참 모습을 보기 위해 필요한 시간은?(스케치 윤정한)

필자의 마지막 메시에 스케치, M 24 Star Cloud

씩 지치지 않고 관측할 수 있게 된다.

챕터 B에서도 언급했듯이, 어떤 대상이든 오래 보면 볼수록 더 많은 것을 얻을 수 있다. 또한 스케치를 하면 그냥 보고 지나친 대상보다 훨씬 오랫동안 기억할 수 있다.

5시간이 넘게 찍은 M 24의 별들, 그 깨알 같은 별들의 흐름과 농담을 필자는 또렷하게 기억할 수 있다. 왜냐하면 몇 시간을 오롯이 집중하여 M 24의 별들을 보아주었기 때문이다. 대상의 모습뿐만 아니라 어디서 보았는지, 누구와 함께 했었는지까지도.

스케치를 하는 마지막 이유는, 안시관측의 방법 중 가장 진입 장벽이 높지만 역설적으로 가장 효율적인 방법이기 때문이다. 무슨 뜻일까?

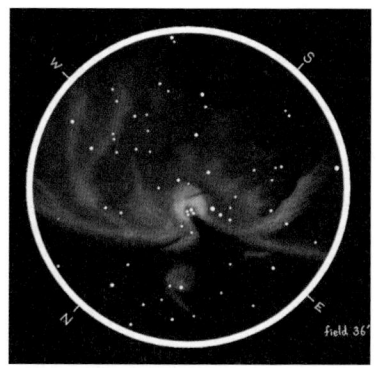 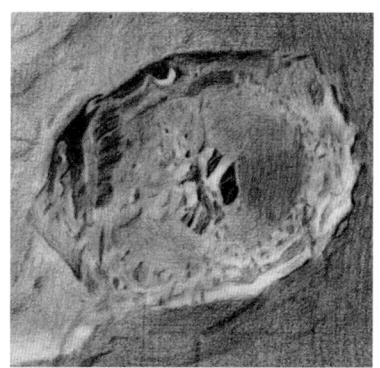

오리온 대성운(윤정한)　　　　　　　　테오필루스(Theophilus) 크레이터(조강욱 습작)

　관측 기록을 남기는 것은 안시관측의 3단계 선순환의 과정 중 하나인 중요한 일인데, 달 표면이나 오리온 대성운을 관측하고서 이 복잡한 대상을 대체 어떻게 표현할까?
　그림을 그리는 것을 좋아하지 않던 필자도 결국은 그 한계를 인정하고서 연필을 들 수밖에 없었다.

스케치 도구 : 우주여행 준비물

① 종이

종이는 200g/m² 이상의 두껍고 질감 있는 종이가 필요하다. 쉽게 말하자면 얇고 매끈한 표면을 가진 A4 용지와 정반대의 종이를 찾으면 된다(A4 규격은 보통 75g/m² 내외이다).

두꺼운 종이가 필요한 이유는 여러 번의 덧칠에도 그 특성이 변하지 않는 종이가 필요하기 때문이다. 얇고 매끈한 종이에 검은색을 표현하기 위해 연필이나 샤프로 여러 번 덧칠하면 검은색이 되는 대신에 까만 광이 나는 것을 경험해보았을 것이다. 그러나 미술용으로 판매하는 두꺼운 도화지나 스케치북은 덧칠을 하면 할수록 더 깊은 명암을 표현할 수 있다.

두껍다고 비싸지는 않다.

또한 두꺼운 종이는 이슬에 강해서, 실제로 야외에서 대상을 보면서 스케치할 때 몇 시간씩 이슬을 맞아도 변형이 생기지 않는다. 반면 A4 용지같이 얇은 종이는 습기에 흠뻑 젖어서 연필만 대도 찢어지거나 대패 삼겹살처럼 돌돌 말리게 된다.

그러면 하얀 종이와 검은 종이 중에 어떤 것을 쓰는 것이 좋을까? 다음 페이지에 나오는 두 장의 그림은 M 81과 M 82를 각각 다른 종이에 그린 것이다. 같은 사진을 보고 같은 자리에서 습작을 그린 것인데, 여러분은 어떤 그림에 더 마음이 가는가?

대부분은 검은 종이에 흰색으로 그린 대상을 선호한다. 실제 망원경

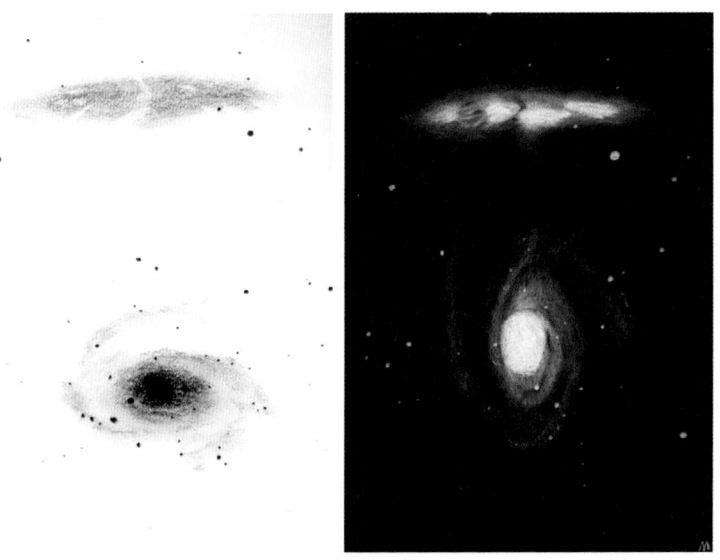

M 81, M 82 vs M 81, M 82

으로 보는 모습과 더 유사하기 때문이다. 우리가 보는 대상들은 까만 하늘에서 하얀 명암을 찾는 것이니까.

하지만 검은 종이에 흰색 재료를 사용하는 것은 하얀 종이에 검은 재료를 사용하는 것보다 난이도가 높다. 흰색 종이와 검은색 필기구의 종류가 훨씬(한 50배 정도) 더 많기 때문이다.

② 재료

흰 종이에 쓸 검은색 필기구는 그 수를 셀 수 없을 만큼 종류가 다양하다. 그중 가장 많은 것이 연필과 샤프일 텐데, 점으로 보이는 작은 별들을 날카롭게 그리려면 항상 예리함을 유지할 수 있는 샤프가 훨씬 유리하다. 그렇다고 너무 얇은 샤프는 종이를 뚫을 위험이 있어서, 필자는

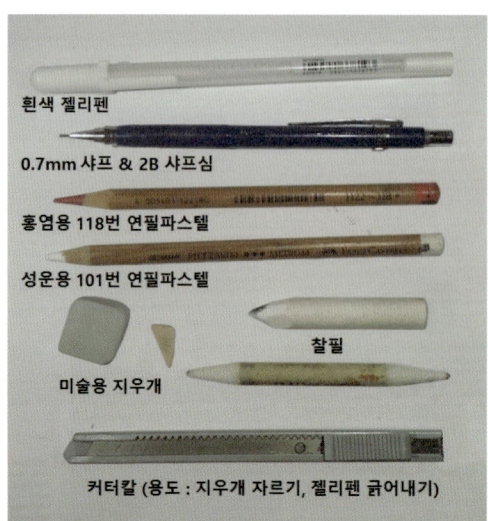

필자가 주로 쓰는 연장들

적당한 두께와 진하기를 낼 수 있는 0.7mm 샤프와 2B 샤프심을 사용하고 있다.

검은 종이에 사용할 수 있는 도구는 훨씬 제한적이다. 내가 사용하고 있는 것은 두 가지인데, 별을 표현하기 위한 젤리펜과 성운기를 표현하기 위한 파스텔이다.

젤리펜은 수정액과 비슷한 느낌으로 하얀 점을 만들 수 있는데, 문제는 샤프나 연필처럼 지우개로 지울 수가 없다는 것이다. 샤프로 그릴 때보다 좀 더 집중하고, 정 수정이 필요하다면 칼로 긁어내는 수밖에 없다.

파스텔은 은하나 성운 같은 구름들을 표현할 때 쓴다. 성운기를 흰 종이에 표현할 때는 검은색 파스텔을 쓰거나 그냥 샤프로 칠한 후 번지게 만들어도 된다.

사실 얼마 전 불투명한 작고 하얀 점을 찍을 수 있는 궁극의 펜을 하나 찾았는데, 바로 독일 Rotring 제품인 Isograph 펜이다. 필자는 0.18, 0.25, 0.35mm 제품을 사용하고 있는데, 정말로 정교하게 완벽한 하얀 점을 만들 수 있긴 하지만 사용법과 관리 방법이 너무 까다롭고, 가격 또한 몇만 원대로 비싸서 입문 시기에 추천하기는 어렵다.

③ 찰필

위에서 얘기한 번지는 효과를 만드는 방법을 알아보자. 손가락이나 휴지로 할 수도 있지만 세밀한 작업은 불가능하다. 손가락의 두께 이하로는 정교함을 살릴 수 없기 때문이다. 이때 필요한 것이 천체 스케치의 완소 아이템, '찰필'이다.

찰필은 종이를 말아서 연필처럼 만든 것으로, 아래의 찰필 사용법을 잘 보고 연습해보자. 이 찰필을 잘 써야 밤하늘의 대상들이 실감나게 표현된다.

① 샤프를 눕혀서 살살 칠한다   ② 찰필로 문질러 준다   ③ 번짐 효과 완성!

찰필을 세워서 사용하면 더욱 정교한 표현도 가능하다.

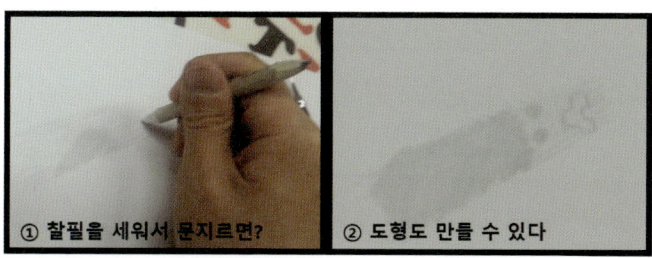

① 찰필을 세워서 문지르면?   ② 도형도 만들 수 있다

④ 지우개

찰필이 대상의 명암을 잘 표현할 수 있게 만들어주는 도구라면, 지우개는 가장 밝은 부분을 극적으로 표현하는 '하얀 연필'이다.

지우개는 항상 날카롭게 잘라서 사용해야 하는데, 물론 정교한 표현을 위해서이다. 넓은 성운의 명암을 표현하기 위해서는 지우개의 넓은 면으로 (문지르는 것이 아니라) 찍어내면서 톤을 조절하는 경우도 있다.

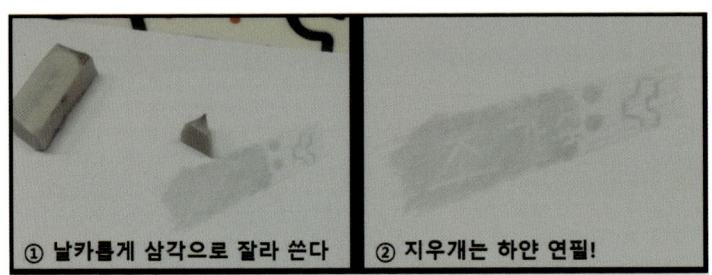

① 날카롭게 삼각으로 잘라 쓴다 ② 지우개는 하얀 연필!

미술용품은 어디서 사나?

동네 문구점에도 기본적인 필기구는 있겠지만, 대형 화방에서 수많은 제품 중에 본인의 취향에 맞는 것을 골라 쓰는 것이 좋다.

서울에 사는 필자는 국내 최대 화방인 반포 고속터미널 지하의 한가람문구와 홍대 앞의 호미화방을 애용한다. 매장이 워낙 커서 죽치고 서서 물건을 골라도 전혀 눈치가 보이지 않는다.

그리고 망원경 사는 것과 마찬가지로 보지 못한 물건을 온라인으로 구매하면 실패할 가능성이 크다. 꼭 실물을 매장에서 만져보고 구입하는 것을 추천한다.

대상별 표현 방법

산개성단

산개성단 스케치는 테크닉의 측면에서는 가장 쉽다. 그저 비례에 맞춰서 점만 잘 찍으면 되는 것이다(하지만 그 찍을 점이 많으면 점찍기 단순 반복 노가다(?) 시간이 무한정 늘어날 수도 있다).

일단 예제 사진을 보면서 집에서 연습을 해보자. 천체 스케치 경험이 없다면 우선은 검은 종이보다 흰 종이에 샤프를 사용하는 것이 좋다. 그게 훨씬 쉽다.

오른쪽의 사진은 가을밤의 산개성단 M 34이다. 이걸

M 34의 무엇에 집중하여 그려야 할까?

어떤 크기로 그릴까? 성단만 크게? 아님 배경까지 같이?

① 구도 잡기

일반적으로 산개성단은 밀집도가 낮기 때문에 배율을 너무 올리면 이게 성단인지 그냥 별이 많은 지역인지 경계를 알기 어려운 애들이 대부분이다. 따라서 구도는 산개성단이 주변 별들에 비해 돋보일 정도의 그리 높지 않은 배율로, 하지만 성단 내의 Star Chain 등 주요 구조가 충분히 분리되어 관측될 정도로는 보여야 한다.

② 밝은 별부터

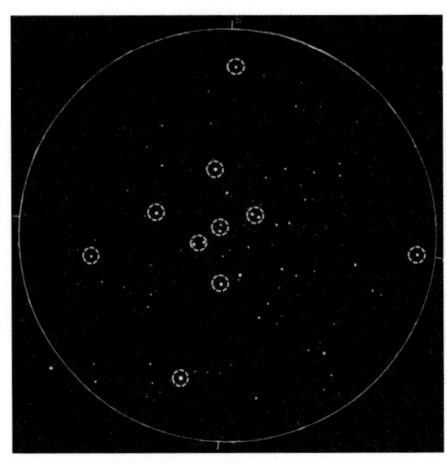

가장 밝은 별들부터 배치한다.

구도를 잡았으면 이제 본격적으로 시작. 가장 돋보이는 구조만 열심히 그리는 사람도 있는데, 이 경우엔 완성 후 주변 별들과의 비례나 밝기가 맞지 않는 어색한 결과물이 될 수 있다. 시야 내에 보이는 별들의 밝기를 우선 가늠해 보고, 가장 밝은 별부터 가장 어두운 별까지 어느 정도의 크기로 점을 찍을 것인지 생각해본다.

우선 시야 중심부의 밝은 별부터 주변부로 나가며 5~10개의 점을 찍는다. 여기서 가장 중요한 것은 비례를 정확히 맞추는 것이다. 아무런 눈금도 없는 하늘에서 정확히 똑같이 기초 공사를 한다는 것은 막막한 일이다. 별로 재미도 없고 시간도 오래 걸리지만 이 시기에 '본인이 만족할 만큼' 완벽하게 작업이 되지 않으면, 세부 묘사를 하면 할수록 눈으로 보는 것과 더 많이 달라지게 되어 의욕이 떨어질 수밖에 없다.

③ 어두운 별까지

가장 밝은 별들로 기초 공사를 마친 후에는 전체 영역을 가상의 구역으로 나누어서 작은 별들을 찍는다. 핵심 영역부터 시작해서 주변부까지 확장해나가면 된다. 세부 구역을 그리더라도 주위 큰 별들과의 위치 관계를 염두에 두고 전체적인 구도가 틀어지지 않도록 주의해야 한다.

사실 모눈종이에 자를 대고 그리는 것도 아니고, 그려놓고 보면 '어, 이거 아닌데!' 하는 경우가 발생할 수 있다. 연필로 그렸으면 지우고 다시 하면 되지만, 젤리펜과 같이 지울 수가 없는 재료일 경우는 어떻게 해야 할까?

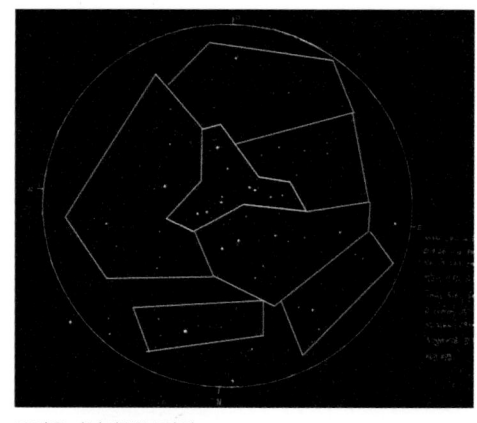

구역을 나눠서 부분 작업

첫째로는 실수하기 전에 집중해 그리는 것이 최우선이고, 대세에 지장이 없다면 그냥 쿨하게(?) 넘어가자. 의도적으로 틀릴 필요야 물론 없지만 사람의 한계를 인정하는 것도 필요하다. 똑같이 찍는 것은 사진이 해야 할 일이니 말이다.

그리고 보이는 것과 똑같이 그리는 것보다 더 중요한 것은 본인의 의도를 표현하는 것이다. 산개성단 스케치의 핵심은 Star Chain을 어떻게 그리는지에 달려 있는 일이기 때문에, 내가 표현하고 싶은 별 배치나 라인을 어떻게 잘 표현하는지가 가장 중요하다.

아무리 똑같이 성단 하나를 그린다고 해도 거기에 내가 표현하고 싶은 포인트를 삼지 못하면 기억에도 남지 않고 건조한 '기록'으로만 남게 된다(나를

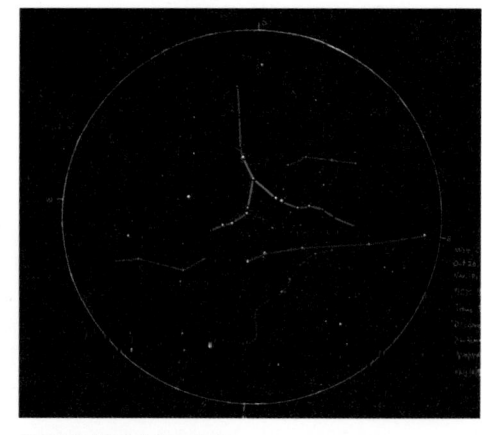

M 34의 아름다운 Star Chain

이해시킬 수 없는 스케치는 다른 사람에게도 큰 도움이 되지 못한다).

가상으로 나눈 세부 구역별로 모두 관측을 마쳤으면, 마지막으로 구역별로 안 그린 별이 있는지 꼼꼼히 체크한다.

④ 깔끔한 마무리

```
M84·86 region (Gx In Vir)      대상 이름 / 별칭
May 30. 2014  2200 ~ 0020      일시 / 시간
강원 인제 상남면. S.Korea        장소
Trans. 6/6    Seeing 5/6       하늘 상태
Discovery 15" Dob (f=1905mm)   구경
Pentax XL 21mm (91X)           배율
```

관측 정보의 예

아이피스 원은 그리는 것이 좋을까, 안 그리는 것이 좋을까?

이것은 대상의 특성마다, 개인의 취향 따라 다른 것이지만, 나를 포함한 대부분의 별쟁이들은 산개성단 관측 시 원을 그려준다. 성단류는 성운에 비해 크기가 작고 경계가 명확해서 아이피스 원을 그려주면 진짜로 관측하는 듯한 사실감을 더해줄 수 있다.

아이피스 원보다 더 고민되는 것은 관측 정보를 어떻게 남길 것인가 하는 것이다. 일반적인 그림에서는 당연히 작가 서명 외에는 그림 위에 아무것도 쓰지 않는다. 그림의 해석은 감상하는 사람의 몫이고, 설명이 필요하면 그림 밑에 주석을 달면 되기 때문이다.

그럼 천체 스케치는? 이건 예술이기 이전에 관측이니, 관측의 본질을 생각하는 것이 우선이다.

⑤ 화룡점정 (살아 움직이는 산개성단을 만들려면?)

(a) 밤하늘의 어떤 별을 봐도 찌그러진 별은 없다. 그럼 당연히 별은

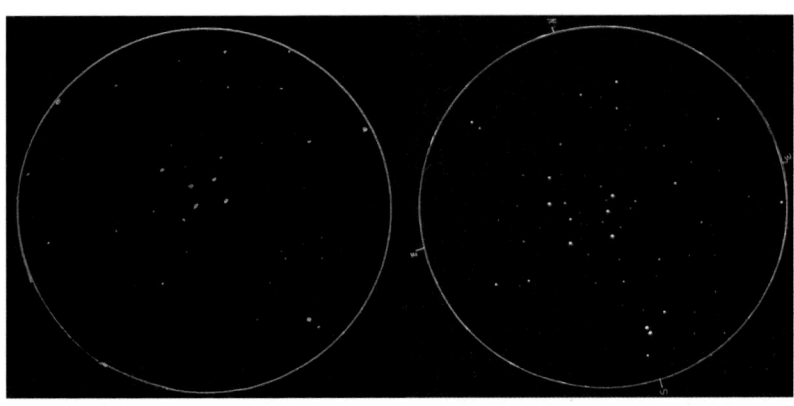

거친 M 29 vs 섬세한 M 29

동그랗게 그려야 하는데, 스케치를 처음 하는 분들이 가장 간과하기 쉬운 것이 별을 '대충' 찍는 것이다. 밝은 데서도 원을 그리기 쉽지 않은데, 어둠 속에서 완벽하게 동그란 점 100여 개를 찍기란 만만한 일이 아니다. 그렇다고 찌그러진 별을 그대로 두면 사실감이 떨어지고 기록으로서의 가치도 떨어진다.

별을 찍을 때는 본인이 할 수 있는 최대한의 정성으로 동그라미를 만들어보자! 그릴 때는 번거롭지만 그 결과물을 보면 본인의 만족감도 훨씬 올라갈 것이다(필자는 관측을 마치고 집에 돌아와서 밝은 불빛 아래에서 맑은 정신으로 한 번씩 더 살펴보며 찌그러진 별들을 후보정(?) 해준다).

(b) 성단 내의 밝은 별들은 뿌옇게 성운기가 보이는 경우가 있는데(170쪽 '성운기' 참조), 이 성운기를 제대로 표현해줘야 아이피스로 보고 있는 것 같은 약간은 답답한 안개 낀 성단의 모습을 사실에 근접하게 표현할 수 있다. 찰필과 약간의 파스텔 가루 정도면 충분하다.

(c) 성단과 관계없는 아이피스 시야 한 귀퉁이의 작은 별은 찍어줘야 할까, 말아야 할까?

필자의 경험상으로는 있으나 없으나, 하나 마나 해 보이는 작은 배경 별들을 최대한 정확하게, 최대한 많이 찍어줘야 스케치의 생동감이 살아난다. 대상만 크게 그려도 스케치의 목적(디테일한 관측)에는 전혀 문제가 없겠지만, 그에 못지않게 '사실감'을 추구하는 필자로서는 그 잔별들을 결코 포기할 수가 없다.

(d) 19세기에 카메라가 발명되고 1845년 처음으로 천체사진이 등장하기 전까지, 천문학자들은 기본적으로 화가가 되어야만 했다. 기록하고 설명할 방법이 그것밖에 없었으니까.

이제 안시관측은 천문학이 아니라 취미의 영역으로 넘어왔지만, 아직 천체 스케치에는 방위를 표시하는 관습이 남아 있다. 스케치를 마치고 방위를 표시하고 있으면 마치 18세기 천문학자가 된 것 같은 느낌이랄까. 방위를 알 수 있는 방법은 간단하다. 별이 흐르는 방향이 서쪽이다. 그 서쪽만 표시할 수도 있고, 동서남북 전방위를 표시해도 좋다(필자의 스케치들 참조).

M 34 산개성단 천체 스케치 방법

백문이 불여일견! 그림을 그리는 과정을 말로만 설명하기엔 한계가 있어서, 흰 스케치북에 샤프로 M 34를 그리는 모습을 동영상으로 만들어보았다.

구상성단

　구상성단도 전체 구도를 잡고 밝은 별부터 위치를 정확히 잡아주는 것은 동일하다. 그 다음 할 일은 파스텔을 이용해서 전체 성단의 크기를 잡고, 성단 내의 작은 별들과 특징적인 구조를 표현하는 것이다.

　그 수많은 구상성단의 별들을 모두 똑같이 찍을 필요는 없다(가능하지도 않다). 하지만 중요한 것은 내가 표현하고자 하는 것이 잘 표현되도록 하는 것이다. 그것이 Star Chain이든, 특이한 구조든 말이다. 완벽히 똑같이 만드는 것은 사진에게 양보해도 된다^^*

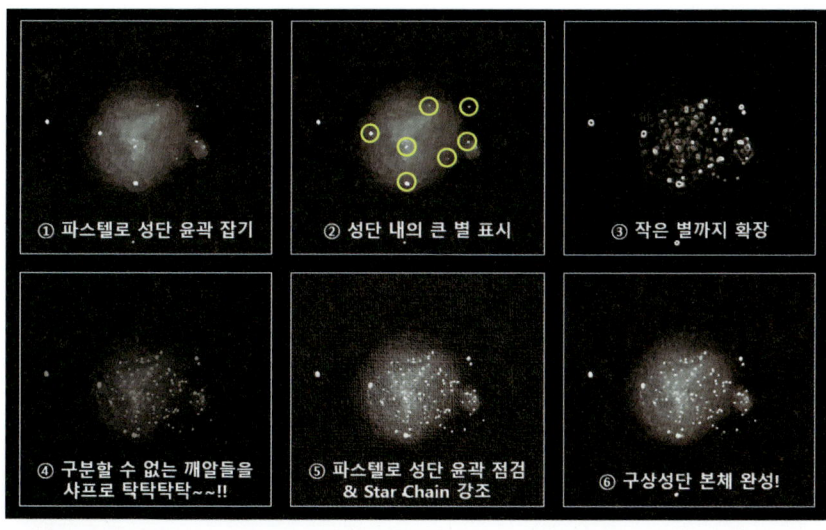

구상성단 제조 순서

> **M 30 구상성단 천체 스케치 방법**
>
> M 30을 선택한 이유는 성단 내외부를 넘나드는 아름다운 Star Chain을 표현하는 것을 연습하기 위해서이다. 그리고 동영상 5분 40초부터 나오는 '찍기 신공'을 잘 봐둘 것을 권한다. 필자의 구상성단 스케치 필살기니까! 하나 마나 한 것처럼 보여도 이것이 구상을 구상답게 만든다.

은하 & 성운

은하와 성운의 스케치는 거의 유사하다. 밤하늘의 구름 한 조각을 그리는 것이기 때문이다. 여기서는 성운보다 난이도가 낮은 은하 스케치를 다루어보았다. 처음부터 대작을 만들려고 오리온 대성운을 스케치하려다가는 금방 포기(그릴 것이 너무 많아서)하게 될지도 모른다.

오른쪽 페이지의 그림은 윤정한 님의 M 83 스케치를 작업 순서대로 재구성한 것이다. 전체적인 틀은 어떤 대상이든 똑같다.

구도 → 대상 윤곽 → 디테일 → 잔별.

필자가 스케치를 하는 이유는 눈으로 아이피스를 들여다보는 것과 똑같이 표현하고 싶은 강렬한 욕망 때문이다. 그 대상을 더 자세하게, 실감나게, 아름답게 기억하기 위해서. 그리고 대상과 관계없는 배경 별들을 성실하게, 혹은 바보처럼 하나하나 찍어줄수록 그 대상의 생명력은 더욱 살아나게 된다.

은하나 성운의 구름 같은 성운기는 샤프나 파스텔로 살살 칠해준 뒤 (세게 칠하면 그 선의 자국이 남는다) 찰필로 정성껏 문질러주면 된다. 그 테

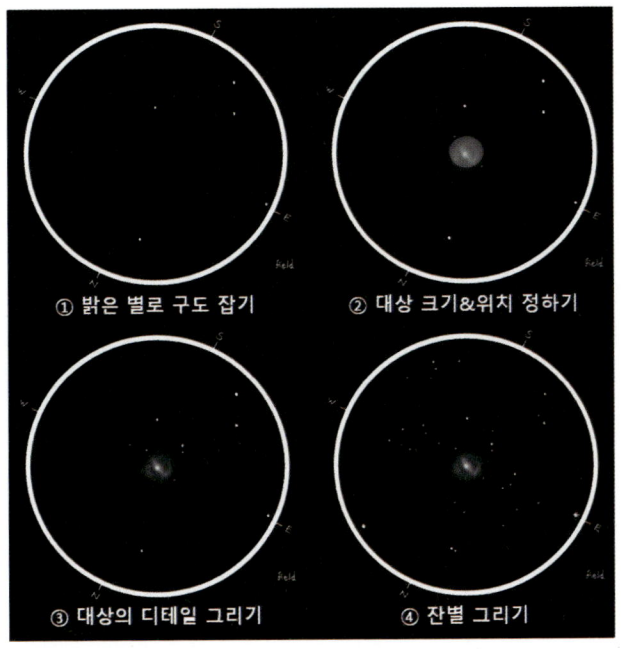

은하 만드는 방법

크닉은 봄철 최고의 은하 NGC 4565의 스케치 동영상 QR코드로 대신한다(오른쪽 네모 안의 코드). 구름의 생동감을 만들어주는 찰필의 위력과, 날카로운 암흑대와 톤 조절  을 가능케 하는 '하얀 연필'인 지우개의 마술을 감상하는 것이 관전 포인트이다.

위 동영상을 보신 분이면 찰필과 지우개의 활약 중에 무언가 이상한 것을 느꼈을 것이다. 처음 대상의 구도를 잡을 때 은하의 장축을 조금 비뚤게 그렸는데, 다시 그리기는 아까워서 계속 수습하려 노력했지만 한 번 비뚤어진 은하는 쉽게 펴지지 않았다. 어떤 대상이든 시작부터 구도를 잘못 잡으면 그리면 그릴수록 우울해진다. 처음에 시간이 걸리더라도 구도를 완벽하게 잡아야 그릴수록 신나는 관측이 될 수 있다!

태양

천체 스케치 대상 중 가장 쉬운 것은 단연 태양일 것이다. 낮에 밝은 빛 아래에서 그릴 수 있기 때문이다. 다만 그릴 구조(불꽃)가 너무 많고 빨리 변해서 오히려 더 어려울 수 있는데, 찰필을 과감하게 사용하여 홍염의 방향을 표현하면 된다. 흐린 불꽃은 찰필에 묻어 있는 잔여 흑연 가루로만 쓱쓱 문질러도 된다.

토성

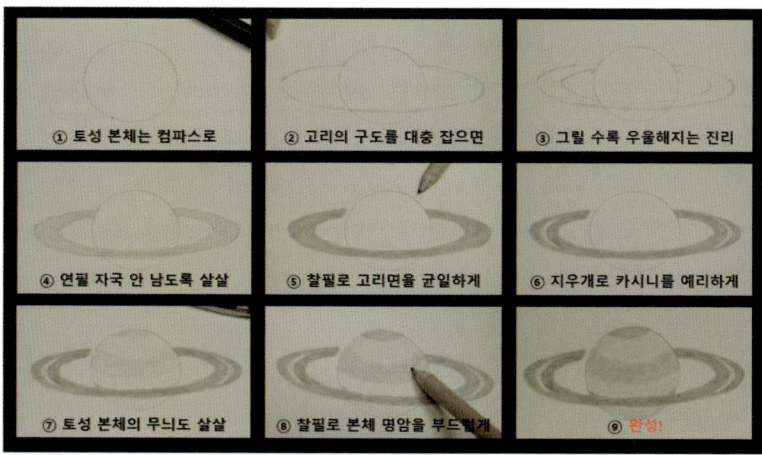

카시니 간극은 지우개로 예리하게

Deep-sky 스케치에서 구도 잡는 것이 중요한 만큼 토성은 고리 모양을 정확히 잡아내는 것이 가장 중요하다. 구도를 대충 잡을 경우 '그리면 그릴수록 우울해지는' 가장 확실한 대상이 토성이다. 토성의 고리는 Sky safari 등으로 그 모양을 확인하고, 토성 본체와 고리의 구도를 미리 집에서 그려가는 것도 효율적이다.

천체 스케치에 유용한 아이템

① 컴퍼스
아이피스 원과 행성 밑그림을 깔끔하게 그릴 수 있다.

② 칼
검은 종이에 젤리펜으로 찍은 별을 지우기 위한 용도. 물론 쓰는 일이 없게 만드는 것이 최고!

③ 탁자
휴대용 탁자에 종이와 재료들을 올려놓으면 안정적으로 편하게 그림을 그릴 수 있다.

④ 암등
태양계 스케치에는 암등이 필요 없지만(어차피 암적응이 안 되니까) Deep-sky에는 당연히 필수품이다. 다만 그림을 그리기 위해서는 평소보다 조금 더 밝게 암등을 조절해야 하는데, 암적응이 깨지지 않는 범위 내에서 암등 밝기를 최대로 조절할 수 있도록 꼭 밝기 조절되는 암등을 사용해야 한다(110쪽 '암적응을 위한 Check list' 참조).

⑤ EQ 플랫폼

EQ 플랫폼(Equatorial Platform)은 일주 운동을 하는 천체를 추적하는 것이 불가능한 돕소니언 망원경이나 경위대 망원경을 추적이 가능하게 만들어주는 장비이다.

필자가 사용하는 EQ 플랫폼(www.astrothingy.de)

안시관측에서 대상을 자동으로 도입해주는 Go-To 기능은 별 필요가 없지만, 찾아놓은 대상을 계속 쫓아가는 Tracking 기능은 관측의 효율을 훨씬 높여줄 수 있다. 특히 장시간 한 대상을 관측해야 하는 스케치에서 그 위력은 압도적이다.

필자는 EQ 플랫폼을 쓸 때와 쓰지 않을 때의 스케치 효율(속도)이 약 3배 정도 차이가 난다. 지구 자전에 의해 끊임없이 흘러가는 대상을 반복 추적하는 시간을 생략하고 오롯이 대상을 관측하는 데만 집중할 수 있기 때문이다.

천체 스케치 성공 비결 10가지

1. 구도를 완벽히 잡은 후에 시작하지 않으면 그리면 그릴수록 우울해진다.
2. 찰필로 블러(Blur) 효과를, 지우개는 날카롭게 잘라서 하얀 연필로.
3. 본인이 할 수 있는 최대한의 노력으로 별을 동그랗고 불투명하게 그려보자.
4. 하나 마나인 것 같은 작은 디테일을 반복하면 대상이 살아난다.
5. 관계없는 별이라도 배경 별들을 많이 찍어주면 생동감이 배가 된다.
6. 대상의 특정 구조에만 집중하지 말고 전체를 보면서 밸런스를 유지한다.
7. 크게 그리면 그릴수록 그리기가 더 수월해진다. 더 큰 종이에 자신있고 대범하게!
8. 죽이 됐든 밥이 됐든, 많이 그려보는 사람의 실력이 빨리 느는 것은 당연한 진리.
9. 평소에 익숙한 대상, 또는 더 잘 보고 싶은 대상부터 시도해보자.
10. 똑같이 그리는 데에 집착하기보다는 내가 표현하려는 것이 잘 나타날 수 있도록 나만의 감정을 불어넣는 것이 가장 중요하다.

표현의 한계?

밤하늘의 대상을 꼭 흰 종이나 검은 종이에만 그리란 법은 없다. 다만 그게 가장 쉽고 일반적인 방법이라 입문용 책에 소개한 것이다. '별 그림'의 세계는 천체관측의 세계만큼 넓고 깊지만, 이 책에서는 간략히만 소개하겠다.

별 풍경 그림

망원경으로 보는 대상만 별인 것은 아니다. 맨눈으로 보는 아름다운 하늘을 어떻게 표현해볼까? 각기 다른 재료로 다음 그린 네 장의 그림을 보자. 각각 파스텔, 아크릴, 색연필, 유화로 그린 별 하늘 풍경이다.

마라톤을 하는 이유(파스텔과 색연필.조강욱, 2011)

지구 접근 소행성
2012DA14
(캔버스에 아크릴. 조강욱, 2012)

눈썹달과 개밥바라기
(수채 색연필. 박상구, 2013)

교촌동 옥상 천문대
(캔버스에 유화. 서수민, 2012)

건조한 달 vs 뜨거운 달

한 번이라도 망원경으로 달을 본 사람이라면 달의 느낌이 기억날 것이다. 그 삭막하고 건조한 풀 한 포기 날 것 같지 않은 풍경이.

그런 달을 표현하기엔 따뜻한 느낌의 재료보다는 건조한 느낌을 내줄 재료가 더 잘 어울린다.

아래 달 그림들에선 각기 다른 온도가 느껴질 것이다. 하지만 내가 그린 달이 따뜻하면 어떻고, 차가우면 어떤가? 내가 표현하고 싶은 느낌만 잘 표현될 수 있다면 그걸로 족하다.

잉크로 찍은 사막같은 점묘법 달

아크릴 물감으로 그린 뜨거운 달

연필로 만든 따뜻한 달

어느 달이 가장 마음에 드시나요?

천체화

별 그림을 꼭 대상을 보면서 똑같이 그려야 할까? 그게 기본이지만 그림에선 좀 더 상상력을 발휘해볼 수도 있다.

아래 그림은 바흐의 〈브란덴부르크 협주곡〉 5번 1악장 뒷부분의 피아노 독주를 들으며 생각난 대상인 M 5의 '상상화'이다. 일부러 어떤 자료도 찾아보지 않고 그냥 생각나는 M 5의 이미지를 그려보았다. 아슬아슬하게 박자와 리듬을 이어가면서도 오묘한 조화를 이루는 그 피아노 연주가, 꼭 M 5의 무수한 별들이 이루는 완벽한 조화를 연상케 한다.

 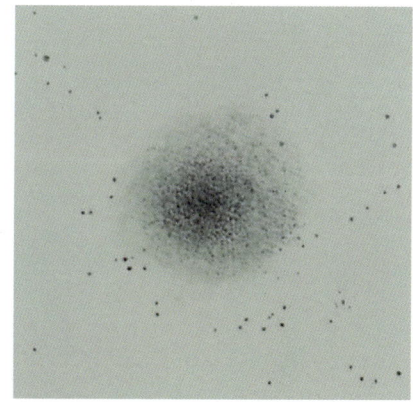

음악 속의 M 5 vs 망원경으로 본 M 5

※ 대체 어떤 음악이길래? 젊은 시절 글렌 굴드의 연주로 들어봅시다.

다음 소개할 대상은 M 13이다. 과천 국립현대미술관에서 곽인식 화백의 점으로 만든 단색화 작품을 보고서 영감을 얻은 후, 일전에 샤프로 4시간 동안 점을 찍어 그려놓았던 M 13의 스케치를 보면서 큰 붓으로 거칠게 점을 찍었다. 아이러니하게도 필자가 아이피스로 본 M 13의 진짜 모습은 4시간 동안 정밀 묘사로 그린 오른쪽 그림보다 왼쪽의 거친 점들과 더 유사하다.

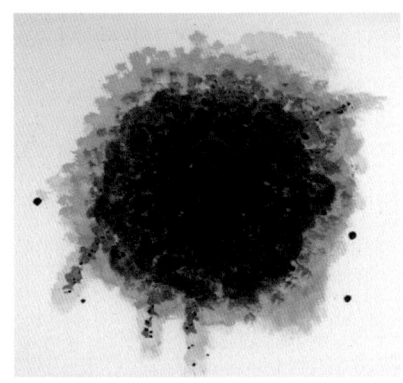 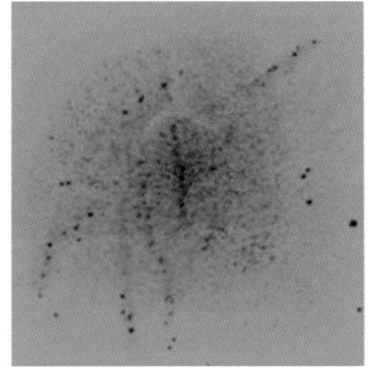

어떤 것이 더 M 13 같을까?

스케치도 디지털로 갈아타볼까?

처음 디지털 카메라가 천체사진에 등장했을 때 "이게 무슨 사진이냐? 합성이지"라는 논란이 많았다. 하지만 2000년대 초반부터 디지털 사진이 보편화되면서 필름 카메라를 빠르게 대체하고, 2010년대에는 전자성도가 종이성도를 점차 역사의 뒤편으로 밀어낸 것처럼, 스마트 기기의 발전으로 천체 스케치도 종이와 연필 대신 태블릿과 스마트폰을 사용하는 인구가 조금씩 늘어나고 있다.

하지만 암적응을 방해하는 치명적인 문제와, 터치펜으로 디스플레이에 그리는 것이 연필로 종이에 그리는 것보다 직관적이지 않다는 이질감으로 인해 아직까지는 전통적인 방식으로 종이에 스케치를 하는 별쟁이가 세계적으로 훨씬 많아 보인다. 그러나 사진과 성도가 그랬듯이, 1609년부터 이어진 400년 역사의 아날로그 천체 스케치도 언젠간 옛 추억으로 남을지도 모를 일이다.

필자는 스마트폰으로 그림을 그리는 게 가능해지던 2010년대 초부터 디지털 스케치를 꾸준히 시도해보고 있다. 딥스카이 스케치와 같이 암적응을 유지하는 것이 중요한 대상은 검은 종이에 흰색 펜을 사용하고, 달 풍경 그림이나 행성 스케치와 같이 암적응이 필요 없고 다양한 색을 표현해야 하는 경우엔 스마트폰에 손가락과 터치펜으로 작업을 해왔다.

필자의 전 월령 스케치 프로젝트 (2014~2016)

그러나 필자에게도 몇 년 전부터 슬프지만 필연적인 변화가 찾아왔는데, 바로 노안이 온 것이다. 눈은 점점 침침해져서 붉은색 랜턴만으로는 사물이 잘 보이지 않고, 가까운 거리는 초점이 맞지 않아서 펜을 손에 쥐고도 내가 원하는 정확한 지점에 점을 찍지 못하게 되었다. ㅠ_ㅠ 고등학생 때부터 쉼없이 관측을 해왔다고 자부하지만, 눈 멀쩡할 때 더 열심히 할걸… 하고 부질없는 후회가 밀려오는 지금이다. 그래서 지금은 오랜 기간 이어오고 있는 장기 프로젝트(대마젤란은하 내의 70여 개 구역을 모두 관측하고 스케치를 남기는 엄청난 작업이다)까지만 종이 스케치를 유지하고, 그 외에는 강제로(?) 디지털 스케치로 갈아타게 되었다.

디지털 스케치의 가장 큰 장점은 Undo가 가능하다는 점이다. 종이 스케치를 하다가 잘못 그렸을 경우 연필과 파스텔은 지우개로 지우면 되고, 펜은 칼로 긁어내면 되지만 완벽하게 지우려면 세심한 노력이 필요하고 종이에도 필연적으로 그 흔적이 남게 된다. 하지만 디지털의 경우는 ↶(Undo) 버튼으로 손쉽게 이전 동작들을 단계별로 취소하는 것도, 지우개 아이콘으로 깔끔하게 지우는 것도, 레이어를 분리해서 수정하는 것도 가능하여 부담없이 그렸다 수정하는 것을 반복할 수 있다(하지만 여기에 너무 의존하면 오히려 과도하게 그렸다 지웠다 하는 무한루프에 빠지기 쉽다. 필자가 그렇다).

색 표현에 대한 부분도 디지털 장비는 터치 한 번으로 수많은 색을 구현할 수 있어서, 필요한 색상 수만큼 구비하거나 색을 조합해야 하는 기존의 도구들(파스텔과 색연필, 물감 등)에 비해 비교할 수 없는 우위를 지닌다. 필자가 처음부터 달 풍경 그림을 스마트폰으로 그리게 된 이유이다. 그와 더불어 종이도 필통도 도구도 필요 없이 터치펜을 사용할 수 있는 태블릿이나 스마트폰만 있으면 되니 휴대성과 편의성도 높아진다(터치펜을 쓸 수 없어도 손가락으로 그리면 되지만, 정교함이 많이 떨어지게 된다).

또 하나의 큰 장점은, 스케치 초반에 별 배치를 잡을 때 최대한 노력해서 별들 사이의 간격과 위치를 눈대중으로 맞추어야 하지만, 디지털 기기의 경우엔 전자성도에서 해당 영역을 캡처해서 반투명 레이어로 깔아놓고 그 위에 별 밝기만 맞추어서 찍으면 손쉽게 완벽한 비례를 맞출 수 있다. 이렇듯 디지털 기기는 정확한 구도를 잡는 효율성 면에서도 월등한 우위를 가진다.

필자는 갤럭시 스마트폰의 기본 앱인 삼성 노트를 거쳐 Sketchbook이라는 무료 앱을 오랫동안 쓰다가, 12인치 태블릿을 장만하고 (노안으로 인해) 본격적으로 디지털 스케치 작업을 하면서 앱도 Clip Studio라는 유료 앱으로 옮기게 되었다. 애플 유저의 경우는 대부분 Procreate라는 유명한 드로잉 앱을 사용한다.

Clip Studio나 Procreate와 같은 전문적인 드로잉 툴은 PC용 그래픽 소프트웨어인 포토샵과 비슷한 강력한 기능을 가지고 있다. 레이어 활용, 클리핑 마스크, 다양한 브러시 효과 등 전가의 보도로 쓸 수 있는 필살기가 많은데, 자세한 설명이 필요한 부분이라 개정판 출간에 맞추어 별하늘지기와 야간비행에 천체 스케치 기법에 대한 글을 연재하고 있다.

디지털 스케치의
A to Z

지가가 하참 디지털 스케치의 강점을 얘기했지만, 그래도 처음 시작하는 단계에서는 종이에 그리는 전통적인 스케치가 훨씬 진입 장벽이 낮다. 특별히 테크닉이나 재료 사용법을 많이 배우지 않아도, 종이에 펜으로 별을 찍고 특징을 묘사하는 아날로그 스케치는 기기와 앱 사용법을 함께 익혀야 하는 디지털 스케치보다 훨씬 직관적이다. 다만 종이 그림도 본인이 의도하는 부분을 잘 표현하고 완성도를 높이려면 미술학원이나 개인 교습을 통해 드로잉 기법과 재료 특성 등 기본기를 익히는 것이 좋다(필자도 종이 그림, 디지털 드로잉 모두 본격적으로 시작할 즈음에 해당 분야 전문가 선생님께 그림 그리는 법을 배웠다).

  노안으로 인해 종이 스케치가 어려워진 경우가 아니라면 우선 종이와 펜으로 시작해보고, 본인만의 관측 스케치를 어느 정도 정립하고 나서 디지털 스케치에 도전해보는 것을 추천한다.

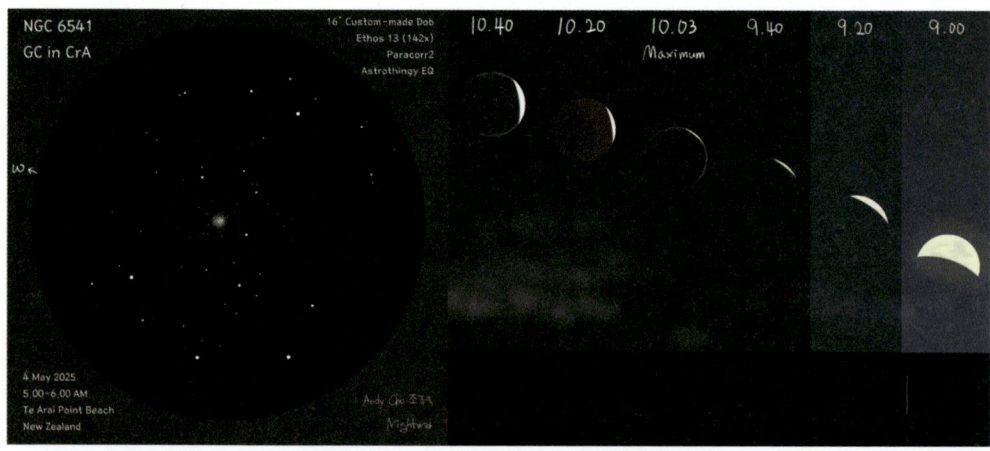

남쪽왕관자리 구상성단 NGC 6541   2021년 개기월식 진행 과정

해외 원정
우리나라 밖에서만 볼 수 있는 것

나만의 즐거움을 찾는다는 목적 아래 '제목 학원'부터 '테마 관측', '메시에 마라톤', '천체 스케치'까지 다양한 방법론을 생각해보았다. 마지막 소개할 '별 일'은 좁은 대한민국 땅을 넘어서 전 세계를 누비며 별을 보는 것이다. 단순히 여행지에 작은 망원경 하나 가볍게 들고 가는 수준은 아니다. 이제 막 관측에 입문하는 사람들에겐 아주 먼 얘기처럼 들릴 수도 있겠지만 재미의 측면에서도, 난이도 측면에서도 '해외 원정'은 충분히 해볼 만한 매력적인 일이다.

해외에서만 할 수 있는 '별 보는 일'은 무엇이 있을까?
- 이 세상 최고의 결정적 순간, 개기일식의 기적
- 신들의 빛, 넘실대는 오로라와 조우하기
- 북반구에서는 볼 수 없는 남쪽 하늘의 멋부리기

필자는 2005년 몰디브를 시작으로 총 4회 호주 관측 원정을 다녀왔고(2010년 뉴사우스웨일스, 2012년 퀸즐랜드, 2014년과 2023년은 웨스턴오스트레일리아), 개기일식을 보기 위해 2009년에는 중국 항저우에, 2012년에는 일본 도쿄와 호주 케언즈에, 2015년에는 북극 스발바르 섬에 있었으며, 2017년 미국 오리건주, 2019년 칠레 안데스산맥, 2023년 서호주, 2024년 미국 미주리주까지 세계의 거의 모든 개기일식을 보고 있다. 그리고 북극에 간 해에는 스웨덴 북부 지역에서 오로라도 보았다(가만, 다 알겠는데 몰디브엔 무슨 원정을? 설마 하셨겠지만 필자는 정말로 신혼여행지에 망원경을 들고 갔다).

  몰디브를 제외하면 모든 해외 원정은 모두 오로지 별만을 위한 여행이었다. 멀리 간 김에 관광도 실컷 하고 오면 일석이조 아닐까 싶겠지만, 필자는 호주 시드니에 도착하더라도 오페라 하우스 둘러볼 생각은 (절대로) 하지 않는다. 오랫동안 준비한 원정길에서 여러 번 성공과 실패를 경험하면서, 계획했던 것에 집중하지 못하고 그 목표가 흐릿해지면 간절히 원했던 것을 달성하기 어렵다는 것을 몸으로 깨달았기 때문이다. 별 보러 가서 딴짓하면 천벌 받는다! (진짜다.)

  다음의 이야기를 부담 없이 읽다 보면 '별'로 이룰 수 있는 일들이 세상에 무한히 많다는 것을 느끼게 될 것이다. 어떤 여행사도 여행 전문가도 못 해줄 얘기이니 집중~~!!

이 세상 최고의 결정적 순간, 개기일식의 기적

개기일식을 보면 인생이 바뀐다

개기일식은 달이 태양을 정확하게 가려서 대낮에 태양이 사라지고 순식간에 어둠이 찾아오는 현상이다. 태양의 1/400밖에 되지 않는 달이 어떻게 거대한 태양을 가릴 수 있을까?

지구에서 볼 때 태양이 달보다 400배 더 멀리 있기 때문이다. 이 극적인 우연으로 지구에서 보는 태양과 달의 시직경은 0.5도로 동일하고, 그 달이 태양을 감쪽같이 가릴 수 있는 것이다.

다만 달이 지구를 도는 공전궤도가 타원형이라, 달이 지구에 좀 더 가까이 왔을 때 일식이 일어나면 달 시직경이 조금 더 커져서 태양을 완전히 가리는 개기일식(Total Eclipse)이 일어나고, 달이 지구에서 멀 때는

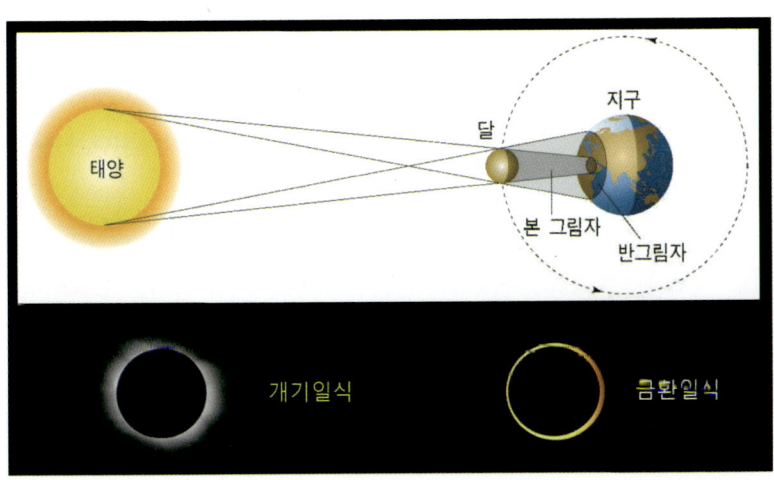

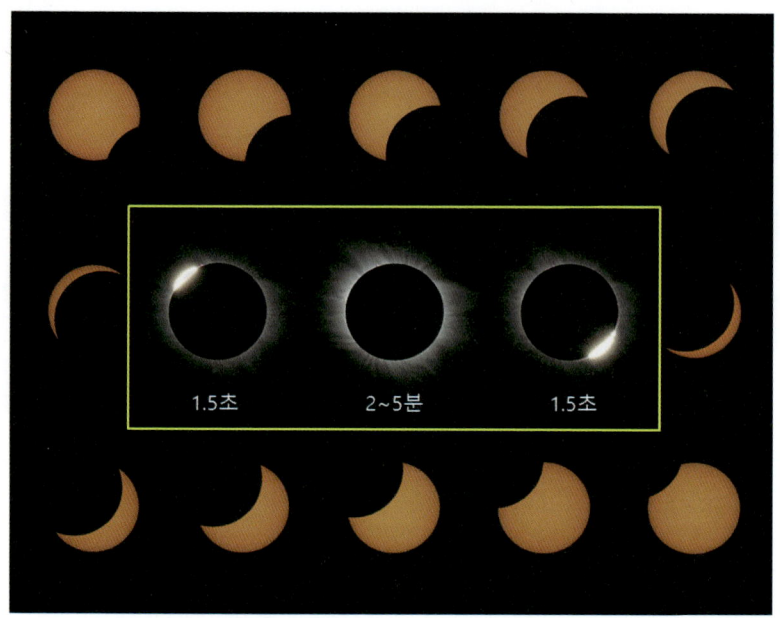

개기일식의 전체 과정. 모두의 관심은 노란색 네모 안의 모습뿐(Fred Espenak, 2006)

시직경이 작아져서 태양을 완전히 가리지 못하여 금반지 모양의 금환일식(Annular Eclipse)이 발생한다.

위의 그림은 개기일식의 전체 과정을 촬영한 것이다. 달이 태양을 점점 가릴수록 잘라먹은 뻥튀기 모양의 부분일식이 점점 얇아지다가 어느 순간, 하늘에는 어둠과 함께 검은 태양이 빛나게 된다.

바로, 바로 그 순간 때문이다. 전 세계의 개기일식 마니아, 스스로를 Eclipse chaser(일식 사냥꾼)라고 부르는 그들을 세상 어디든 기어코 찾아가게 만드는 바로 그 2~3분의 결정적 순간. 그 황홀한 광경에는 분명히 사람을 미치게 만드는 무언가가 있다.

그중에서도 딱 한 장면을 꼽으라면, Eclipse chaser라면 누구나

Diamond ring을 선택할 것이다. Diamond ring은 말 그대로 다이아몬드 반지처럼 보인다 하여 붙여진 이름이다.

   개기일식이 일어나기 직전, 태양이 빚어내는 마지막 한 줄기 섬광은 세상의 그 무엇보다 더 아름답고 더 황홀하다. 다이아몬드가 순식간에(약 1.5초 만에) 모습을 감추고 나면 누가 조명 스위치를 끈 것처럼 갑자기 어둠이 찾아온다. 이 어둠은 일식 때마다 그 농도가 달라지는데, 2009년 중국 항저우처럼 완전히 어두워질 때도 있고, 2023년 서호주와 같이 달이 태양을 아주 살짝만 가려서 밝기가 거의 변하지 않기도 하고, 2015년 북극 스발바르 섬에서처럼 새벽녘 어스름 정도로 보이는 경우도 있다.

중국 항저우 서호에서의 칠흑 같은 일식(필자 촬영, 2009, 왼쪽)과 서호주 Exmouth의 대낮같이 밝은 일식(필자 그림, 2023, 오른쪽)

북극 설산에서의 새벽 같은 어스름(김동훈, 2015)

개기일식은 보통 2~3분간 일어나게 되는데, 빨려들어갈 것 같은 아름다운 검은 태양을 멍하니 보고 있으면 시간이 한 5배쯤은 빠르게 흘러서 어느새 두 번째 다이아몬드와 함께 개기일식이 종료된다.

이후 약 한 시간가량 부분일식이 더 진행되지만, 개기일식을 보러 모인 인파 중 90%는 개기일식 종료와 함께 자리를 뜨고, 오직 전체 과정을

※ 일식 동영상으로 현장의 분위기를 느껴보자.

2009년 중국 서호(조강욱)   2012년 호주 앞바다(이혜경)   2015년 북극 설산(조강욱)

2017년 미국 평원(조강욱)   2019년 칠레 안데스산맥(조강욱)   2023년 서호주 북부(조강욱)

사진으로 담는 사람들만 자리를 지킨다. (필자는 사진은 찍지 않지만 태양에 대한 예의상 자리를 지키려고 노력은 한다^^;)

앞에서 잠시 언급한 금환일식은 달이 지구 궤도에서 멀리 있을 때 발생하는 일식으로, 오묘한 색의 금반지가 하늘에 떠 있는 것을 볼 수 있다. 하지만 태양을 모두 가리는 것이 아니라서 조명 스위치 꺼진 것처럼 갑자기 어둠이 찾아오지도 않고, 다이아몬드 링도 보이지 않는다.

그래서 Eclipse chaser들에게도 개기일식보다는 인기가 없지만, 그래도 그 금반지는 어떻게 생겼는지 궁금해서 2012년 도쿄에서 금환일식을 보고 왔다. 부분일식이 진행되는 동안은 일반적인 개기일식의 진행과정과 같이 뻥튀기 잘라먹은 모양이 점점 커지다가 어느 순간부터는 달이 태양 안으로 쏙 들어가는 모습이 서서히 진행된다. 그리고는 마침내 금반지. 하늘이 살짝 어둑해지고 공기가 조금 서늘해지는 정도이다.

그래도 생전 처음 본 금환식 장면에 기분이 좋아서 "일식이다~~!!!"를 크게 외쳤는데, 도쿄 스미다 강변의 수천 인파 중에 소리를 지르는 사람은 필자 외엔 아무도 없었다. 거대한 침묵 속에 DSLR 셔터 소리만 가득할 뿐. 웃고 떠들고 끌어안고 난리가 나는 다른 나라의 일식과는 너무나 다른 풍경. 일본은 정말로 가깝지만 먼 나라인가보다.

도쿄 스카이트리 앞에서 본 금환식(검은 종이에 색연필, 2012)

어디에 가야 기적을 체험할까?

다음번 개기일식은 언제 어디에서 있는지 어떻게 알 수 있을까? 미국 항공우주국(NASA)에서는 우주 탐사만 하는 것이 아니라 고맙게도 일식에 대한 여러 가지 정확하고 방대한 정보도 제공해준다(http://eclipse.gsfc.nasa.gov/eclipse.html).

그중 가장 유용한 정보는 20년간의 전 세계 일식 정보를 오른쪽과 같이 한 장으로 보여주는 지도다. 기원전 2000년부터 서기 3000년까지 무려 5,000년간의 일식 경로가 깨알같이 수록되어 있으니(http://eclipse.gsfc.nasa.gov/SEatlas/SEatlas.html#2CE) 그걸 다 보기 위해서라도 오래오래 살아야겠다.

이 지도에서 파란색 선은 개기일식, 붉은색 선은 금환일식이다. 어떤 선은 붉은색이 파란색으로 바뀌는 경우도 있는데, 이것을 '하이브리드 일식'이라고 한다. 일식 경로의 어느 지역에서는 금환일식으로, 또 다른 지역에서는 개기일식으로 보이는 것이다.

대략 1~2년에 한 번씩은 찾아오는 개기일식인데 우리나라에는 언제쯤 찾아올까? 오른쪽 아래에 있는 보물 지도를 살펴보자. 한반도를 지나는 개기일식이 보일 것이다. 근데 위치가 조금 애매한데… 그렇다. 2035년의 개기일식은 평양을 정확히 관통한다. 남쪽 땅은 강원도 고성을 아주 살짝 스치고 지나가서, 휴전선 이남에서는 약 10km 정도의 공간에서 개기일식을 볼 수 있다(서울에 있더라도 부분일식은 볼 수 있다).

그때까지 통일이 되지 않는다면, 목 좋은 곳에서 개기일식을 감상하고 싶다면 한 달 전부터 고성에 텐트 치고 자리 잡고 있을 필자보다 빨

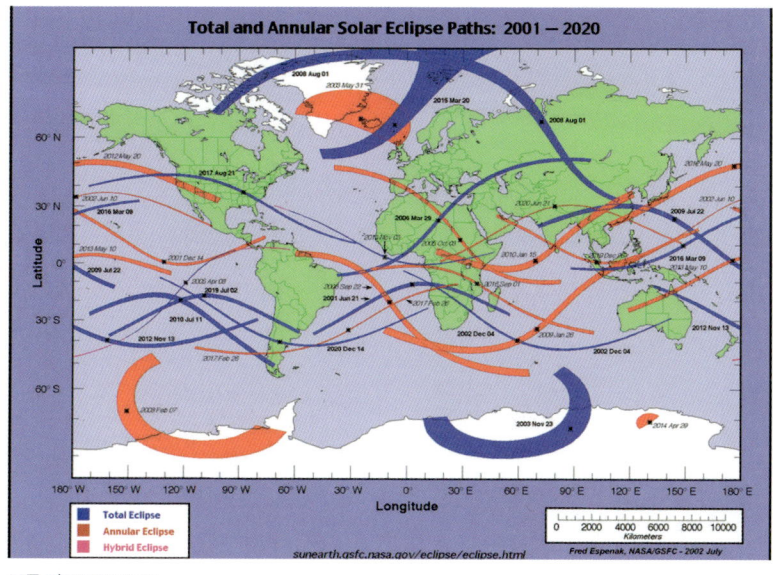

보물 지도(출처 NASA)

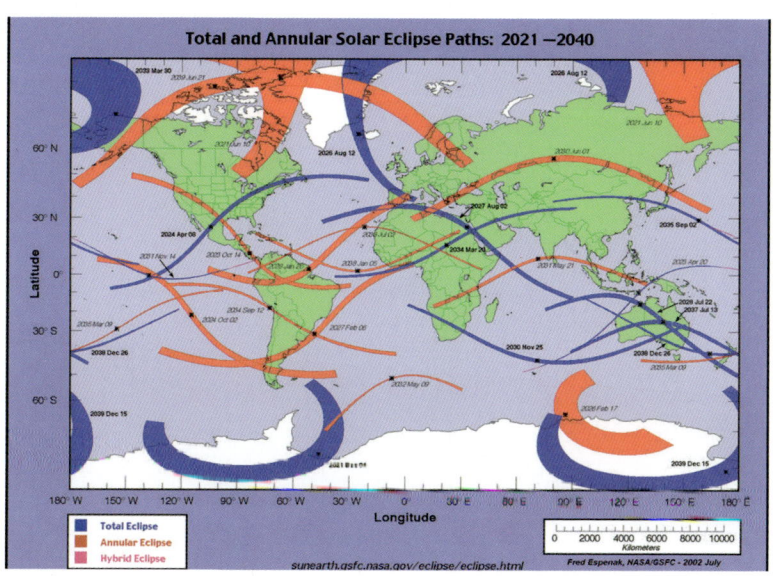

통일이 시급한 이유(출처 NASA)

리 출발해야 할 것이다.

일식 경로 안에 들어가 있는 데에 성공했다 해도 구름이 태양을 가리면 당연히 일식을 볼 수 없다. 그저 하늘이 어두워졌다가 다시 밝아지는 것만을 느낄 수 있을 뿐이다. 한 번 일식을 놓치면 다시 1~2년을 기다려야 하는데, 그 멀리까지 비행기 타고 가서 허탕을 치고 오면 그 실망감은 이루 말할 수가 없다.

그러면 어떻게 하지? 개기일식이 일어나는 지역의 폭은 수십~수백 km로 좁지만 그 길이는 대륙을 가로지를 만큼 길기 때문에 가장 날씨가 좋은 지역을 찾아가면 된다. 하지만 자신이 사는 지역이 아니면 우리나라 날씨도 잘 모르는데 이름도 들어본 적 없는 먼 타국의 미래 날씨는 더욱 막막하기만 하다. 필자를 포함한 전 세계의 Eclipse chaser들은 오직 한 사람, 일식 날씨 예보의 구루(guru)로 불리는 캐나다의 제이 앤더슨(Jay Anderson) 할아버지의 분석 자료에 의존한다(http://eclipsophile.com).

하지만 앤더슨 할아버지가 찍어준 곳에 간다 해도 100% 성공이란 있을 수 없다. 그간의 기상 통계가 그런 것일 뿐 당일 날씨는 그날 되어봐야 아는 것이니, 우리는 진인사대천명의 격언을 생각하며 최선의 준비를 하고 나서 하늘의 허락을 기다려야 하는 것이다.

필자는 개기일식을

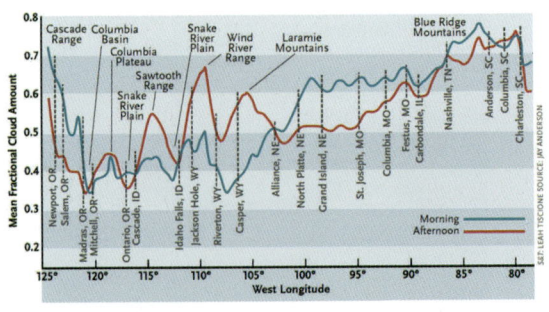

지역별 15년간 운량(雲量) 통계. 구루의 가르침은 언제나 옳았다.

보기 전에 이런 얘기를 자주 들었었다.

"개기일식을 보고 나면 인생이 바뀐다."

'대체 그게 뭐길래 인생을 바꾼다는 것일까' 하는 순수한 궁금증에 2009년 중국행 비행기에 몸을 실었다가, 2012년 일본과 호주, 2015년 북극 스발바르 섬을 거쳐, 2017년 미국과 2019년 칠레, 2023년 호주, 2024년 미국, 2026년 스페인, 2027년 이집트까지… 내 인생의 모든 해외여행은 이미 하늘이 다 정해놓았다.

필자는 죽기 전까지 일생의 모든 개기일식을 보기 위해, 지구상 어느 곳이더라도 태양을 가리는 달의 작은 그림자 안에 들어가 있기 위해 평생을 노력할 것이다. 이렇듯 개기일식은 결국 내 인생도 송두리째 바꾸어놓았다.

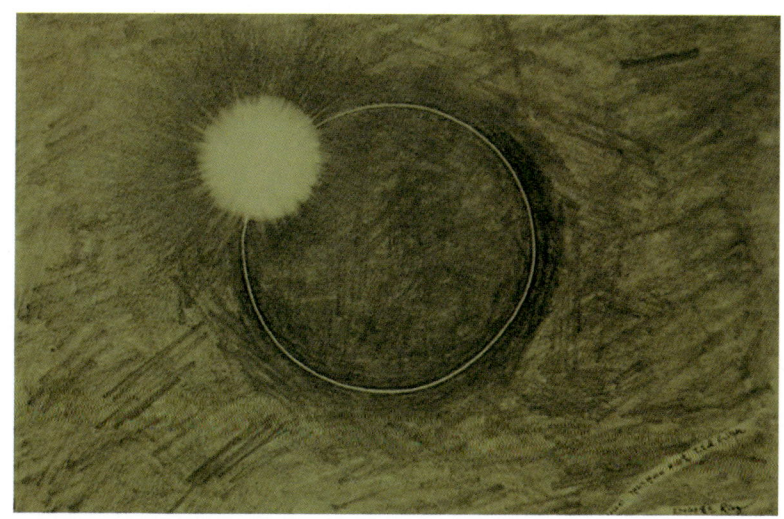

다이아몬드 링을 가장 잘 표현한 연필화(인도 갠지스 강가에서 김경식, 2009)

※ 개기일식 관측을 위한 필자의 원정은 재미있는 에피소드가 많은데, 지면 관계상 여기서 모두 소개하긴 어려워서 링크로 대신한다.

2009년
중국 항저우

2012년
일본 도쿄

2012년
호주 케언즈

2015년
북극 스발바르 섬

2017년
미국 오리건주

2019년
칠레 안데스산맥

2023년
서호주 북부

2024년
미국 미주리주

신들의 빛, 넘실대는 오로라와 조우하기

신들의 빛, 여신의 치맛자락, 새벽의 여신… 모두 오로라를 표현하는 수식어들이다. 오로라는 여신이다. 아름다운 여신이 있다면 아마도 오로라의 모습을 하고 있으리라. 까만 하늘에 어느 순간 슬쩍 찾아와서 온 사방을 총천연색으로 물들이며 펄럭이다가, 왔을 때처럼 다시 슬그머니 모습을 감추는 환상의 오로라!

오로라는 해외 원정으로 만나야 할 대상들 중 가장 난이도가 낮다. 망원경이 필요한 것도 아니고, 보는 방법이 정해져 있는 것도 아니다. 그저 편한 의자에 앉아서 침 흘리며 그 황홀한 자태를 감상만 하면 된다(너무 추워서 실제로는 침이 흐르기도 전에 얼어버리겠지만…).

보기는 쉽지만 가기는 어렵다

오로라를 보는 방법은 아주 간단하지만, 그 오로라가 보일 곳에 가는 것은 간단치 않다. 태양풍이 지구 극지방의 자기장과 반응하여 만들어지는 것이 오로라이므로, 그것을 보려면 사람이 거의 살지 않는 추운 극지방까지 가야 하기 때문이다.

오른쪽의 지도에는 오로라가 출몰하는 지역인 북극권의 오로라대(Aurora oval)가 표시되어 있

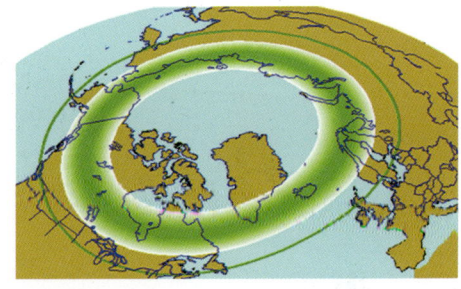

오로라대(Aurora oval)

스웨덴 키루나(Kiruna)에서 만난 오로라(김동훈, 2015)

딸내미의 일기(조예별, 2015)

적막한 얼음 호수 위의 거대한 오로라 아치. 장엄하다는 표현도 너무나 부족하다(김동훈, 2015).

다. 북아메리카의 알래스카와 캐나다 북부 지역, 그린란드와 아이슬란드, 북유럽 3국의 북부 지방, 시베리아 동토가 북반구 오로라대에 포함된다. 참고로 남반구의 오로라대는 추운 것으로는 어디에도 빠지지 않는 남극 대륙뿐이다.

모두 극지방의 얼어붙은 척박한 땅이고, 사람이 거의 살지 않아서 도로와 숙박 등 원정을 위한 기본 인프라도 부족하다. 그리고 무엇보다 너무나 춥다. 오로라 관측(또는 관광)으로 유명한 캐나다의 옐로나이프(Yellowknife)는 맑은 날이면 영하 30~40도까지 떨어지기도 한다. 그럼 날이 따뜻한 여름에 가면 되지 않을까? 잘 아시다시피 북극권의 여름은 백야로 해가 지지 않는다. 오로라는 백야든 검은 밤이든 가리지 않고 나타나겠지만 말이다.

위에서 언급한 캐나다의 옐로나이프라는 지역은 오로라 관측과 관광에 대한 인프라가 잘 갖추어져 있고, 전 세계를 대상으로 한 적극적인 홍보로 많은 사람들이 '오로라 = 옐로나이프'라는 선입견을 가지고 있다. 그곳이 오로라를 보기 좋은 곳은 맞지만, 오로라가 꼭 거기만 있는 것은 아니다. 편하게 여행사 상품을 이용하기보단 본인이 지역과 날씨를 분석하여 관측지를 정하고, 내 손으로 관측 일정을 준비하는 것을 강추한다. 해외 원정은 맨땅에서 모든 것을 스스로 준비해야 더 애틋하고 더 기억에 남는다.

북반구 오로라대 내에선 북유럽보다는 북아메리카 대륙이 좋은 날씨를 만날 확률이 더 높다. 북유럽은 멕시코만류의 영향으로 높은 위도에도 불구하고 상대적으로 따뜻해서 좀 더 살기 좋지만, 그 덕분에 하늘은 항상 회색빛이다. 북유럽에선 일주일에 1~2일 정도의 확률로 맑은 하늘

2015년의 가장 강력한 오로라를 촬영한 스웨덴 천체사진가(Mia Stålnacke)의 사진이 NASA의 APOD를 장식했다. 이날 필자도 같은 곳(스웨덴 키루나)에서 같은 하늘을 보고 있었다.

을 만날 수 있으므로 단지 오로라만을 위한 원정이라면 북유럽과 아이슬란드는 추천하기 어렵다. (필자는 오로라와 개기일식 두 마리 토끼를 잡기 위해 날씨가 좋지 않은 것을 알고서도 북유럽으로 향했는데, 운 좋게도 하루도 흐린 날 없이 오로라도, 개기일식도 대박이었다. 물론 염장이다!)

그에 비해 북아메리카 대륙은 알래스카 페어뱅크스부터 캐나다 서북부의 유콘 준주, 옐로나이프가 위치한 노스웨스트 준주 모두 맑은 날이 많고 오로라 강도도 북유럽보다 더 센 날이 많다.

나는 언제 오로라가 뜰지 알고 있다

오로라의 강도를 어떻게 알까?

태양 활동이 활발하면 태양풍이 거세지고, 그러면 며칠 내로 지구에도 영향이 미쳐서 오로라도 활발하게 되므로 1~2일 전에는 충분히 예측이 가능하다. 스마트폰으로도 오로라 예보를 볼 수 있으니 어플 몇 개를 동시에 돌리며 종합적으로 판단하는 것이 가장 좋다.

오로라의 강도는 'Kp index'라는 지수를 사용하는데, Kp 0이면 오로라가 전혀 나타나지 않는 것이고, Kp 9 예보가 떴다면 최고의 오로라를 만날 수 있다(Kp 8~9는 1년에 몇 번 볼 수 없지만, 필자는 Kp 8의 하늘을 보았다. 자랑 또 자랑…).

오로라 예보 어플들. Kp 그래프와 지도를 이용하자.

망원경은 필요 없지만 준비물은 한 짐

오로라를 보기 위해 준비할 것은 오로라를 맞이하기 위한 편한 의자 하나와 방한 장비뿐이다. 하지만 북극의 겨울밤을 이길 방한 준비는 만만치 않다. 오로라 패키지 상품을 운영하는 옐로나이프 같은 곳에서는 방한복도 같이 제공하기도 하지만, 이참에 자신의 방한 대책을 완비해 놓으면 우리나라에서도 겨울 관측이 하나도 두렵지 않을 것이다. 아래의 방한용품들은 필자가 항상 쓰는 것들이다.

필파워 800의 헤비다운. 따뜻해도 무거우면 X | 바지 위에 입는 오버 트라우저 | 은행 강도용(?) 바라클라바 | 영하 100도 스펙의 방한화의 끝판왕

다음 사진은 일식을 보러 간 북위 78도 스발바르 제도에서 필자가 바로 위에 소개한 방한 장비들을 모두 장착하고 관측지 답사를 하는 모습이다. 대낮이라 잡혀갈까봐 은행 강도 복면(바라클라바)은 쓰지 않았는데, 대신 동상 방지 테이프를 광대뼈 부위에 붙여놓았다. 영하 15도가 넘으면 얼굴 안에서도 특히 귀와 광대뼈가 가장 시리다.

사진에는 보이지 않지만 각각의 주머니와 방한화 안에는 일회용 핫팩

이 모두 하나씩 들어 있다. 추위는 가장 방한에 취약한 말단 부위부터 느껴지게 되고, 한 번 춥기 시작하면 그 고통에 별이고 오로라고 만사가 다 귀찮아지는 법이니, 밤새 즐거운 관측을 위해서라도 방한 장비에는 투자를 아끼지 말자.

    망원경은 처음부터 비싼 것을 살 필요가 없지만, 돈이 아깝다고 조금 부족한 방한복을 사게 되면 조만간 다시 사야 될 경우가 많으니, 한 번에 검증된 제품을 구입하여 평생 쓰는 것이 경제적으로도 좋을 것이다.

막강한 방한 장비를 구비하니 북극이 하나도 춥지 않았다.

※ 북극권 오로라 관측 기록 Link

오로라 관측은 어떻게 준비해야 할지 필자의 관측기를 참고해보자. 오로라 관련 책은 시중에서도 쉽게 구할 수 있다(신지철 님 책을 추천한다).

북반구에서는 볼 수 없는 남쪽 하늘의 별보기

남반구에 위치한 호주와 뉴질랜드의 국기를 보면 모두 동일한 별자리를 가지고 국기를 만들었음을 알 수 있다. 무엇일까? 바로 남십자자리(Crux)다. 남천의 상징 남십자!

우리나라도 나름 남북으로 꽤 긴 지형(북위 38도~33도)을 가지고 있다. 이는 별을 보는 데 유리한 점이 하나 있는데,

정교한 남십자성 별들의 위치. 위쪽이 호주, 아래가 뉴질랜드 국기다.

남쪽으로 내려갈수록 우리가 보지 못하던 남쪽 별들을 구경할 수 있다는 것이다. 지구는 동서로 자전하기 때문에 남쪽의 별을 보려면 남쪽으로 내려가야 한다. 서울에서는 보이지 않는 노인성 카노푸스(Canopus)를 부산, 제주에서는 지평선 위에서 볼 수 있다.

그러나 딱 거기까지다. 위도 38도에 살던 사람이 위도 33도에 간다 해도 하늘이 크게 달라지지는 않는다.

하늘의 남쪽을 보려면 남반구로 가야 한다. 우리나라에서는 적위 $-35°$ 이하의 대상은 보기 어렵기 때문이다. 마젤란은하($-69°$), 에타카리나 성운($-60°$), 오메가 센타우리 성단($-47°$) 등 남쪽 하늘의 명작들은 그 이름만 생각해도 가슴이 뛴다.

적도 이남에 나라는 많지만…

세계 지도에 위도 0도의 선을 그어보자. 생각보다 적도 이남의 남반구 국가들이 많지 않다. 그래도 대략 30개국 정도는 되는데, 외국인이 밤에 외딴 곳에서 고가의 망원경을 가지고 밤을 보내기엔 아프리카도, 남아메리카도 마음이 편치 않다.

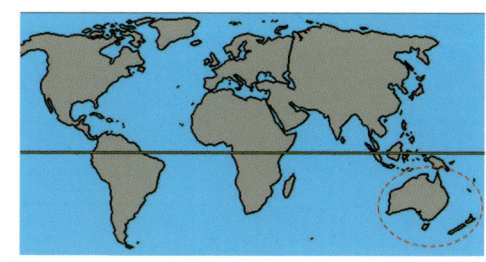

적도 아래엔 어떤 나라가?

그러면 남은 곳은 호주와 뉴질랜드 딱 두 곳뿐이다. 치안도, 도로 사정도 좋고, 영어를 사용하는 나라라 스페인어를 쓰는 남아메리카보다 의사소통도 수월하다.

그리고 가장 중요한 것은 하늘이다. 인구 밀도가 매우 높은 극동아시아에 비해 인구가 희박한 호주와 뉴질랜드는 사람이 모여 사는 해안 도시 외에는 거의 전 국토가 텅텅 빈 것이나 다름없다(호주 인구 2,700만 명, 뉴질랜드 인구 520만 명. 2024년 기준).

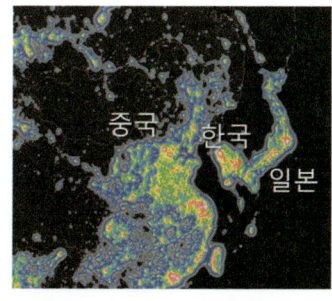 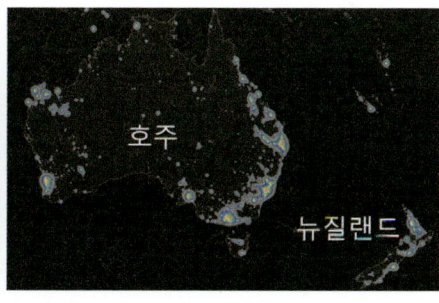

동아시아 vs 오세아니아 빛공해 비교

이것이 별쟁이들에게 의미하는 것은 무엇일까?

하늘이 다르다. 좁은 땅덩어리에서 어디를 가든 광해(빛공해)를 피하기 어려운 대한민국에 비해 호주 내륙의 황량하고 건조한 밤하늘은 말 그대로 축복이나 다름없다.

남쪽 나라의 보물들

호주에서 만난 한 별쟁이에게 가장 좋아하는 천체가 무엇인지 물어본 적이 있다. 돌아온 대답은 놀랍게도, 호주에서 겨우 보일락 말락 할 북쪽 하늘의 대상인 M 51 부자은하(적위 +47°)였다. 사람은 본인이 가지지 못한 떡에 더 관심이 갈 수밖에 없는 존재인가보다. 한반도에 사는 우리 손에 잡히지 않는 큰 떡들은 무엇이 있을까?

아무리 멋진 Deep-sky 대상이 많다 해도 남천 원정의 백미는 넋 놓고 바라보는 은하수다. 은하수의 중심은 궁수자리 방향인데, 우리나라에선 지평선 위로 낮게 뜨는 궁수자리가 남반구인 호주에선 천정으로 남중을 한다. 그에 따라 은하수도 같이 남중을 한다. 머리 위에 온 하늘 가득 펼쳐진 찬란한 은하수를 보고 있으면 그냥 숨이 멎을 것만 같다. 다만 은하수를 제대로 보려면 5월부터 10월까지 은하수가 밤새 하늘 높이 흘러갈 때 원정을 가는 것이 좋다.

딥스카이의 경우 북천 하늘엔 상대적으로 A급 대상이 많다면, 남천에는 전 하늘 최고의 보물상자인 대마젤란은하를 위시하여 압도적인 S급 대상이 몇 개 있고, 대신 A급 대상들이 북천보다 부족한 느낌이다.

남천 은하수 아래 별쟁이들 (김동훈, 2012)

우주 최고의 보물 상자, 대마젤란은하 (2015년, APOD(NASA))

● 남반구 거주민인 필자가 추천하는 S급 대상들 : 대&소 마젤란은하, 오메가 센타우리(NGC 5139), Tuc 47(NGC 104), 에타 카리나 성운(NGC 3372), Wishing Well(NGC 3532), 보석상자(NGC 4755), Grus Quartet, NGC 1365, M83

별 보러 가서는 별 보는 일에만 집중!

몇 번의 해외 원정에서 성공과 실패를 경험하며 얻었던 교훈들을 5가지로 요약해보았다. 이것만 명심해도 남천의 황홀함을 느끼기엔 부족함이 없을 것이다.

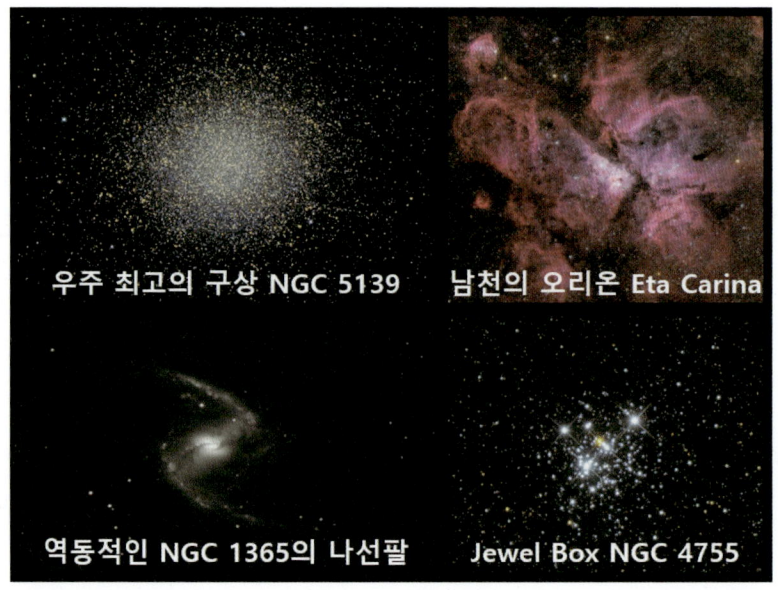

남천(南天)의 슈퍼스타들

	PM7시				PM8시					PM9시				
1	2	3	4	5	1	2	3	4	5	1	2	3	4	5
2818/A	2516	2547	2660	I,2602 Mel101	2808	3114	3195	3201	3293_3324	3532	2835	3109	3766	4103

	PM10시				PM11시					PM12시				
1	2	3	4	5	1	2	3	4	5	1	2	3	4	5
4349	4372	4833	5078	6067	Shapley 1	Shapley 1	6188_6164	6188_6164	B87	6684	IC4831	5096	7123	IC5152

	AM1시				AM2시					AM3시				
1	2	3	4	5	1	2	3	4	5	1	2	3	4	5
Break	Sculp Dwarf	Sculp Dwarf	IC5148/50	I,5264/1459	IC5176	7531	7205	360	1466	1232	1300	1300	For Dwarf	1679

	AM4시				AM5시				
1	2	3	4	5	1	2	3	4	5
1533	1546	1596/1602	1617	7293	Abell3193	Abell3193	Abell3389	Abell3389	박명

	Showpiece
	주요 관측대상
	도전대상
	북반구DSO
	Galaxy cluster
	404 Like
	달은꼴 찾기
	예비 대상

2010년 호주 원정 시 10분 단위로 짠 관측 계획 중 일부

오전 취침 / 오후 관측준비 / 밤새도록 관측

2012년 호주 원정의 하루 일과. 별로만 꽉 꽉 채워진 하루하루

① 그 멀리까지 가서 허탕을 칠 수는 없다. 과하다 싶을 정도로 철저한 관측 준비가 필요하다. 원정의 성패는 이미 출발 전에 70% 이상 결정된다.

② 아무리도록 좋은 컨디션으로 별을 보려면 낮에 충분히 자두어야 한다. 맛집 탐방, 관광지 순례로 체력을 소모하면 밤에 하고 싶은 일을 할 수가 없다.

③ 숙소는 당연히 호주 해안의 도시에서 멀면 멀수록 좋다. 광해 지도와 구글 지도를 보면서 숙소 인근에서 관측을 할 수 있는 내륙의 오지를 찾는다.

④ 매일 아침 날씨를 분석해서, 당일 밤에 관측이 어려울 것 같으면 오전 중에 차를 끌고 해 지기 전까지 맑은 하늘을 찾아 이동하면 된다. 호주는 넓다.

⑤ 마음 맞는 소수 정예 동료들과 팀을 이룬다. 항공, 운송 등 관측 장비를 나누어 가져갈 수도 있고, 관측 준비도, 스터디도 함께 할 수 있다. 하지만 마음이 맞지 않으면….

※ 호주 원정을 생각하고 있는 독자라면 필자의 네 번의 원정 기록을 찬찬히 읽어 보면 원정 준비에 도움이 될 것이다.

2010년 야간비행 1차 원정

2012년 야간비행 2차 원정

2014년 무계획 서호주 관측 여행

2023년 서호주 일식&관측

FAQ 6. 천체관측 동호회에 가입하고 싶어요!

기쁨은 나누면 두 배가 된다는 속담처럼 별도 같이 보면 더 즐겁다. 여러 동호회 중에 본인에게 적합한 동호회를 찾아보자. 온라인 동호회든, 오프라인 동호회든 결국은 관측지에 자주 나가야 천문 클럽의 진정한 일원이 될 수 있다(망원경의 유무, 실력의 차이보다는 관측지에서 눈도장 찍는 것이 훨씬 효과가 좋다).

① 온라인 동호회
전국적인 네트워크를 가진, 또는 지역 기반의 온라인 동호회가 상당히 많다. 물론 온라인상에서뿐만 아니라 지역별로 모여서 관측 활동도 활발히 한다.
- 별하늘지기 : 대한민국 최대의 천체관측 동호회이며, 네이버 카페로 운영된다. 아래에 소개할 전국의 오프라인 동호회 회원들이 대부분 별하늘지기에서도 활동하기 때문에, 독립적인 동호회라기보다는 전국 별쟁이들의 사랑방 같은 역할도 한다. 하루에도 수십 개씩 올라오는 별하늘지기의 글들을 읽다 보면 별나라가 어떻게 돌아가는지 훤히 보인다. 어디로 별을 보러 가는지, 어떤 장비가 인기 좋은지, 지금 계절에는 어떤 대상을 많이 보는지 등. 또한 수많은 관측 정보와 관측 기록을 찾을 수 있는 정보의 보고이기도 하다.
- 네이버나 다음 같은 포털 사이트 카페에서 천체관측 키워드로 검색하면 수많은 동호회를 찾을 수 있다. 이 중에 새 글과 활동이 꾸준히 올라오고 실질적인 관측이 이루어지는 모임을 골라서 활동해보자. 우주 망원경으로 찍은 화려한 천체사진이나 천문학 관련 기사 링크만 올라오거나 지나치게 친목 중심의 모임에서는 별보기를 배우기 어렵다.

② 오프라인 동호회
- 서울, 경기, 경남 등 지역별로 오프라인 기반의 동호회들이 있다. 온라인 홈페이지두 모두 갖추고 있지만, 주된 활동은 정기 모임과 번개 관측(날짜를 정하지 않고 맑은 날 긴급히 관측을 떠나는 것)이다.

- 수도권 : 서울천문동호회, 야간비행, 별만세 등
- 남부권 : 첨성대(대구/경북), NGC(대전/충청), 부산천문동호회(부산), 길잡이별(경남), 광주전남별사랑(광주/전남) 등

③ 한국아마추어천문학회

온라인 동호회나 오프라인 동호회나 목적은 오직 한 가지, '본인이 별을 잘 보는 것'이다. 그런데 별을 잘 보는 것만큼 '남에게 별을 잘 볼 수 있도록 가르쳐주는 것'을 중요한 목적으로 하는 단체가 있다. 바로 한국아마추어천문학회다. 이 학회는 서울지부, 경기지부, 경남지부 등 전국적인 조직 체계를 갖추고 천문지도사 연수와 일반인 대상 공개 관측회, 별 축제 개최 등의 천문 저변을 확대하는 활동을 하고 있다.

이 중 천문지도사 연수는 안시관측, 천체사진, 망원경 광학계, 천체물리학, 천문 시연 등 다양한 분야를 체계적으로 익힐 수 있는 과정으로, 각 지부별로 매년 초 연수생을 모집하여 월 1회 이론과 실습을 운영한다(연수 신청은 홈페이지 참조, kaas.or.kr).

봄부터 가을까지 월 1회씩 이어지는 천문지도사 연수를 한 해 수강한다 해서 천체관측의 모든 것을 완벽하게 터득하기는 어렵겠지만, 천체관측에 대한 여러 가지 분야를 균형 있게 익혀두면 앞으로의 별 생활에 좋은 자양분이 될 것이다.

FAQ 7. 관측은 어디로 가나요?

관측을 어디로 가는지는 각 동호회의 공공연한 비밀이다. 동호회 게시판에 'O월 O일 관측 갑니다'는 글이 올라와도 어디로 가는지에 대한 관측지 정보는 '942', '수OO', '인', '양구 B'와 같이 도저히 검색도 할 수 없는 수준의 암호로만 표시한다. 너무 야박하다는 생각이 들 것이다. 그거 공유해준다고 덧나나?

실제로 덧이 많이 났다. 관측지가 널리 알려지게 되면 별을 보는 것과는 별로 상관없는 사람들이 몰려온다. 별 잘 보인다는 곳에서 분위기 좀 내보려는 데이트족, 한적한 오지에서 시원하게 고기 구워먹고 싶은 캠핑족, 은하수 사진 한 번 멋있게 찍어보고 싶은 사진 동호회 회원들이 그들이다. 모두가 그렇다는 얘기는 물론 아니다. 그중의 일부 몰지각한, 관측지의 기본 에티켓을 전혀 모르는 몇몇 사람들이 관측지를 망치기 때문이다. 백색 LED 랜턴을 켜고 사람과 장비를 환하게 비추며 돌아다니거나, 무섭다고 차량 전조등을 계속 켜고 있거나, 춥다고 불을 피우고 시끄럽게 음주가무를 즐기거나, 사진 배경 잘 나오게 찍는다고 지상 풍경에 밝은 불을 비추고, 막무가내로(맡겨놓은 보따리 찾아가듯이) 멋있는 별 빨리 보여달라고 조르는 등 그 종류도 다양하다. 그 싸움에 지친 별쟁이들은 수년 전부터 차라리 관측지 정보를 공유하지 않는 것으로 방향을 정했다. 자기 땅도 아닌데 불청객들을 못 오게 막을 수도 없고, '도로가 좋고 공터가 넓으나 주위에 가로등과 민가가 전혀 없고, 높은 산에 시야가 가리지 않고, 사방이 탁 트여 있으며, 도시에서 접근성도 좋은' 새로운 관측지를 찾는 것은 너무나 어려운 일이기 때문이다.

관측지는 도시에서 멀면 멀수록 좋다. 멀수록 더 좋은 하늘을 만날 수 있고, 본인의 관측 성과와 즐거움도 커지기 때문이다. 동호회 활동을 통해 자연스럽게 별나라의 성지(星地)들을 천천히 하나씩 만나보자. 왜 그렇게 그곳을 지키고 싶어 했는지 알 수 있을 것이다.

※ 금계등이 있는 관측지는 별하늘지기 관측지 정보 게시판에서 찾을 수 있다.

　지역별 관측지 모음 : http://cafe.naver.com/skyguide/4040

※ 달, 행성 등의 밝은 대상을 보는 데에는 멀리 갈 필요 없이 집 베란다나 동네 놀이터만으로도 충분하다.

FAQ 8. 가족 여행을 계획하고 있는데, 원정까지는 아니더라도 겸사겸사 밤하늘 눈 호강하고 싶어요!

① 하와이 마우나케아 산 정상

하와이에서 가장 큰 섬, 빅아일랜드의 최고봉인 마우나케아 산의 4,200m 정상에는 전 세계 최대 구경의 천체망원경들이 군락(?)을 이루고 있다. 이 망원경들이 왜 여기 있을까? 맑은 날이 많고 건조한 고지대라 별을 관측하기에 최적의 장소이기 때문이다. 물론 연구 시설이라 그 망원경을 이용할 수는 없지만 4,200m에서 거대한 망원경을 배경으로 감상하는 석양 풍경은 많은 별쟁이들의 버킷 리스트 중 하나다.

밤 시간에는 산 정상에서 내려와야 하지만 2,800m에 위치한 visitor information station(관광 안내소)에서 밤새 관측을 할 수 있다.

마우나케아 산 정상의 은하수(박진우, 2017)

② 몽골의 대초원

몽골은 인구 밀도가 아주 희박한 지역이다. 국토의 대부분이 사람의 흔적을 찾기 힘든 초원과 사막뿐이다. 사람이 살기에는 척박한 땅이지만 별을 보기에는 최적의 조건이다. 공기는 건조하고, 시야를 가로막는 산도 없고, 광공해를 유발하는 사람도 건물도 없다. 한국에서는 볼 수 없는 탁 트인 시야와 완벽하게 어두운 밤하늘을 느껴보자.

몽골 고비사막(임경순, 2019)

히말라야 안나푸르나 베이스캠프(유준성, 2020)

③ 히말라야 트래킹

꼭 정상 등정이 아니더라도 히말라야의 베이스캠프까지 트래킹을 하는 여행 상품(안나푸르나 ABC 트래킹 등)도 많아졌다. 고지에서 보는 별빛은 평지의 별빛과 다르다. 1,000m만 올라가도 하늘의 투명함이 다른데 4,100m에서 설산을 배경으로 뜨는 별은 어떤 느낌일까?

④ 몰디브 리조트

필자의 첫 해외 원정(?)은 몰디브였다. 아니, 무슨 원정을 몰디브로? 그렇다. 필자는 신혼여행 갈 때도 망원경 다 짊어메고 갔다. 인도양의 고요한 수면 위로 떠오르는 깨알 같은 별들은 그 자체로도 저절로 탄성이 나온다. 또한 몰디브는 적도 지방에 위치해 있기 때문에 북쪽 하늘의 별은 물론 남쪽 하늘의 별들도 잘 볼 수 있다(남십자성, 마젤란은하, 에타카리나 성운 등).
꼭 몰디브가 아니더라도 타히티 등 신혼여행으로 많이 가는 열대 지방 섬나라 리조트에서는 비슷한 경험을 할 수 있다.

리조트 선베드에서 하늘을 감상하고 있는 필자

⑤ 칠레 아타카마 사막

앞에서 소개한 관광지보다 접근성은 떨어지지만, 남아메리카 여행을 계획하고 있다면 칠레 북부의 아타카마 사막을 꼭 들러보길 바란다. 이곳은 400년간 비가 한 번도 오지 않은 4,000m 고원의 풀 한 포기 나지 않는, 화성이라고 해도 믿을 정도의 황량한 붉은 사막이다.

그리고 연간 청정일수가 340일에 이르는 그야말로 매일매일이 새파랗게 맑은 하늘! 그곳은 남반구에서 가장 별을 보기 좋은 장소이다(청정일수 340일은 전 세계 최고 수준으로, 우리나라의 청정일수는 약 70~80일이다). 하와이에 다국적 천문대가 몰려 있는 것처럼 아타카마 고원에도 각국의 남반구 천문대가 군집을 이루고 있다.

또한 칠레 북부에 위치한 아타카마 사막에서 멀지 않은 곳에 관광지로도 유명한 볼리비아의 '우유니'라는 소금 사막이 있다. 사막 안에 위치한 소금 호수에 물이 차는 시기(우기)를 맞추어 간다면, 하늘의 별들이 지상의 얕은 호수에 그대로 비쳐서 하늘부터 발아래까지 내 눈에 보이는 모든 풍경이 별로 가득 차는 놀라운 광경을 볼 수 있다.

전 세계를 떠돌며 어디가 가장 별이 잘 보이는 곳인지 찾아 헤매는 필자에게 평생 최고의 하늘은 아타카마-우유니 사이의 4,200m 오지 마을이었다.

세계 최고의 관측지는 지구 정반대편에 있다. (볼리비아 쪽 안데스산맥 고원지대에서 고산병과 싸우며 밤을 기다리는 필자)

Chapter E

평생 별을 볼 수 있는 방법

"믿음과 소망과 사랑 중에~"로 유명한 찬송가는 기독교인이 아닌 사람들도 잘 아는 유명한 곡이다. 그러면 별을 보는 사람에게 믿음과 소망과 사랑 중에 가장 중요한 것은 무엇일까? 그건 바로, 믿음도 소망도 사랑도 아닌 '구경'이다! 같은 장소에서 비슷한 실력을 가진 별쟁이가 관측을 한다면 더 많은 별을 볼 수 있는 구경 큰 망원경이 성과가 좋은 것은 당연한 진리.

하지만 여기에는 함정이 있다. 본인의 관측 경력이 5년 이하라면 이보다 훨씬 중요한 것이 있다. 그것은 바로 '시간'이다. 밤하늘 아래에서 망원경과 함께 이슬과 서리를 맞으며 보내는 5년의 시간(또는 50번의 관측). 그것이 어떤 장비나 지식보다 중요하다.

마지막 챕터에서 다룰 것은 이 별 보는 시간을 어떻게 채워야 할지에 대한 내용이다. 다음에 소개할 7가지만 기억한다면 여러분은 평생토록 즐겁게 별을 볼 수 있는 방법을 터득할 수 있을 것이다.

망원경 먼저 사지 마세요

아직 망원경이 없는 독자라면 이 책을 읽고서 빨리 망원경부터 사야 겠다는 열망이 끓어오를 것이다. 하지만 실질적인 경험 없이 장비부터 사들이는 것은 실패의 지름길이다. 내 취향이 사진인지 안시인지, 아니면 해보니 별로 재미없다든지 하는 것은 실제로 별을 보기 전에는 알 수 없는 일이다.

망원경을 구입하기 전에 꼭 자신이 속하고 싶은 동호회의 관측회에 3회 이상 동참해보아야 한다. 그 정도면 내가 무얼 해야 재미가 있을지 감이 오게 된다.

그러나 내 장비도 없이 회원 간 네트워크가 탄탄히 구축된 낯선 모임에 참여한다는 것이 쉽게 실행하기 어려운 일인 것도 사실이다.

'홀대를 받으면 어떡하지?'

'보자마자 무시당하거나 자존심 상하는 일이 생기면 어떡하지?'

지금은 고수가 되었더라도 누구에게나 초보 시절은 있었다. 그리고 별쟁이들은 대부분 초보에게 장비를 설명하고 천체를 보여주는 것에 호의적이다. 그냥 불쑥 찾아가는 것이 부담스럽다면 캔 커피 몇 개 사들고 가는 정도면 충분하다.

관측지에 한 번 가보지도 않고 인터넷에서 얻은 제한된 정보만을 가지고, 또는 망원경 판매 회사 직원의 얘기만 듣고(누구나 듣고 싶은 얘기만 듣는 법이다) 장비를 구입하거나, 중고장터에서 한 번 본 적도 없는 장비를 '덜컥' 구입하게 되면 잠깐은 기분이 좋을지 몰라도 그 후의 미래는?

갖은 시행착오를 겪으며 사고팔고 사고팔고를 반복하다가 결국은 제대로 된 관측 한 번 해보지 못하고 돈과 시간만 축내다가, 천체관측의 즐거움은 제대로 맛도 보지 못한 채 별나라를 떠나는 사람들을 수없이 보아왔다. 기본적으로 별 보는 취미는 '별을 봐야' 재미가 있는 활동이기 때문이다.

하지만 선배 별쟁이들이 아무리 망원경 먼저 사지 말라고 얘기해도, 많은 입문자가 결국은 원하는 대로 망원경부터 장만하고 시작하는 것도 현실이다.

초보일수록 검증된 좋은 장비를 써야 한다

간혹 "저는 초보니까 제일 싼 망원경을 살 계획이에요"라고 말하는 분도 있다. 하지만 그 저렴이 망원경은 보통 삼각대가 많이 부실해서 바람 한 번 불면 망원경 전체가 진동으로 덜덜 떨리고, 파인더와 아이피스가 조악하여 대상을 찾는 것도, 보는 것도 어려운 경우가 너무나 많다. 별 보는 일이 재미있자고 하는 일인데 돈 쓰고, 제대로 못 보고, 스트레스까지 받는다면 할 이유가 없다.

초보일수록 검증된 장비, 남들이 많이 쓰는 장비를 써야 한다. 안시관측용 망원경이라면 '8인치 돕소니언' 또는 '6인치 반사 & 경위대' 이상의 검증된 제조사의 제품을 구입하는 것을 추천한다.

천체관측을 즐기는 순서는 망원경 구입이 먼저가 아니다. 별은 항상 그 자리에 있을 테니 느긋한 마음으로 견문을 넓히고, 관측지에 나가서 실전을 경험하며 첫 단추를 잘 끼워보자.

안시? 사진?
한 가지에 집중

안시와 사진이라는 천체관측의 양대 산맥에는 저마다의 다른 매력이 있다. 별을 좋아하는 사람이라면 이 두 가지에 모두 욕심이 나는 것도 당연한 일이다. 하지만 이 둘을 동시에 만족시켜줄 망원경은 세상에 없다. 안시와 사진을 병행할 수 있다고 광고하는 망원경은 사실 둘 중 어느 하나도 만족스럽지 않은 장비가 될 가능성이 높다. 그러면 다시 사고 팔고 사고팔고 하는 과정을 반복하게 되는 것이다. 정 두 가지를 다 하고 싶다면 안시 전용 망원경과 사진 전용 망원경을 따로 장만하면 된다. 하지만 목적이 다른 망원경 두 대를 가지면 해결이 될까?

'사진 걸어놓고 안시 하면 되지 뭐' 하고 쉽게 생각할 수도 있으나, 그 둘 모두에서 동시에 훌륭한 성과를 내는 분은 별나라에서 거의 찾아보기 어렵다. 사진파와 안시파를 편 가르기 하자는 얘기가 아니다(필자에겐 안시 말고 사진만 찍는 별친구들도 많다). 밤은 짧고 봐야 할 별은 많은데, 물리적으로 두 가지를 입문 단계에서 같이 잘하기는 너무 어렵다는 것이다. 처음부터 길을 확실히 정하고 깊이를 추구하는 것을 추천한다.

GO-TO를 맹신하면 영원히 초보를 못 벗어난다

메시에(M), NGC 번호만 입력하면 자동으로 천체를 찾아주는 GO-TO(자동도입 또는 자동추적) 망원경은 별 찾기가 막막한 입문자에게 솔깃한 옵션이 될 수 있다. 하지만 안시관측에서 GO-TO는 달콤한 독이다 (천체사진에서는 GO-TO가 필요하다. 여기서는 안시에 국한된 얘기다).

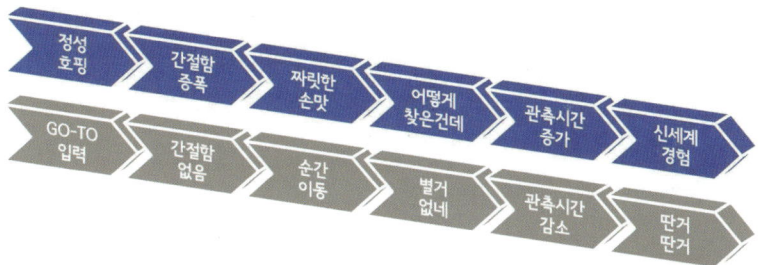

손쉽고 편리한 GO-TO 망원경의 역설

GO-TO(자동추적)를 사용하면 빨리는 찾을 수 있겠지만 대상을 어떻게 찾을지 전혀 신경을 쓰지 않게 되고, 쉽게 찾은 대상은 정성을 들여서 열심히 보지 않게 된다. "쉽게 찾아서 열심히 보면 되지 않냐?"고 반문할 수도 있겠지만, 필자가 오랜 기간 수많은 별쟁이들을 지켜본 바로는 간절한 마음으로 대상을 찾지 않으면, 애정을 가지고 오랜 시간 대상을 관측하는 열정은 생기기 어려워 보인다.

스타 호핑과 스위핑은 안시관측의 가장 기본적인 테크닉이다. 물론 처음 하는 사람에겐 고문이 될 수도 있겠지만, 여러분의 두 눈과 두 손으로 직접 찾아보라. 희미한 빨간색 랜턴을 켜고 성도를 보며 길을 찾고, 키스톤을 하나하나 건너면서 점점 그 대상에 몰입하고, 오랜 노력 끝에 아이피스 안에 대상을 잡았을 때의 희열을 느껴보라.

GO-TO로 M 92를 찍고서 망원경이 움직이길 기다렸다가 망원경이 잡아놓은 대상을 구경만 한다면 "찾았다!!!!"는 기쁨의 비명을 질러볼 기회를 한 번도 얻지 못할 것이다. 그리고 쉽게 찾은 대상은 쉽게 기억에서 잊혀진다. 또한 성도와 별자리 책을 보며 밤하늘의 생김새와 친숙해질 기회도 놓치게 된다.

별들의 위치에 익숙해지지 않으면 초보를 벗어나는 것은 더욱 요원한 일이다. 속는 셈 치고 호핑으로 딱 30개만 찾아보자! 죽이 됐든 밥이 됐든 성도를 보며 30개의 대상을

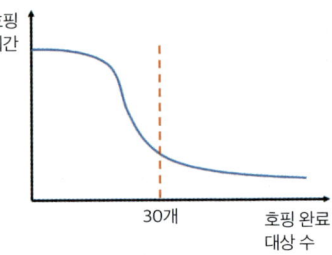

찾아본다면 평생토록 호핑이 두려울 일은 없을 것이다.

GO-TO 대신 좋은 파인더를 사용한다

안시관측에 뜻이 있다면 파인더는 제대로 된 아이를 사야 한다. 최소 사양은 7×50 이상의 암시야 조명(파인더 시야에 빨간색 십자선이 보이는 조명을 뜻함)이 가능한 제품이다. 그보다 작은 구경의 파인더는 보이는 별이 적어서 호핑이 필요 이상으로 어려워지고, 그러다 보면 "이걸 대체 어떻게 하란 말이야" 하는 호핑 무용론에 빠지기 쉽다.

처음 망원경을 구입할 때 망원경 자체에는 그리 큰 투자를 하지 않아도 되지만 파인더는 오래도록 쓸 생각으로 구입하는 것이 좋다. 그리고 좋은 파인더를 사는 것이 GO-TO 망원경을 들이는 것보다 훨씬 저렴할 것이다.

※ **파인더 추천 제품**(필자는 망원경 회사와 관련이 없다!)
- Takahashi 7×50 또는 StellaVue 7×50 : 암시야 조명 장치가 있는 파인더는 많지만, 이 두 제품이 가장 가늘고 고운 빨간 십자선을 제공한다. 빨간 십자선(암시야 조명)이 필요한 이유는 호핑의 속도와 정확성을 높이기 위함이고, 그게 꼭 '가늘고 고와야' 하는 이유는, 빨간 십자선이 너무 굵거나 불균일하면 암적응을 해치고 대상을 가려버리는 사태가 발생하기 때문이다.

※ **찾아놓은 대상을 추적하는 'Tracking'은 대상을 자동으로 찾아주는 'GO-TO'와는 다른 개념이다.**
  한 대상에 대한 장시간의 집중 관측을 위해서는 EQ 플랫폼이나 적도의를 이용한 Tracking이 좋은 옵션이 될 수 있다.

※ **때에 따라서는 GO-TO가 유용한 경우도 있다.**
① 도심에서만 관측하는 경우 : 보이는 별이 없어서 호핑이 불가능하다. 하지만 도심에서는 GO-TO로 대상을 도입한다 해도 하늘이 밝아서 어차피 태양계와 일부 유명 Deep-sky 외에는 관측 자체가 큰 의미가 없다.
② 가족들과 '간단히만' 즐기는 경우 : 야외에 놀러 가서 아이들에게 토성, 목성 정도 가볍게 보여주는 것이 목적이라면, 그냥 쉽고 간단하게 즐기면 된다(아이들의 관심은 그리 오래 가지 않는다는 것이 함정).
③ 시력이 나빠서 성도를 보기 어렵다 : 노안이 진행된 분들 중에는 성도 볼 때는 안경을 쓰고, 아이피스 볼 때는 안경을 벗고 봐야 해서 성도 사용이 불편한 경우가 있다. 물론 고령이 되어서도 무리 없이 호핑을 하는 분도 역시 많다.
④ 망원경이 너무 커서 마음대로 쉽게 움직일 수가 없다 : 접안부 높이가 2m가 넘는 대구경 돕을 쓰는 사람은, 이미 호핑 연습하는 단계는 훨씬 넘었을 것이다.

이웃의 망원경을 탐하지 말라

어렵게 망원경을 골라서 거금 들여 구입한다 해도, 관측지에 나가보면 내 것보다 더 좋은 장비에 눈이 가는 것은 인지상정이다. 그리고 다시 내 망원경을 보면 너무 작고 초라해 보인다. 성단도, 은하도 왠지 잘 안 보이는 것 같다. 더 좋은, 더 큰 망원경이 있으면 더 잘 보일 텐데…. 이 유혹에 빠지면 그 뒤로는 또 똑같은 사고팔고 사고팔고의 패턴을 반복하다가 결국은 '별 보는 거 재미 하나도 없네. 때려치자'는 슬픈 결론에 이르게 된다. 본인이 별을 잘 보기 위해 노력을 한 적이 없다는 것은 마지막까지도 인지하지 못한 채 말이다.

쉽게 얻는 것은 쉽게 잃는다

안시관측을 하기 위해서는 파인더가 구비된 망원경이 필요하므로 최소한의 투자는 이루어져야 한다. 하지만 구입한 망원경에 만족하지 못하고 명확한 이유 없이 기변을 단행했을 때, 필시 그 성과는 급격히 떨어지게 된다. 아무리 안시관측이 구경 싸움이라고 해도 주변시와 호핑의 기본기가 익숙해지기 전까지

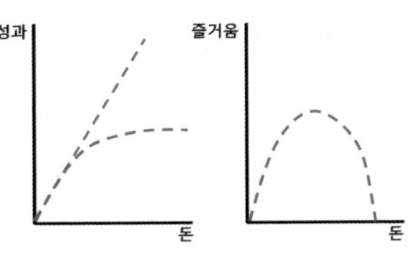

는, 그리고 꼼꼼한 관측 준비와 여러 대상들에 대한 관측 경험이 없이는 크고 좋은 망원경으로 갈아탄다 해도 그 망원경의 성능을 온전히 끌어내기는 절대로 불가능하다. 위 돈과 성과의 그래프처럼 정체로 남으면 다행이지만 '묻지 마 투자'와 '즐거움'의 상관관계는 더욱 암울하다.

'아니, 내가 이렇게 유명한 월드 베스트라는 망원경을 질렀는데 왜 안 보이는 거지? 더 좋은 걸 사야 되나보다. 쌍안 장치가 좋다던데, 에토스가 좋다던데 그걸 사봐야겠다.' 돈을 쓰면 쓸수록, 장비를 바꾸며 얻는 즐거움의 유통기한은 점점 짧아진다(물론 그 자체가 즐거운 경우도 있다. 정교한 광학 장비를 수집하는 것 자체도 멋진 취미이다. 다만 그건 천체관측은 아니다).

주변시와 호핑 실력, 대상별 관측 노하우는 돈으로 해결할 수가 없다. 너무 도덕책스런 얘기지만, 돈 대신에 시간을 투자해보자. 아무리 세계 최고의 명기를 가지고 있는 사람이라도 밤이슬 맞으며 오랜 시간을 보낸 사람을 뛰어넘을 수는 없다.

관측의 3단계 선순환 구조를 끊임없이 따라가는 사람은 어느 순간 안시관측의 진입 장벽을 훌쩍 뛰어넘게 되고, 시간이 지날수록 별 보는 즐거움은 끝도 없이 깊어질 것이다.

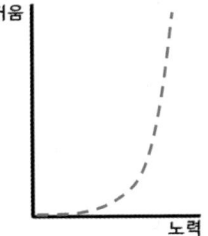

별나라 장수 비법, 관측의 3단계 선순환

몇 년 반짝하다가 그만둘지, 아니면 끊이지 않고 재미를 찾아갈 수 있을지는 이 3단계 순환을 얼마나 성실히 수행하는지에 달려 있다. 단계별 자세한 얘기는 이 책에서 많은 지면을 할애하여 다루었으므로 간략히 요점만 한 번 더!

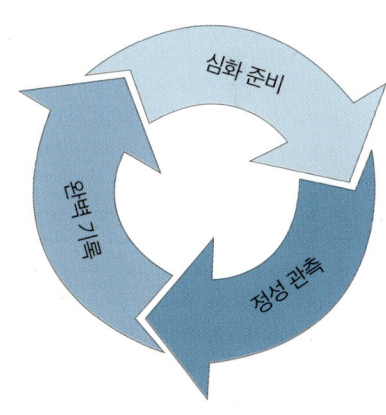

돌면 돌수록 별이 달라 보인다.

1단계 심화 준비 : 남자는 여자 하기 나름! 관측은 준비하기 나름!
- 아는 만큼 보인다(관측 Point 준비).
- 오늘의 테마를 만들자(나만의 Project).
- 별나라 신배들의 경험을 활용한다(관측 기록 참조).

2단계 정성 관측 : 막대세포의 최대 활용

- 관측 성과는 관측 시간에 비례한다.
- 주변시도, 암적응도 깊이 깊이
- 대상별 다른 접근 방법

    (예 : 행성상성운은 최고배율, 발광성운은 UHC, 달은 사람 찾기 등)

- 정답은 없다. 나만의 답을 만들자.

3단계 완벽 기록 : 마음대로 완벽하게

- 관측만큼 기록도 100%의 정성으로
- 세 마리 토끼 잡기

    (지난 관측 복기 & 다음 관측에 대한 아이디어 획득 & 후배들의 길잡이)

- 형식에 얽매일 필요는 없음

깊이를 위하여
폭을 넓힌다

필자는 30년이 넘게 안시관측만을 하면서 더 깊은 무언가를 위해, 저 깊은 곳에 있을 것만 같은 보물을 찾기 위해서 여러 가지 노력과 시도를 해왔다. 스케치도, 메시에 마라톤도 모두 그 일환이다. 하지만 어느 순간부터는 아무리 깊이 파도 더 이상 관측의 깊이가 발전하지 않는 벽에 부딪히게 되었다.

그래서 기존에 내 것이 아니라고 여기고 잘 하지 않았던 것들을 시도해보았다. 예를 들면 사진 찍고 후처리하는 것도 배워보고, 충돌은하와 암흑성운은 물리적으로 어떻게 생성되는지, 전갈자리와 천칭자리는 고대 메소포타미아에서는 어떤 의미가 있었는지를 공부하는 등이다.

그러고 나서 별을 보니 같은 별도 다르게 보이는 것이 아닌가. 같은 것을 보고도 더 많은 의미를 깨닫게 되는 것이다. 아는 만큼 보인다. M 51 부자은하를 관측할 때도 두 은하 사이의 물리적인 관계를 생각하면서, 200년 전의 관측자들은 M 51을 어떻게 관측했는지 알고 나서 보면 대상이 달리 보이고, 더 큰 감동을 느낄 수 있다.

저 깊이 숨어 있는 보물을 찾기 위해

※ 안시, 사진, 천문학 등 다양한 분야의 별보기를 접할 수 있는 곳으로 한국아마추어천문학회가 있다. 매년 지역별로 천문지도사 연수를 진행하는데, 여러 분야의 입문 단계 내용을 종합적으로 익힐 수 있다(www.kaas.or.kr).

구경 책임제

별을 보면서 가장 거부하기 힘든 유혹은 더 크고 더 좋은 망원경으로 갈아타는 일일 것이다. 그것이 더 아름답고 시원하게 별을 보는 가장 빠른 길일 테니 말이다. 이른바 '구경병(Aperture Fever)'은 별나라에선 동서고금을 막론하고 너무나 자연스러운 욕망이다.

> 망원경을 소유한 사람은 자신의 망원경이 낼 수 있는 극한의 성능을 이끌어내야 한다. **이것은 별과 하늘에 대한, 그리고 내 망원경에 대한 의무이다.**

하지만 장비에 관심을 많이 둘수록 별을 보는 본연의 활동은 반비례하여 소홀해지는 경우가 많다. 나는 내 망원경으로 얼마나 많이 관측을 해봤을까? 그 망원경이 어떤 사연으로 여러분의 손에 들어왔든, 싸구려든 낡았든 상관없이, 내 망원경으로 더 이상 할 것이 없다는 생각이 들 때까지 관측을 해보자. 망원경을 바꾸고 싶다면, 그때 바꾸면 된다.

지금 가지고 있는 망원경으로 극한의 성능을 느껴보지 못한 사람이라면, 새로 바꾼 더 크고 좋은 망원경으로 더 큰 즐거움을 얻을 가능성은 높지 않다. 구경 책임을 다했다고 생각이 들 때면, 다음 관측 장비는 어떻게 구성해야 할지 다른 사람에게 물어볼 필요도 없다. 때가 되면 그 답은 스스로의 마음속에서부터 명확히 떠오르게 된다.

그렇다고 '구경 책임제'가 대한민국 헌법에 나오는 것도 아닌데, 청교도적으로 그 문장 그대로 지킬 필요는 없다. 다만 마음속에 그 느낌을 간직하고 관측을 한다면 천체관측의 거대한 바다에서 방향을 잃고 헤매는 일은 없을 것이다.

※ 안시관측에 금세 흥미를 잃는 사람들의 3가지 공통점
 ① 관측 기록을 남기지 않는다.
 ② GO-TO를 맹신한다.
 ③ 구경 책임을 지지 않는다.

강원도 홍천의 아름다운 밤 (이강민, 2016)

Epilogue

'별이나 한번 볼까?'

우리의 삶의 여건이 개선되면서, 필자가 처음 별을 접했던 1990년대 중반에 비해 별을 보는 취미 생활에 관심 있는 사람이 100배 정도는 늘어난 것 같다(그래도 소수지만).

그러나 초보의 벽을 극복하고 관측의 기쁨을 아는 별쟁이가 되기 위해서는 여러 난관을 헤쳐야 한다. 기술적으로는 호핑과 주변시, 하늘의 길과 전문 용어들을 익혀야 하고, 과도한 지름신의 유혹도 견뎌야 한다. 그리고 도시에서 멀리 떨어진 곳에서 밤에 외박을 해야 하는 일이다 보니 집안과 회사의 눈치도 살펴야 하고, 주말에 경조사나 약속이라도 생기면, 또는 날씨가 좋지 않으면… 확실히 천체관측은 영화 보고 음악 감상하는 것보다 어려운 취미임이 분명하다. 그래서 그 진입 장벽을 넘지 못하고 별을 보는 일을 포기하는 사람을 너무나 많이 보아왔다.

'조금만 더 넘으면 되는데, 이 기쁨을 누려보지도 못하고….'

이런 안타까움이 이 책을 집필한 가장 큰 동기가 되었다. 내가 더 즐

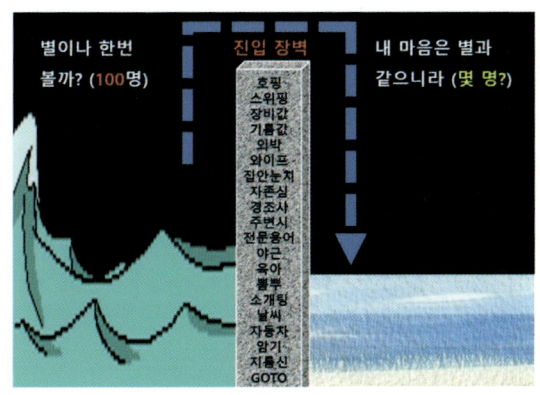
장벽을 넘으면 새로운 세상이 열린다.

거우려면 나와 비슷한 활동을 하는 별친구들을 더 많이 만들어야 하기 때문이다.

그간 내 친구를 만들기 위한 천체관측 강연을 전국 각지에서 70여 회 진행했다. 이 책은 그 강의 내용을 엮은 것이다. 처음 천체관측을 시작하는 입문자들이 어려워하는 것, 필요한 것, 관심 있는 것이 무엇인지 오랜 기간 소통하며 내용을 정교하게 발전시켰다.

이 책에는 별을 어떻게 찾는지, 어떻게 보는지, 어떻게 즐기는지, 어떻게 지속할 수 있는지에 대한 실질적인 얘기가 실려 있다. 어느 것 하나 소홀히 해도 되는 것은 없다. 기본기가 탄탄해야 나만의 관측을 발전시킬 수 있고, 나만의 무언가가 있어야 그 속에서 영원히 지치지 않을 삶의 에너지를 얻을 수 있다.

나에게는 두 가지의 세계가 있다. 별로 이루어진 나만의 세계와, 가정

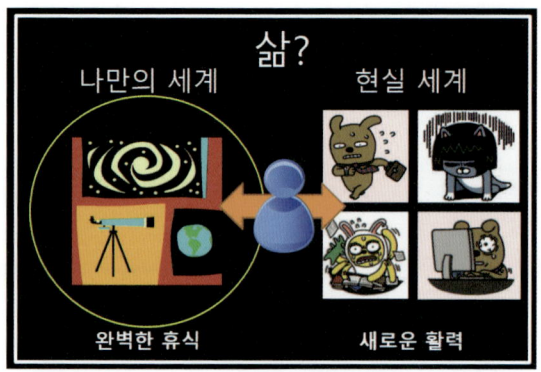

두 개의 삶

과 회사로 이루어진 현실 세계이다. 나는 나만의 세계 안에서 완벽한 휴식을 취한다(별을 보지 않는 사람들의 눈에는 밤새 추운 데서 덜덜 떨며 고생하는 것으로 보이겠지만 말이다).

그리고 나만의 세계에서 완벽한 휴식으로 얻은 에너지로 현실 세계에서 새로운 활력을 얻는다. 현실 세계에서도 남들보다 스트레스를 덜 받고 더 좋은 성과를 낼 수 있는 비법이다.

천문대에서, 학교에서, 천문학회에서 별 보는 얘기를 떠들다 보면 항상 받는 질문이 있다.

"이 많은 것을 하는데 대체 집에서 어떻게 허락을 받아요?"

몰디브 신혼여행지까지 망원경을 짊어지고 갔던, 틈만 나면 전국으로, 세계 각지로 별을 보러 다니는 별난 남편이 추구하는 것을 인정해주는 속 깊은 배우자 임윤희에게 가장 먼저 고마운 마음을 전한다.

언제나 나의 정신적 후원자인 부모님, 울산의 장인·장모님, 우리 예별이(딸 이름도 예쁜 별, 조예별이다), 그리고 지난 30여 년간 별나라에서 만난 수많은 별친구들과 이 책을 나누고 싶다.

2025년 8월
Nightwid 無雲